建设工程施工质量验收规范要点解析

防 水 工 程

李 伟 主编

中国铁道出版社

2012年·北京

内 容 提 要

本书是《建设工程施工质量验收规范要点解析》系列丛书之《防水工程》,共有八章,内容包括:地下建筑防水工程,特殊施工法防水工程,排水工程,注浆工程,卷材、涂膜防水屋面工程,刚性防水屋面工程,瓦屋面工程,隔热屋面及细部构造工程。本书内容丰富,层次清晰,可供相关专业人员参考学习。

图书在版编目(CIP)数据

防水工程/李伟主编 . —北京:中国铁道出版社,2012.9
(建设工程施工质量验收规范要点解析)
ISBN 978-7-113-14475-3

Ⅰ.①防… Ⅱ.①李… Ⅲ.①建筑防水－工程验收－
建筑规范－中国 Ⅳ.①TU761.1-65

中国版本图书馆 CIP 数据核字(2012)第 062045 号

书 名:	建设工程施工质量验收规范要点解析 防 水 工 程
作 者:	李 伟

策划编辑:	江新锡 徐 艳
责任编辑:	徐 艳 江新照 电话:010－51873193
助理编辑:	董苗苗
封面设计:	郑春鹏
责任校对:	焦桂荣
责任印制:	郭向伟

出版发行:中国铁道出版社(100054,北京市西城区右安门西街 8 号)

网 址:http://www.tdpress.com

印 刷:北京华正印刷有限公司印刷

版 次:2012 年 9 月第 1 版 2012 年 9 月第 1 次印刷

开 本:787mm×1092mm 1/16 印张:14.5 字数:363 千

书 号:ISBN 978-7-113-14475-3

定 价:35.00 元

前　言

　　近年来,住房和城乡建设部相继对专业工程施工质量验收规范进行了修订,工程建设质量有了新的统一标准,规范对工程施工质量提出验收标准,以"验收"为手段来监督工程施工质量。为提高工程质量水平,增强对施工验收规范的理解和应用,进一步学习和掌握国家有关的质量管理、监督文件精神,掌握质量规范和验收的知识、标准,以及各类工程的操作规程,我们特组织编写了《建设工程施工质量验收规范要点解析》系列丛书。

　　工程质量在施工中占有重要的位置,随着经济的发展,我国建筑施工队伍也在不断的发展壮大,但不少施工企业,特别是中小型施工企业,技术力量相对较弱,对建设工程施工验收规范缺乏了解,导致单位工程竣工质量评定度低。本丛书的编写目的就是为提高企业施工质量,提高企业质量管理人员以及施工管理人员的技术水平,从而保证工程质量。

　　本丛书主要以"施工质量验收规范"为主线,对规范中每个分项工程进行解析。对验收标准中的验收条文、施工材料要求、施工机械要求和施工工艺的要求进行详细的阐述,模块化编写,方便阅读,容易理解。

　　本丛书分为:

　　1.《建筑地基与基础工程》;

　　2.《砌体工程和木结构工程》;

　　3.《混凝土结构工程》;

　　4.《安装工程》;

　　5.《钢结构工程》;

　　6.《建筑地面工程》;

　　7.《防水工程》;

　　8.《建筑给水排水及采暖工程》;

　　9.《建筑装饰装修工程》。

　　本丛书可作为监理和施工单位参考用书,也可作为大中专院校建设工程专业师生的教学参考用书。

　　由于编者水平有限,错误疏漏之处在所难免,请批评指正。

编　者

2012 年 5 月

目 录

第一章 地下建筑防水工程

第一节 防水混凝土

一、验收条文

(1)拌制混凝土所用材料的品种、规格和用量,每工作班检查不应少于两次。每盘混凝土各组成材料计量结果的允许偏差见表1—1。

表1—1 混凝土各组成材料计量结果的允许偏差

混凝土组成材料	每盘计量(%)	累计计量(%)
水泥、掺和料	±2	±1
粗、细集料	±3	±2
水、外加剂	±2	±1

注:累计计量仅适用于微机控制计量的搅拌站。

(2)混凝土坍落度的允许偏差见表1—2。

表1—2 混凝土坍落度的允许偏差

规定坍落度(mm)	允许偏差(mm)
≤40	±10
50~90	±15
≥100	±20

(3)防水混凝土施工质量验收标准见表1—3。

表1—3 防水混凝土施工质量验收标准

项目	内 容
主控项目	(1)防水混凝土的原材料、配合比及坍落度必须符合设计要求。 检验方法:检查产品合格证、产品性能检测报告、计量措施和材料进场检验报告。 (2)防水混凝土的抗压强度和抗渗性能必须符合设计要求。 检验方法:检查混凝土抗压、抗渗试验报告。 (3)防水混凝土的施工缝、变形缝、后浇带、穿墙管、埋设件等设置和构造必须符合设计要求。 检验方法:观察检查和检查隐蔽工程验收记录

续上表

项　目	内　　容
一般项目	(1)防水混凝土结构表面应坚实、平整,不得有露筋、蜂窝等缺陷;埋设件位置应准确。 检验方法:观察检查。 (2)防水混凝土结构表面的裂缝宽度不应大于 0.2 mm,且不得贯通。 检验方法:用刻度放大镜检查。 (3)防水混凝土结构厚度不应小于 250 mm,其允许偏差为 $^{+8}_{-5}$ mm;主体结构迎水面钢筋保护层厚度不应小于 50 mm,其允许偏差为±5 mm。 检验方法:尺量检查和检查隐蔽工程验收记录

二、施工材料要求

(1)防水混凝土的施工材料要求见表 1—4。

表 1—4　防水混凝土的施工材料要求

项　目	内　　容
水泥	(1)应采用硅酸盐水泥、普通硅酸盐水泥,采用其他品种水泥时,应经试验确定。 (2)在有侵蚀性介质作用时,应按介质的性质选用相应的水泥。 (3)不得使用过期或受潮结块的水泥,并不得将不同品种或强度等级的水泥混合使用
砂	宜用中砂,不得为碱活性集料,含泥量不得大于 3%,泥块含量不得大于 1%
石子	粒径不宜大于 40 mm,泵送时石子最大粒径应小于输送管径的 1/4(碎石不宜大于 1/5 管径)且不大于混凝土最小断面的 1/4;不大于受力钢筋最小净距的 3/4;吸水率不应大于 1.5%;含泥量不得大于 1.0%;泥块含量不得大于 0.5%;不得使用碱活性集料
掺和料	防水混凝土可掺入一定数量的粉煤灰、粒化高炉矿渣粉、硅粉等。粉煤灰的级别不应低于Ⅱ级,烧失量不宜大于 5%;硅粉等其他掺和料的掺量应经过试验确定
外加剂	防水混凝土可根据工程需要掺入减水剂(萘磺酸盐、氨基磺酸盐、木钙)、膨胀剂(低碱 U 型膨胀剂)、密实剂(氯化铁、硅质密实剂)、引气剂(松香酸钠、松香热聚物)、防水剂(有机硅、无机铝盐)、复合型外加剂(NNO 与引气剂等三组分复合、MF 与木钙等四组分复合、糖蜜与早强剂复合)、水泥渗透结晶型防水材料等。其品种和掺量应经试验确定,所用外加剂的技术性能应符合国家现行有关标准的质量要求
水	拌制防水混凝土所用的水应符合国家现行标准《混凝土用水标准》(JGJ 63—2006)的规定
纤维材料	防水混凝土可根据工程抗裂性需要掺入钢纤维或合成纤维等,纤维的品种及掺量应通过试验确定
总碱量	防水混凝土中各类材料的总碱量(Na₂O 当量)不得大于 3 kg/m³;氯离子含量不应超过胶凝材料总量的 0.1%

（2）聚丙烯纤维混凝土配料比见表1—5。

表1—5 聚丙烯纤维混凝土配料比

序号	项目	技术要求
1	石子最大粒径(mm)	20
2	水泥∶砂	(1∶2)～(1∶3)
3	水灰比	0.55～0.6
4	聚丙烯纤维长度(mm)	12～64
5	纤维体积率(%)	0.1～0.2

（3）钢纤维混凝土的配制要求见表1—6。

表1—6 钢纤维混凝土的配制要求

序号	项目	技术要求
1	钢纤维掺量	体积率 $V_f < 2\%$
2	水灰比	<0.6,宜取0.45～0.5
3	水泥用量	400～500 kg/m³
4	砂率	40%～60%,随钢纤维掺量增加而适当增加
5	外加剂	适量

三、施工机械要求

防水混凝土的施工机械要求见表1—7。

表1—7 防水混凝土的施工机械要求

项目	内容
混凝土搅拌输送车	混凝土搅拌输送车是在载重汽车底盘上安装一套能慢速旋转的混凝土搅拌装置
混凝土泵及混凝土泵车	(1)国产混凝土泵较多的是中、小排量,中等距离的双缸液压活塞式,主要由泵送机构、料斗及搅拌装置、混凝土分配阀、传动和液压系统等组成。 (2)混凝土泵车是在汽车底盘上加装一台混凝土泵,其构造除动力由汽车发动机驱动外,一般与混凝土泵基本相同,不同处是混凝土输送管是由Z形三段折叠式臂架作为支撑组成布料杆,能作360°全回转,作业范围大。输送管径为125 mm时,可对垂直距离110 m、水平距离520 m的远处进行泵送浇筑
混凝土其他机械	(1)混凝土搅拌机械包括强制式混凝土搅拌机、自动上料设备、铲车等。 (2)混凝土输送机械包括塔式起重机、混凝土罐车、翻斗车、混凝土汽车泵、固定式输送泵(地泵)、泵管、混凝土布料杆等。 (3)混凝土振捣机械包括混凝土振捣机、振捣棒等。 (4)辅助工具包括标尺杆、喷雾器、铁锹、串桶、混凝土吊斗等

四、施工工艺解析

(1)防水混凝土施工的适用范围及其作业条件见表1-8。

表1-8 防水混凝土施工的适用范围及其作业条件

项目	内　　容
适用范围	适用于抗渗等级不低于 P6 的混凝土结构
作业条件	(1)完成钢筋、模板的预检、隐检工作。 1)所用模板拼缝严密,不漏浆、不变形,吸水性小,支撑牢固。采用钢模时,应清除钢模内表面的水泥浆,并均匀涂刷脱模剂(注意梁板模必须刷水性脱模剂)以保证混凝土表面光滑。 2)立模时,应预先留出穿墙设备管和预埋件的位置,准确牢固埋好穿墙止水套管和预埋件。拆模后应做好防水处理。 3)防水混凝土结构内部设置的钢筋及绑扎铁丝均不得接触模板,固定外墙模板的螺栓不宜穿过防水混凝土以免造成引水通路,如必须穿过时,可采用工具式止水螺栓,如图1-1所示,或螺栓加堵头,螺栓上加焊方形止水环等止水措施。 4)及时清除模板内杂物。 (2)根据施工方案做好技术交底工作。 (3)各项原材料需经检验,并经试配提出混凝土配合比,防水混凝土配合比应符合下列规定: 1)试配的混凝土抗渗等级应比设计要求提高一级(0.2 MPa)。每立方米混凝土水泥用量不应少于 320 kg,掺有活性掺和料时,水泥用量不得少于 280 kg。 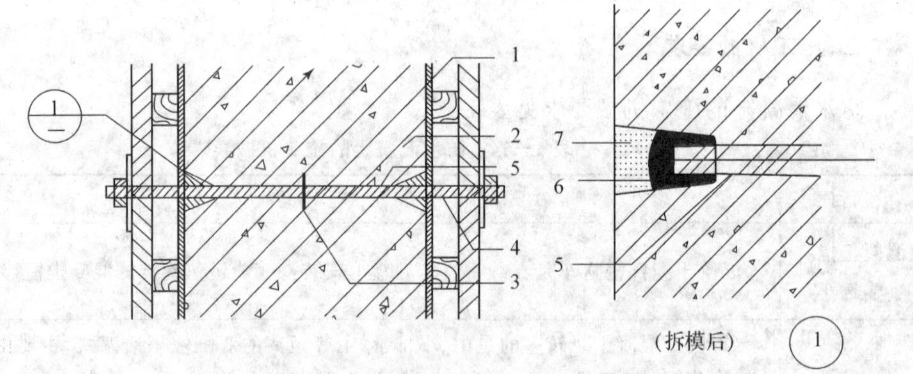 图1-1 固定模板用螺栓的防水做法 1—模板;2—结构混凝土;3—止水环;4—工具式螺栓; 5—固定模板用螺栓;6—嵌缝材料;7—聚合物水泥砂浆 2)砂率宜为 35%～40%;泵送时宜为 45%。 3)灰砂比宜为(1∶1.5)～(1∶2.5)。 4)水灰比不得大于 0.55。 5)掺加引气剂或引气型减水剂时,混凝土含气量宜控制在 3%～5%。 6)普通防水混凝土坍落度不宜大于 40 mm,泵送时入泵坍落度宜为 120～160 mm。 (4)减水剂宜预溶成一定浓度的溶液。 (5)地下防水工程施工期间应做好降水和排水工作

（2）防水混凝土的施工工艺见表1－9。

表1－9　防水混凝土的施工工艺

项目	内　　容
混凝土搅拌	（1）宜采用预拌混凝土。混凝土搅拌时必须严格按试验室配合比通知单的配合比准确秤量，不得擅自修改。当原材料有变化时，应通知试验室进行试验，对配合比作必要的调整。 （2）雨期施工期间对露天堆放料场的砂、石应采取遮挡措施，下雨天应测定雨后砂、石含水率并及时调整砂、石、水用量。 （3）现场配料时，水泥、砂、石、水按重量秤量，配合比标牌上应算出上料小车加秤盘加材料重的砝码、秤铊重量，并应根据每天浇筑混凝土前1h预测砂石含水率，调整砂、石、水的用量，其计量允许偏差应符合表1－1的规定。 （4）防水混凝土应采用机械搅拌，先将石子、水泥、砂等一次倒入搅拌机内，搅拌0.5～1 min后加水搅拌，搅拌时间不应小于2 min。当使用外加剂时外加剂宜预溶成较小浓度的溶液或与拌和用水掺匀后投入，不得将外加剂或高浓度溶液直接加入搅拌机内，加入外加剂的混凝土搅拌时间可适当延长，并根据外加剂的技术要求确定
混凝土运输	（1）混凝土运送道路必须保持平整、畅通，尽量减少运输的中转环节，以防止混凝土拌和物产生分层、离析及水泥浆流失等现象。 （2）混凝土拌和物运至浇筑地点后，如出现分层、离析现象，必须加入适量的原水灰比的水泥浆进行二次拌和，均匀后方可使用，不得直接加水拌和。 （3）注意坍落度损失，浇筑前坍落度每小时损失值不应大于20 mm，坍落度总损失值不应大于40 mm
混凝土浇筑	（1）当混凝土入模自落高度大于2 m时应采用串筒、溜槽、溜管等工具进行浇筑，以防止混凝土拌和物分层离析。 （2）混凝土应分层浇筑，每层厚度为振捣棒有效作用长度的1.25倍，一般φ50 mm棒作用长度为300～385 mm，分层厚度为400～480 mm。 （3）分层浇筑时，第二层防水混凝土浇筑时间应在第一层初凝以前，将振捣器垂直插入到下层混凝土中≥50 mm，插入要迅速，拔出要缓慢，振捣时间以混凝土表面浆出齐、不冒泡、不下沉为宜，严防过振、漏振和欠振而导致混凝土离析或振捣不实。 （4）防水混凝土必须采用机械振捣，以保证混凝土密实。对于掺加气剂和引气型减水剂的防水混凝土应采用高频振捣器（频率在万次／分钟以上）振捣，可以有效地排除大气泡，使小气泡分布更均匀，有利于提高混凝土强度和抗渗性。 （5）防水混凝土应连续浇筑，宜不留或少留施工缝。当必须留设施工缝时，应符合下列规定。 1）施工缝留设的位置。 ①墙体水平施工缝不应留在剪力最大处或底板与侧墙的交接处，应留在高出底板表面不小于300 mm的墙体上。拱（板）墙结合的水平施工缝，宜留在拱（板）墙接缝以下150～300 mm处。墙体有预留空洞时，施工缝距空洞边缘不应小于300 mm。 ②垂直施工缝应避开地下水和裂隙水较多的地段，并宜与变形缝相结合。 2）施工缝防水的构造形式。 施工缝应采用多道防水措施，其构造形式如图1－2所示。

项目	内容
混凝土浇筑	3)施工缝新旧混凝土接缝处理。 ①水平施工缝浇筑混凝土前,应将其表面凿毛,清除表面浮浆和杂物,先铺净浆或涂刷界面处理剂或涂刷水泥基渗透结晶型防水涂料等,再铺 30～50 mm 厚的 1：1 水泥砂浆,并及时浇筑混凝土; ②垂直施工缝浇筑混凝土前,应将其表面凿毛并清理干净,涂刷混凝土界面处理剂或水泥基渗透结晶型防水涂料,并及时浇筑混凝土; ③施工缝采用遇水膨胀止水条时,止水条应牢固地安装在接缝表面或预留槽内,遇水膨胀止水条应具有缓胀性能,7 d 膨胀率应不大于最终膨胀率的 60%; ④采用中埋式止水带或预埋注浆管时,应确保位置准确,牢固可靠,严防混凝土施工时错位
养护	(1)防水混凝土浇筑完成后,必须及时养护,并在一定的温度和湿度条件下进行。 (2)混凝土初凝后应立即在其表面覆盖草袋,塑料薄膜或喷涂混凝土养护剂等进行养护,炎热季节或刮风天气应随浇灌随覆盖,但要保护表面不被压坏。浇捣后 4～6 h 浇水或蓄水养护,3 d 内每天浇水 4～6 次,3 d 后每天浇水 2～3 次,养护时间不得少于 14 d。墙体混凝土浇筑 3 d 后,可采取撬松侧模,在侧模与混凝土表面缝隙中浇水养护的做法保持混凝土表面湿润
拆模	(1)防水混凝土拆模时间一律以同条件养护试块强度为依据,不宜过早拆除模板,梁板模板宜在混凝土强度达到或超过设计强度等级的 75% 时拆模。 (2)拆模时结构混凝土表面温度与周围环境温度差不得大于 15℃。 (3)炎热季节拆模时间以早、晚间为宜,应避开中午或温度最高的时段
冬期施工	(1)冬期施工宜采用掺化学外加剂法、暖棚法、综合蓄热法等养护方法,不可采用电热法或蒸汽直接加热法。 (2)蓄热法一般用于室外平均气温不低于 −15℃ 的地下工程或者表面系数不大于 5 m^{-1} 结构。对原材料加热时,应控制水温不得超过 80℃ 且不得将水直接与水泥接触,而应先将加热后的水、砂、石搅拌一定时间后再加入水泥,防止出现"假凝"。 (3)采用化学外加剂方法施工时,应采取保温、保湿措施
大体积防水混凝土施工	(1)采用低热或中热水泥,掺加粉煤灰、磨细矿渣粉等掺和料及减水剂、缓凝剂等外加剂,以降低水泥用量,减少水化热、推迟水化热峰出现,还可以采用增大粗集料粒径,降低水灰比等措施减少水化热,减少温度裂缝。 (2)在炎热季节施工时,采用降低水温,避免砂、石暴晒等措施降低原材料温度及混凝土内部预埋管道进行水冷散热等降温措施。 (3)混凝土采取保温、保湿养护,混凝土中心温度与表面温度的差值不应大于 25℃,混凝土表面温度与大气温度的差值不应大于 20℃

项 目	内 容
成品保护	(1)为保护钢筋、模板尺寸位置正确,不得踩踏钢筋,并不得碰撞、改动模板、钢筋。 (2)在拆模或吊运其他物件时,不得碰坏施工缝处及止水带。 (3)在支模、绑扎钢筋、浇筑混凝土等整个施工过程中应注意保护后浇带部位的清洁,不得任意将建筑垃圾抛在后浇带内。 (4)保护好穿墙管、电线管、电门盒及预埋件等,振捣时勿挤偏或使预埋件挤入混凝土内
应注意的 质量问题	(1)严禁在混凝土内任意加水,严格控制水灰比,水灰比过大将影响 UEA 补偿收缩混凝土的膨胀率,直接影响补偿收缩及减少收缩裂缝的效果。 (2)细部构造处理是防水的薄弱环节,施工前应审核图纸,特殊部位如变形缝、施工缝、穿墙管、预埋件等细部要精心处理。 (3)穿墙管外预埋带有止水环的套管,应在浇筑混凝土前预埋固定,止水环周围混凝土应精心振捣密实,防止漏振,主管与套管按设计要求用防水密封膏封严。 (4)结构变形缝应严格按设计要求进行处理,止水带位置应固定准确,周围混凝土应精心浇筑振捣,保证密实,止水带不得偏移,变形缝内填聚苯乙烯泡沫板,缝内 20 mm 处嵌填密封材料,在迎水面上加铺一层防水卷材,并抹 20 mm 防水砂浆保护。 (5)后浇缝一般待混凝土浇筑 6 周后,应用比原设计混凝土强度等级提高一级的补偿收缩混凝土浇筑,浇筑前接槎处要清理干净,浇筑后应保湿养护 28 d

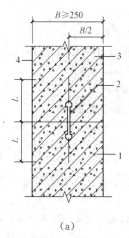

（a）

钢板止水带 L≥150;像胶止水带 L≥200;
钢边像胶止水带 L≥120
1—先浇混凝土;2—中埋止水带;
3—后浇混凝土;4—结构迎水面

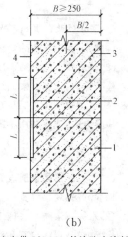

（b）

外贴止水带 L≥150;外涂防水涂料 L=200;
外抹防水砂浆 L=200
1—先浇混凝土;2—外贴止水带;
3—后浇混凝土;4—结构迎水面

图 1—2

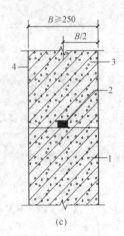 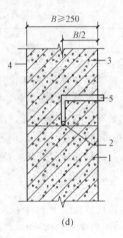

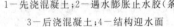

(c)　　　　　　　　　　　　　　(d)

1—先浇混凝土;2—遇水膨胀止水胶(条);　　　1—先浇混凝土;2—预埋注浆管;
3—后浇混凝土;4—结构迎水面　　　　　3—后浇混凝土;4—结构迎水面;5—注浆导管

图1—2　施工缝基本防水构造(单位:mm)

第二节　水泥砂浆防水层

一、验收条文

水泥砂浆防水层施工质量验收标准见表1—10。

表1—10　水泥砂浆防水层施工质量验收标准

项目	内　　容
主控项目	(1)防水砂浆的原材料及配产品性能检测合比必须符合设计规定。 检验方法:检查产品合格证、产品性能检测报告、计量措施和材料进场检验报告。 (2)防水砂浆的黏结强度和抗渗性能必须符合设计规定。 检验方法:检查砂浆黏结强度、抗渗性能检验报告。 (3)水泥砂浆防水层与基层之间必须结合牢固,无空鼓现象。 检验方法:观察和用小锤轻击检查
一般项目	(1)水泥砂浆防水层表面应密实、平整,不得有裂纹、起砂、麻面等缺陷。 检验方法:观察检查。 (2)水泥砂浆防水层施工缝留槎位置应正确,接槎应按层次顺序操作,层层搭接紧密。 检验方法:观察检查和检查隐蔽工程验收记录。 (3)水泥砂浆防水层的平均厚度应符合设计要求,最小厚度不得小于设计值的85%。 检验方法:用针测法检查。 (4)水泥砂浆防水层表面平整度的允许偏差应为5mm。 检验方法:用2m靠尺和楔形塞尺检查

二、施工材料要求

（1）水泥砂浆防水层施工的材料要求见表1—11。

表1—11　水泥砂浆防水层施工的材料要求

项目	内　容
水泥	应使用硅酸盐水泥、普通硅酸盐水泥或特种水泥，严禁使用过期或受潮结块水泥，有侵蚀性介质作用时应按设计要求选用
砂	宜采用中砂（粒径3 mm以下），不得含有杂物，含泥量不大于1%，硫化物和硫酸盐含量不大于1%
水	应采用不含有害物质的洁净水
聚合物乳液	聚合物乳液的外观应为均匀液体，无杂质、无沉淀，不分层。聚合物的质量应符合《建筑防水涂料用聚合物乳液》(JC/T 1017—2006)的相关规定
外加剂	外加剂的技术性能应符合国家或行业现行有关标准的规定

（2）防水砂浆主要性能要求见表1—12。

表1—12　防水砂浆的主要性能要求

防水砂浆种类	黏结强度（MPa）	抗渗性（MPa）	抗折强度（MPa）	干缩率（%）	吸水率（%）	冻融循环（次）	耐碱性	耐水性（%）
掺外加剂、掺合料的防水砂浆	>0.6	≥0.8	同普通砂浆	同普通砂浆	≤3	>50	10% NaOH溶液浸泡14 d无变化	—
聚合物水泥防水砂浆	>1.2	≥1.5	≥8.0	≤0.15	≤4	>50	—	≥80

注：耐水性指标是指砂浆浸水168 h后材料的黏结强度及抗渗性的保持率。

三、施工机械要求

水泥砂浆防水层施工的机械要求见表1—13。

表1—13　水泥砂浆防水层施工的机械要求

项目	内　容
机械设备	砂浆搅拌机、水泵
主要工具	手推车、木刮尺、木抹子、铁抹子、钢皮抹子、阴阳角抹子、喷壶、小水桶、灰桶、钢丝刷、毛刷、软毛刷、排笔、铁锤、铁锹、小笤帚、扫帚、钻子、剁斧、刮杠、靠尺及一般抹灰工程用具

四、施工工艺解析

(1)水泥砂浆防水层施工的适用范围及其作业条件见表1—14。

表1—14 水泥砂浆防水层施工的适用范围及其作业条件

项目	内　容
适用范围	适用于地下工程主体结构的迎水面或背水面
作业条件	(1)结构验收合格，办好验收手续。 (2)地下防水工程施工前应做好降水和排水处理，直至防水工程全部完工为止。降水、排水措施应按施工方案执行。 (3)地下室门窗口、预留孔及管口进出口处理完毕。 (4)混凝土墙面如有蜂窝及松散混凝土要剔除，用水冲刷干净，然后用水泥砂浆抹平。表面有油污时应用掺入10%的火碱溶液刷洗干净或涂刷界面剂。 (5)混合砂浆砌筑的砖墙抹防水层时，必须在砌砖时划缝，深度为10~12 mm，穿墙预埋管露出基层时必须在其周围剔成20~30 mm宽、50~60 mm深的沟槽，用水冲净后，用改性后的防水砂浆填实，管道穿墙应按设计要求做好防水处理并办理隐检手续。 (6)水泥砂浆防水层不适用于使用过程中由于结构沉降、受振或温度湿度变化而产生裂缝的结构上。 (7)用于有腐蚀介质的部位，必须采取有效的防腐措施。 (8)水泥砂浆防水层应在基础、维护结构内衬等验收合格后施工

(2)水泥砂浆防水层的施工工艺见表1—15。

表1—15 水泥砂浆防水层的施工工艺

项目	内　容
基层处理	(1)水泥砂浆铺抹前，基层混凝土强度等级不应小于C15；砌体结构砌筑用的砂浆强度等级不应低于M7.5。 (2)基层表面应作处理使其坚实、平整、粗糙、洁净，并充分湿润，无积水。 (3)基层表面的孔洞、缝隙应用与防水层相同的砂浆填塞抹平
砂浆的拌制	(1)防水砂浆的拌制以机械搅拌为宜，也可用人工搅拌。拌和时材料秤量要准确，不得随意增减用水量。机械搅拌时，先将水泥、砂干拌均匀，再加水拌和1~2 min即可。 (2)使用外加剂或聚合物乳液时，先将水泥、砂干拌均匀，然后加入预配好的外加剂水溶液或聚合物乳液。严禁将外加剂干粉直接倒入水泥砂浆中，配制时聚合物砂浆的用水量应扣除聚合物乳液中的水量。 (3)防水砂浆要随拌随用，聚合物水泥防水砂浆拌和物应在1 h内用完，当气温高、湿度小或风速较大时，宜在20 min内用完；其他外加剂防水砂浆应初凝前用完。在施工过程中如有离析现象，应进行二次拌和，必要时应加素水泥浆及外加剂，不得任意加水
砂浆的涂抹	(1)防水砂浆防水层应分层铺抹或喷射，铺抹时应压实、抹平，最后一层表面应提浆压光。

续上表

项目	内 容
砂浆的涂抹	(2)每层宜连续施工,当必须留槎时,应采用阶梯坡形槎,接槎部位离阴阳角处不得小于200 mm,上下层接槎应错开10~15 mm。接槎应依层次顺序操作,层层搭接紧密。 (3)喷涂施工时,喷枪的喷嘴应垂直于基面,合理调整压力、喷嘴与基面距离。 (4)铺抹时应压实、抹平,如遇气泡应挑破压实,保证铺抹密实。 (5)压实、抹平应在初凝前完成。 (6)砂浆施工程序一般先立面后地面,防水层各层之间应紧密结合,防水层的阴阳角处应抹成圆弧形
冬期施工、夏季施工	水泥砂浆防水层不宜在雨天或5级以上大风中施工。冬期施工时,气温不得低于5℃,基层表面温度应保持0℃以上,夏季施工时,不应在30℃以上或烈日直晒下施工。砂浆防水层厚度因材料品种不同而异。聚合物水泥砂浆防水层厚度单层施工宜为6~8 mm,双层施工宜为10~12 mm,掺外加剂、掺和料等的水泥砂浆防水层厚度宜为18~20 mm
养护	(1)防水砂浆终凝后应及时养护,养护温度不宜低于5℃,养护时间不得少于14 d,养护期间应保持湿润。 (2)聚合物水泥砂浆防水层未达到硬化状态时,不得浇水养护或直接受雨水冲刷,终凝后应进行7 d的保湿养护,在潮湿环境中,可在自然条件下养护。养护期间不得受冻。 (3)使用特种水泥、外加剂、掺和料的防水砂浆,养护应按产品说明书要求进行
成品保护	(1)水泥砂浆防水层未达到硬化状态前,不得浇水养护或直接受雨水冲刷,雨天应采取遮雨措施。 (2)施工时抹灰架子与墙面应保持一定的距离,一般为150 mm,拆架子时不得碰坏阳角及墙面。 (3)落地灰要及时清理使用。 (4)地面上人不能过早,以免破坏防水砂浆层。 (5)完工后不得剔凿防水层,否则需及时加以修补复原
应注意的质量问题	(1)空鼓、裂缝:基层处理未按要求进行,铺抹砂浆防水层前,基层混凝土和砌筑结构未进行湿润,基层表面未凿毛或涂刷界面剂以致防水层与基层黏结不牢,出现空鼓、开裂等现象;另外防水砂浆层养护不及时或未认真养护,养护时间欠缺也是原因之一。 (2)渗漏:材料配比不当,砂浆防水层黏结不牢、养护不良、接槎部位、穿墙管及穿楼板管洞处理不当、密封不严密造成局部渗漏。施工时,必须按设计要求及施工规范认真操作

第三节 卷材防水层

一、验收条文

(1)防水卷材的搭接宽度,见表1—16的要求。铺贴双层卷材时,上下两层和相邻两幅卷材的接缝应错开1/3~1/2幅宽,且两层卷材不得相互垂直铺贴。

表 1—16　防水卷材的搭接宽度

卷材品种	搭接宽度（mm）
弹性体改性沥青防水卷材	100
改性沥青聚乙烯胎防水卷材	100
自粘聚合物改性沥青防水卷材	80
三元乙丙橡胶防水卷材	100/60（胶黏剂/胶黏带）
聚氯乙烯防水卷材	60/80（单面焊/双面焊）
	100（胶黏剂）
聚乙烯丙纶复合防水卷材	100（黏结料）
高分子自粘胶膜防水卷材	70/80（自粘胶/胶结带）

（2）卷材防水层施工质量验收标准见表 1—17。

表 1—17　卷材防水层施工质量验收标准

项目	内　　容
主控项目	（1）卷材防水层所用卷材及其配套材料必须符合设计要求。 检验方法：检查产品合格证、产品性能检测报告和材料进场检验报告。 （2）卷材防水层在转角处、变形缝、施工缝、穿墙管等部位做法须符合设计要求。 检验方法：观察检查和检查隐蔽工程验收记录
一般项目	（1）卷材防水层的搭接缝应粘贴或焊接牢固，密封严密，不得有扭曲、皱折、翘边和起泡等缺陷。 检验方法：观察检查。 （2）采用外防外贴法铺贴卷材防水层时，立面卷材接槎的搭接宽度：高聚物改性沥青类卷材为 150 mm，合成高分子类卷材应为 100 mm，且上层卷材应盖过下层卷材。 检验方法：观察和尺量检查。 （3）侧墙卷材防水层的保护层与防水层应结合紧密，保护层厚度应符合设计要求。 检验方法：观察和尺量检查。 （4）卷材搭接宽度的允许偏差为 —10 mm。 检验方法：观察和尺量检查

二、施工材料要求

（1）地下工程高聚物改性沥青卷材防水层的施工材料选用要求见表 1—18。

表 1—18　地下工程高聚物改性沥青卷材防水层的施工材料选用要求

项目	内　　容
禁止使用不合格材料	禁止使用不合格材料，屋面工程所采用的防水、保温隔热材料应有产品合格证书和性能检测报告，材料的品种、规格、性能等应符合现行国家产品标准和设计要求；进场时应对品种、规格、外观、质量、安全和环境验收文件等进行检查验收

续上表

项目	内　容
冷底子油的配制	冷底子油采用10号或30号石油沥青溶解于柴油、汽油、二甲苯或甲苯等溶剂中而制成，配制时要严格控制配合比和配制量，防止过多费料或过少影响进度；配制完成的冷底子油应在规定的时间内使用，以防挥发或凝结。冷底子油溶液应稀稠适当，便于涂刷，溶剂挥发后的沥青应具有一定软化点，避免冷底子油配制不当报废或保证不了施工质量而浪费材料。搬运和使用时应加盖并轻拿轻放，以防遗洒
汽油、二甲苯或甲苯等溶剂的配制	汽油、二甲苯或甲苯等溶剂易于挥发、具有毒性容易引起火灾，配制时要严禁吸烟；配制作业现场10 m以内不应有易燃易爆物资，并且要严禁明火作业，需明火作业时要有动火审批并有专人监视；操作人员要戴好口罩、手套等防护用品，避免因火灾造成人员受伤、中毒和环境污染
基层处理剂	应注意基层处理剂与卷材或涂料的相容性，以免与卷材或涂料发生腐蚀或黏结不良而浪费材料。 冷底子油、卷材基层处理剂余料及所沾染的工具等，应分类清理，存放在有毒、有害废弃物专用场地由符合处理要求的单位统一处置，不得随意丢弃，以防污染地下水、大气
高分子卷材胶黏剂	合成高分子卷材胶黏剂要求黏结剥离强度不应小于15 N/10 mm，浸水后黏结剥离强度保持率不应小于70%，由厂家配套提供，材料进场应复检合格后才能使用，确保使用合格材料使工程一次成优，防止返工返修过程产生新的环境问题

（2）弹性体改性沥青防水卷材（SBS卷材）的基本要求见表1—19。

表1—19　弹性体改性沥青防水卷材（SBS卷材）的基本要求

项目	内　容
类型	（1）按胎基分为聚酯胎（PY）和玻纤胎（G）、玻纤增强聚酯毡（PYG）。 （2）按上表面隔离材料分为聚乙烯膜（PE）、细砂（S）与矿物粒料（M）。下表面隔离材料为细砂（S）、聚乙烯膜（PE）。注：细砂为粒径不超过0.60 mm的矿物颗料。 （3）按材料性能分为Ⅰ型和Ⅱ型
用途	（1）弹性体改性沥青防水卷材主要适用于工业和民用建筑的屋面和地下防水工程。 （2）玻纤增强聚酯毡卷材可用于机械固定单层防水，但需通过抗风荷载试验。 （3）玻纤毡卷材适用于多层防水中的底层防水。 （4）外露使用采用上表面隔离材料为不透明的矿物粒料的防水卷材。 （5）地下工程防水采用表面隔离材料为细砂的防水卷材
规格	（1）卷材公称宽度为1 000 mm。 （2）聚酯毡卷材公称厚度为3 mm、4 mm、5 mm。

续上表

项目	内　　容
规格	(3)玻纤毡卷材公称厚度为 3 mm、4 mm。 (4)玻纤增强聚酯毡卷材公称厚度为 5 mm。 (5)每卷卷材公称面积为 7.5 m²、10 m²、15 m²
外观	(1)成卷卷材应卷紧卷齐,端面里进外出不得超过 10 mm。 (2)成卷卷材在 4℃～50℃任一产品温度下展开,在距卷芯 1 000 mm 长度外不应有 10 mm 以上的裂纹或黏结。 (3)胎基应浸透,不应有未被浸渍处。 (4)卷材表面必须平整,不允许有孔洞、缺边和裂口,矿物粒料粒度应均匀一致并紧密地粘附于卷材表面。 (5)每卷接头处不应超过 1 个,较短的一段不应少于 1 000 mm,接头应剪切整齐,并加长 150 mm

(3)弹性体改性沥青防水卷材单位面积质量、面积、厚度品种见表 1—20。

表 1—20　弹性体改性沥青防水卷材单位面积质量、面积、厚度品种

规格(公称厚度)(mm)		3			4			5		
上表面材料		PE	S	M	PE	S	M	PE	S	M
下表面材料		PE	PE、S		PE	PE、S		PE	PE、S	
面积 (m²/卷)	公称面积	10、15			10、7.5			7.5		
	偏差	±0.10			±0.10			±0.10		
单位面积质量 (kg/m²),≥		3.3	3.5	4.0	4.3	4.5	5.0	5.3	5.5	6.0
厚度(mm)	平均值,≥	3.0			4.0			5.0		
	最小单值	2.7			3.7			4.7		

(4)弹性体改性沥青防水卷材(SBS 卷材)材料性能见表 1—21。

表 1—21　弹性体改性沥青防水卷材(SBS 卷材)材料性能

项　目		指　标				
		I		II		
		PY	G	PY	G	PYG
可溶物含量 (g/m²),≥	3 mm	2 100				—
	4 mm	2 900				—
	5 mm	3 500				
	试验现象	—	胎基不然	—	胎基不然	

续上表

项　目		指　标				
		I		II		
		PY	G	PY	G	PYG
耐热性	℃	90		105		
	mm	≤2				
	试验现象	无流淌、滴落				
低温柔性(℃)		−20		−25		
		无裂缝				
不透水性 30 min		0.3 MPa	0.2 MPa	0.3 MPa		
拉力	最大峰拉力 (N/50 mm),≥	500	350	800	500	900
	次高峰拉力 (N/50 mm),≥	—	—	—	—	800
	试验现象	拉伸过程中,试件中部无沥青涂盖层开裂或与胎基分离现象				
延伸率	最大峰时延伸率(%),≥	30		40		15
	第二峰时延伸率(%),≥	—		—		
浸水后质量增加(%),≤	PE、S	1.0				
	M	2.0				
热老化	拉力保持率(%),≥	90				
	延伸保持率(%),≥	80				
	低温柔性(℃)	−15		−20		
		无裂缝				
	尺寸变化率(%),≤	0.7	—	0.7	—	0.3
	质量损失(%),≤	1.0				
渗油性	张数,≤	2				
接缝剥离强度(N/mm),≥		1.5				
钉杆撕裂强度[①](N),≥		—				300
矿物粒料粘附性[②](g),≤		2.0				
卷材下表面沥青涂盖层厚度[③](mm),≥		1.0				

项　目		指　标				
		I		II		
		PY	G	PY	G	PYG
人工气候加速老化	外观	无滑动、流淌、滴落				
	拉力保持率(%),≥	80				
	低温柔性(℃)	−15		−20		
		无裂缝				

注:①仅适用于单层机械固定施工方式卷材。

　　②仅适用于矿物粒料表面的卷材。

　　③仅适用于热熔施工的卷材。

(5)塑性体改性沥青防水卷材(APP卷材)的基本要求见表1—22。

表1—22　塑性体改性沥青防水卷材(APP卷材)的基本要求

项目	内　容
类型	(1)按胎基分为聚酯毡(PY)和玻纤毡(G)和玻纤增强聚酯毡(PYG)。 (2)按上表面材料分为聚乙烯膜(PE)、细砂(S)与矿物粒料(M)。下表面隔离材料为细砂(S)、聚乙烯膜(PE)。 (3)按材料性能分为I型和II型
用途	(1)塑性体改性沥青防水卷材适用于工业与民用建筑的屋面和地下防水工程。 (2)玻纤增强聚酯毡卷材可用于机械固定单层防水,但需通过抗风荷载试验。 (3)玻纤毡卷材适用于多层防水中的底层防水。 (4)外露使用应采用上表面隔离材料为不透明的矿物粒料的防水卷材。 (5)地下工程防水应采用表面隔离材料为细砂的防水卷材
规格	(1)卷材公称宽度为1 000 mm。 (2)聚酯毡卷材公称厚度为3 mm、4 mm、5 mm。 (3)玻纤增强聚酯毡卷材公称厚度为3 mm、4 mm。 (4)玻纤增强聚酯毡卷材公称厚度为5 mm。 (5)每卷卷材公称面积为7.5 m²、10 m²、15 m²
外观	(1)成卷卷材应卷紧卷齐,端面里进外出不得超过10 mm。 (2)成卷卷材在4℃～60℃任一产品温度下展开,在距卷芯1 000 mm长度外不应有10 mm以上的裂纹或黏结。 (3)胎基应浸透,不应有未被浸渍处。 (4)卷材表面必须平整,不允许有孔洞、缺边和裂口、疙瘩,矿物粒料粒度应均匀一致并紧密地粘附于卷材表面。 (5)每卷接头处不应超过1个,较短的一段不应少于1 000 mm,接头应剪切整齐,并加长150 mm

（6）塑性体改性沥青防水卷材的单位面积质量、面积及厚度见表1—23。

表1—23 塑性体改性沥青防水卷材的单位面积质量、面积及厚度

规格(公称厚度)(mm)		3			4			5		
上表面材料		PE	S	M	PE	S	M	PE	S	M
下表面材料		PE	PE、S		PE	PE、S		PE	PE、S	
面积 (m²/卷)	公称面积	10、15			10、7.5			7.5		
	偏差	±0.10			±0.10			±0.10		
单位面积质量 (kg/m²),≥		3.3	3.5	4.0	4.3	4.5	5.0	5.3	5.5	6.0
厚度 (mm)	平均值,≥	3.0			4.0			5.0		
	最小单值	2.7			3.7			4.7		

（7）塑性体改性沥青防水卷材材料性能见表1—24。

表1—24 塑性体改性沥青防水卷材材料性能

项 目			指 标				
			I		II		
			PY	G	PY	G	PYG
可溶物含量(g/m²),≥		3 mm	2 100				—
		4 mm	2 900				—
		试验现象	—	胎基不燃	—	胎基不燃	—
耐热性		℃	110		130		
		mm	≤2				
		试验现象	无流淌、滴落				
低温柔性(℃)			−7		−15		
			无裂缝				
不透水性 30 min			0.3 MPa	0.2 MPa	0.3 MPa		
拉力		最大峰拉力(N/50 mm),≥	500	350	800	500	900
		次高峰拉力(N/50 mm),≥	—	—	—	—	800
		试验现象	拉伸过程中,试件中部无 沥青涂盖层开裂或与胎基分离现象				
延伸率		最大峰时延伸率(%),≥	25	—	40	—	—
		第二峰时延伸率(%),≥	—	—	—	—	15
浸水后质量增加(%),≤		PE、S	1.0				
		M	2.0				

项　目		指　标				
		I		II		
		PY	G	PY	G	PYG
热老化	拉力保持率(%),≥	90				
	延伸率保持率(%),≥	80				
	低温柔性(℃)			−2		−10
		无裂缝				
	尺寸变化率(%),≤	0.7	—	0.7	—	0.3
	质量损失(%),≤	1.0				
接缝剥离强度(N/mm),≥		1.0				
钉杆撕裂强度①(N),≥		—				300
矿物粒料粘附性②(g),≤		2.0				
卷材下表面沥青涂盖层厚度③(mm),≥		1.0				
人工气候加速老化	外观	无滑动、流淌、滴落				
	拉力保持率(%),≥	80				
	低温柔性(℃)			−2		−10
		无裂缝				

注:同表 1—21 表注。

(8)改性沥青聚乙烯胎防水卷材的基本要求见表 1—25。

表 1—25　改性沥青聚乙烯胎防水卷材的基本要求

项目	内　容
类型及用途	(1)类型。 1)按产品的施工工艺分为热熔型和自粘型两种。 2)热熔型产品按改性剂的成分分为改性氧化沥青防水卷材、丁苯橡胶改性氧化沥青防水卷材、高聚物改性沥青防水卷材、高聚物改性沥青耐根穿刺防水卷材四类。 3)隔离材料。 ①热熔型卷材上下表面隔离材料分为聚乙烯膜。 ②自粘型卷材上下表面隔离材料为防粘材料。 (2)用途。改性沥青聚乙烯防水卷材适用于非外露的建筑与基础设施的防水工程
规格	(1)厚度。 1)热熔型:3.0 mm、4.0 mm,其中耐根穿刺卷材为 4.0 mm。 2)自粘型:2.0 mm、3.0 mm。 (2)公称厚度:1 000 mm、1 100 mm。

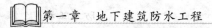

续上表

项目	内　容
规格	(3)公称面积:每卷面积为 10 m²、11 m²。 (4)生产其他规格的卷材,可由供需双方协商确定
外观	(1)成卷卷材应卷紧卷齐,端面里进外出差不得超过 20 mm。 (2)卷材表面应平整,不允许有可见的缺陷,如孔洞、裂纹、疙瘩等。 (3)成卷卷材在 4℃~45℃任一产品温度不易于展开,在距卷芯 1 000 mm 长度外不应有 10 mm 以上的裂纹或黏结。 (4)成卷卷材接头不应超过一处,其中较短的一段不得少于 1 000 mm,接头处应剪切整齐,并加长 150 mm

(9)改性沥青聚乙烯胎防水卷材单位面积质量及规格尺寸见表1—26。

表 1—26　改性沥青聚乙烯胎防水卷材单位面积质量及规格尺寸

公称厚度(mm)		2	3	4
单位面积质量(kg/m²)		2.1	3.1	4.2
每卷面积偏差(m²)		±0.2		
厚度(mm)	平均值,≥	2.0	3.0	4.0
	最小单值,≥	1.8	2.7	3.7

(10)改性沥青聚乙烯胎防水卷材物理力学性能见表1—27。

表 1—27　改性沥青聚乙烯胎防水卷材物理力学性能

项　目			技术指标				
			T				S
			O	M	P	R	M
不透水性			0.4 MPa,30 min 不透水				
耐热性(℃)			90				70
			无流淌,无起泡				无流淌,无起泡
低温柔性(℃)			−5	−10	−20	−20	−20
			无裂纹				
拉伸性能	拉力(N/50 mm),≥	纵向	200			400	200
		横向					
	断裂延伸率(%),≥	纵向	120				
		横向					

项　目		技术指标					
		T					S
		O	M	P	R		M
尺寸稳定性	℃			90			70
	%			≤2.5			
卷材下表面沥青涂盖层厚度(mm),≥				1.0			—
剥离强度(N/mm),≥	卷材与卷材			—			1.0
	卷材与铝板			—			1.5
钉杆水密性				—			通过
持粘性(min),≥				—			15
自粘沥青再剥离强度(与铝板)(N/mm),≥				—			1.5
热空气老化	纵向拉力(N/50 mm),≥		200			400	200
	纵向断裂延伸率(%),≥			120			
	低温柔性(℃)	5	0	—10	—10		—10
				无裂纹			

(11)自粘聚合物改性沥青防水卷材的基本要求见表1—28。

表1—28　自粘聚合物改性沥青防水卷材的基本要求

项　目	内　容
自粘聚合物改性沥青防水卷材分类	(1)类型。 1)产品按有无胎基增强分为无胎基(N类)、聚酯胎基(PY类)。 ①N类按上表面材料分为聚乙烯膜(PE)、聚酯膜(PEY)、无膜双面自粘(D)。 ②PY类按上表面材料分为聚乙烯膜(PE)、细砂(S)、无膜双面自粘(D)。 2)产品按性能分为Ⅰ型和Ⅱ型,卷材厚度为2.0 mm的PY类只有Ⅰ型。 (2)规格。 1)卷材公称宽度为1 000 mm、2 000 mm。 2)卷材公称面积为10 m²、15 m²、20 m²、30 m²。 3)卷材的厚度。 ①N类为1.2 mm、1.5 mm、2.0 mm。 ②PY类为2.0 mm、3.0 mm、4.0 mm。 4)其他规格可由供需双方商定
自粘聚合物改性沥青防水卷材的技术要求	(1)面积、单位面积质量、厚度。 1)面积不小于产品面积标记值的99%。 2)N类卷材单位面积质量、厚度应符合表1—29的规定。 3)PY类卷材单位面积质量、厚度应符合表1—30的规定。

项目	内　　容
自粘聚合物改性沥青防水卷材的技术要求	4)由供需双方商定的规格,厚度 N 类不得小于 1.2 mm,PY 类不得小于 2.0 mm。 (2)外观。 1)成卷卷材应卷紧卷齐,端面里进外出不得超过 20 mm。 2)成卷卷材在 4℃～45℃任一产品温度下展开,在距卷芯 1 000 mm 长度外不应有裂纹或长度 10 mm 以上的黏结。 3)PY 类产品,其胎基应浸透,不应有未被浸透的浅色条纹。 4)卷材表面应平整,不允许有孔洞、结块、气泡、缺边和裂口,上表面为细砂的,细砂应均匀一致并紧密黏附于卷材表面。 5)每卷卷材接头不应超过一个,较短的一段长度不应少于 1 000 mm,接头应剪切整齐,并加长 150 mm。 (3)物理力学性能。 1)N 类卷材物理力学性能应符合表 1-31 的规定。 2)PY 类卷材物理力学性能应符合表 1-32 的规定

表 1-29　N 类卷材单位面积质量、厚度

厚度规格(mm)		1.2	1.5	2.0
上表面材料		PE、PET、D	PE、PET、D	PE、PET、D
单位面积质量(kg/m²),≥		1.2	1.5	2.0
厚度(mm)	平均值,≥	1.2	1.5	2.0
	最小单值	1.0	1.3	1.7

表 1-30　PY 类卷材单位面积质量、厚度

厚度规格(mm)		2.0		3.0		4.0	
上表面材料		PE、D	S	PE、D	S	PE、D	S
单位面积质量(kg/m²),≥		2.1	2.2	3.1	3.2	4.1	4.2
厚度(mm)	平均值,≥	2.0		3.0		4.0	
	最小单值	1.8		2.7		3.7	

表 1-31　N 类卷材物理力学性能

项　　目		指　　标				
		PE		PET		D
		Ⅰ	Ⅱ	Ⅰ	Ⅱ	
拉伸性能	拉力(N/50 mm),≥	150	200	150	200	—
	最大拉力时延伸率(%),≥	200		30		—
	沥青断裂延伸率(%),≥	250		150		450
	拉伸时现象	拉伸过程中,在膜断裂前无沥青涂盖层与膜分离现象				—

续上表

项　目		指　标				
		PE		PET		D
		I	II	I	II	
钉杆撕裂强度(N),≥		60	110	30	40	—
耐热性		70℃滑动不超过2 mm				
低温柔性(℃)		−20	−30	−20	−30	−20
		无裂纹				
不透水性		0.2 MPa,120 min不透水				—
剥离强度 (N/mm),≥	卷材与卷材	1.0				
	卷材与铝材	1.5				
钉杆水密性		通过				
渗油性(张数),≤		2				
持粘性(min),≥		20				
热老化	拉力保持率(%),≥	80				
	最大拉力时 延伸率(%),≥	200		30		400(沥青层 断裂延伸率)
	低温柔性(℃)	−18	−28	−18	−28	−18
		无裂纹				
	剥离强度卷材与 铝板(N/mm),≥	1.5				
热稳定性	外观	无起鼓、皱褶、滑动、流淌				
	尺寸变化(%),≤	2				

表1—32　PY类卷材物理力学性能

项　目			指标	
			I	II
可溶物含量(g/m²),≥		2.0 mm	1 300	—
		3.0 mm	2 100	
		4.0 mm	2 900	
拉伸性能	拉力(N/50 mm),≥	2.0 mm	350	—
		3.0 mm	450	600
		4.0 mm	450	800
	最大拉力时延伸率(%),≥		30	40

续上表

项 目		指标	
		I	II
耐热性		70℃无滑动、流淌、滴落	
低温柔性(℃)		−20	−30
		无裂纹	
不透水性		0.3 MPa,120 min不透水	
剥离强度 (N/mm),≥	卷材与卷材	1.0	
	卷材与铝板	1.5	
钉杆水密性		通过	
渗油性(张数),≤		2	
持粘性(min),≥		15	
热老化	最大拉力时延伸率(%),≥	30	40
	低温柔性(℃)	−18	−28
		无裂纹	
	剥离强度 卷材与铝板(N/mm),≥	1.5	
	尺寸稳定性(%),≤	1.5	1.0
自粘沥青再剥离强度(N/mm),≥		1.5	

(12)氯化聚乙烯防水卷材的基本要求见表1—33。

表1—33 氯化聚乙烯防水卷材的基本要求

项目	内 容
规格	(1)卷材长度规格为10 m、15 m、20 m。 (2)厚度规格为1.2 mm、1.5 mm、2.0 mm。 (3)其他长度、厚度规格,可根据工程实际需要双方商定,但厚度规格不得低于1.2 mm
尺寸偏差	(1)卷材长度、宽度不小于规定值的99.5%。 (2)厚度偏差和最小单值见表1—34的规定
理化性能	N类无复合层的卷材理化性能应符合表1—35的规定;L类纤维单面复合及W类织物内增强的卷材理化性能应符合表1—36的规定

表1—34 氯化聚乙烯防水卷材厚度允许偏差

厚度(mm)	允许偏差(mm)	最小单值(mm)
1.2	±0.10	1.00

续上表

厚度(mm)	允许偏差(mm)	最小单值(mm)
1.5	±0.15	1.30
2.0	±0.20	1.70

表 1-35　N 类卷材理化性能

序号	项　　目		I 型	Ⅱ 型
1	拉伸强度(MPa),≥		5.0	8.0
2	断裂伸长率(%),≥		200	300
3	热处理尺寸变化率(%),≤		3.0	纵向 2.5 横向 1.5
4	低温弯折性		−20℃无裂纹	−25℃无裂纹
5	抗穿孔性		不渗水	
6	不透水性		不透水	
7	剪切状态下的黏合性(N/mm),≥		3.0 或卷材破坏	
8	热老化处理	外观	无起泡、裂纹、黏结与孔洞	
		拉伸强度变化率(%)	+50 −20	±20
		断裂伸长率变化率(%)	+50 −30	±20
		低温弯折性	−15℃无裂纹	−20℃无裂纹
9	耐化学侵蚀	拉伸强度变化率(%)	±30	±20
		断裂伸长率变化率(%)	±30	±20
		低温弯折性	−15℃无裂纹	−20℃无裂纹
10	人工气候加速老化	拉伸强度变化率(%)	+50 −20	±20
		断裂伸长率变化率(%)	+50 −30	±20
		低温弯折性	−15℃无裂纹	−20℃无裂纹

注:非外露使用可以不考核人工气候加速老化性能。

表 1-36　L 类及 W 类卷材理化性能

序号	项　　目	I 型	Ⅱ 型
1	拉力(N/cm),≥	70	120

续上表

序号	项 目		Ⅰ型	Ⅱ型
2	断裂伸长率(%),≥		125	250
3	热处理尺寸变化率(%),≤		1.0	
4	低温弯折性		−20℃无裂纹	−25℃无裂纹
5	抗穿孔性		不渗水	
6	不透水性		不透水	
7	剪切状态下的黏合性(N/mm),≥	L类	3.0 或卷材破坏	
		W类	6.0 或卷材破坏	
8	热老化处理	外观	无起泡、裂纹、黏结与孔洞	
		拉力(N/cm),≥	55	100
		断裂伸长率(%),≥	100	200
		低温弯折性	−15℃无裂纹	−20℃无裂纹
9	耐化学侵蚀	拉力(N/cm),≥	55	100
		断裂伸长率(%),≥	100	200
		低温弯折性	−15℃无裂纹	−20℃无裂纹
10	人工气候加速老化	拉力(N/cm),≥	55	100
		断裂伸长率(%),≥	100	200
		低温弯折性	−15℃无裂纹	−20℃无裂纹

注:同表1−35表注。

(13)三元丁橡胶防水卷材物理力学性能见表1−37。

表1−37 三元丁橡胶防水卷材物理力学性能

产品等级		一等品	合格品
不透水性	压力(MPa),≥	0.3	
	保持时间(min),≥	90,不透水	
纵向拉伸强度(MPa),≥		2.2	2.0
纵向断裂伸长率(%),≥		200	150
低温弯折性(−30℃)		无裂纹	
耐碱性	纵向拉伸强度的保持率(%),≥	80	
	纵向断裂伸长的保持率(%),≥	80	
热老化处理	纵向拉伸强度保持率(80℃±2℃,168 h)(%),≥	80	
	纵向断裂伸长保持率(80℃±2℃,168 h)(%),≥	70	
热处理尺寸变化率(80℃±2℃,168 h)(%),≥		−4,+2	

续上表

产品等级		一等品	合格品
	外观	无裂纹,无气泡,不黏结	
人工加速气候 老化 27 周期	纵向拉伸强度的保持率(%),≥	80	
	纵向断裂伸长的保持率(%),≥	70	
	低温弯折性	−20℃,无裂缝	

(14)氯化聚乙烯——橡胶共混防水卷材物理力学性能见表1-38。

表 1-38　氯化聚乙烯——橡胶共混防水卷材物理力学性能

序号	项　目		指标	
			S 型	N 型
1	拉伸强度(MPa),≥		7.0	5.0
2	断裂伸长度(%),≥		400	250
3	直角形撕裂强度(kN/m),≥		24.5	20.0
4	不透水性(30 min)		0.3 MPa 不透水	0.2 MPa 不透水
5	热老化保持率 (80℃±2℃,168 h)	拉伸强度(%),≥	80	
		断裂伸长率(%),≥	70	
6	脆性温度(℃),≤		−40	−20
7	臭氧老化 500 pphm,168 h×40℃,静态		伸长率40% 无裂纹	伸长率20% 无裂纹
8	黏结剥离强度 (卷材与卷材)	kN/m	≥2.0	
		浸水 168 h,保持率(%),≥	70	
9	热处理尺寸变化率(%),≤		+1	+2
			−2	−4

(15)高分子片材的基本要求见表1-39。

表 1-39　高分子片材的基本要求

项目	内　容
高分子片材的 外观质量	(1)片材表面应平整,不能有影响使用性能的杂质、机械损伤、折痕及异常粘着等缺陷。 (2)在不影响使用的条件下,片材表面缺陷应符合下列规定: 1)凹痕。深度不得超过片材厚度的 30%;树脂类片材不得超过 5%。 2)气泡。深度不得超过片材厚度的 30%,每 1 m² 不得超过 7 mm²,树脂类片材不允许有

项目	内 容
高分子片材的物理性能	(1)均质片的物理性能应符合表1—40的规定,复合片的物理性能应符合表1—41的规定,点粘片的性能应符合表1—42的规定。 (2)对于整体厚度小于1.0 mm的树脂类复合片材,扯断伸长率不得小于50%,其他物理性能达到规定值的80%以上。 (3)对于聚酯胎上涂覆三元乙丙橡胶的FF类片材,扯断伸长率不得小于100%,其他物理性能应符合表1—42的规定

表1—40 均质片的物理性能

项 目		硫化橡胶类				非硫化橡胶类			树脂类		
		JL1	JL2	JL3	JL4	JF1	JF2	JF3	JS1	JS2	JS3
断裂拉伸强度(MPa)	常温,≥	7.5	6.0	6.0	2.2	4.0	3.0	5.0	10	16	14
	60℃,≥	2.3	2.1	1.8	0.7	0.8	0.4	1.0	4	6	5
扯断伸长率(%)	常温,≥	450	400	300	200	400	200	200	200	550	500
	−20℃,≥	200	200	170	100	200	100	100	15	350	300
撕裂强度(kN/m),≥		25	24	23	15	18	10	10	40	60	60
不透水性(MPa),30 min无渗漏		0.3	0.3	0.2	0.2	0.3	0.2	0.2	0.3	0.3	0.3
低温弯折温度(℃),≤		−40	−30	−30	−20	−30	−20	−20	−20	−35	−35
加热伸缩量(mm)	延伸,<	2	2	2	2	2	4	4	2	2	2
	收缩,<	4	4	4	4	4	6	10	6	6	6
热空气老化(80℃,168 h)	断裂拉伸强度保持率(%),≥	80	80	80	80	90	60	80	80	80	80
	扯断伸长率保持率(%),≥	70	70	70	70	70	70	70	70	70	70
耐碱性(10% Ca(OH)₂,常温×168 h)	断裂拉伸强度保持率(%),≥	80	80	80	80	80	70	70	80	80	80
	扯断伸长率保持率(%),≥	80	80	80	80	90	80	70	80	90	90
臭氧老化,(40℃×168 h)	伸长率40%,500×10⁻⁸	无裂纹	—	—	—	无裂纹	—	—	—	—	—
	伸长率20%,500×10⁻⁸	—	无裂纹	—	—	—	—	—	—	—	—
	伸长率20%,100×10⁻⁸	—	—	无裂纹	无裂纹	—	无裂纹	无裂纹	—	—	—

续上表

项 目		指　标									
		硫化橡胶类				非硫化橡胶类			树脂类		
		JL1	JL2	JL3	JL4	JF1	JF2	JF3	JS1	JS2	JS3
人工气候老化	断裂拉伸强度保持率(%),≥	80	80	80	80	80	70	80	80	80	80
	扯断伸长率保持率(%),≥	70	70	70	70	70	70	70	70	70	70
黏接剥离强度(片材与片材)	N/mm(标准试验条件),≥	1.5									
	浸水保持率(常温×168 h)(%)	70									

注:1. 人工候化和黏合性能项目为推荐项目。

　　2. 非外露使用可以不考核臭氧老化、人工气候老化、加热伸缩量、60℃断裂拉伸强度性能。

表1-41　复合片的物理性能

项　目		指　标			
		硫化橡胶类	非硫化橡胶类	非硫化橡胶类	
		FL	FF	FS1	FS2
断裂拉伸强度(N/cm)	常温,≥	80	60	100	60
	60℃,≥	30	20	40	30
扯断伸长率(%)	常温,≥	300	250	150	400
	-20℃,≥	150	50	10	10
撕裂强度(N)		40	20	20	20
不透水性(0.3 MPa,30 min)		无渗漏	无渗漏	无渗漏	无渗漏
低温弯折温度(℃),≤		-35	-20	-30	-20
加热伸缩量(mm)	延伸,≤	2	2	2	2
	收缩,≤	4	4	2	4
热空气老化(80℃,168 h)	断裂拉伸强度保持率(%),≥	80	80	80	80
	扯断伸长率保持率(%),≥	70	70	70	70
耐碱性[10%Ca(OH)₂溶液常温×168 h]	断裂拉伸强度保持率(%),≥	80	60	80	80
	胶断伸长率保持率(%),≥	80	60	80	80
臭氧老化(40℃×168 h),200×10⁻⁸		无裂纹	无裂纹	—	—
人工气候化	断裂拉伸强度保持率(%),≥	80	70	80	80
	扯断伸长率保持率(%),≥	70	70	70	70
黏结剥离强度(片材与片材)	N/mm(标准试样条件),≥	1.5	1.5	1.5	1.5
	浸水保持率(常温×168 h),≥	70	70	70	70
复合强度(FS2型表层与芯层)(N/mm),≥		—	—	—	1.2

注:同表1-40表注。

表1—42 点粘片的物理性能

项目		指标		
		DS1	DS2	DS3
断裂拉伸强度(MPa)	常温,≥	10	16	14
	60℃,≥	4	6	5
扯断伸长率(%)	常温,≥	200	550	500
	−20℃,≥	15	350	300
撕裂强度(kN/m),≥		40	60	60
不透水性(30 min)		0.3 MPa 无渗漏		
低温弯折温度(℃),≤		−20	−35	−35
加热伸缩量(mm)	延伸,≤	2	2	2
	收缩,≤	6	6	6
热空气老化 (80℃×168 h)	断裂拉伸强度保持率(%),≥	80	80	80
	扯断伸长率保持率(%),≥	70	70	70
耐碱性(质量分数 为10%的Ca(OH)$_2$ 溶液,常温×168 h)	断裂拉伸强度保持率(%),≥	80	80	80
	扯断伸长率保持率(%),≥	80	90	90
人工气候老化	断裂拉伸强度保持率(%),≥	80	80	80
	扯断伸长率保持率(%),≥	70	70	70
黏接点	剥离强度(kN/m),≥	1		
	常温下断裂拉伸强度(kN/m),≥	100	60	
	常温下扯断伸长率(%),≥	150	400	
黏结剥离强度 (片材与片材)	N/mm(标准试样条件),≥	1.5		
	浸水保持率(常温×168 h),≥	70		

(16)地下工程合成高分子卷材防水层的配套及辅助材料见表1—43。

表1—43 地下工程合成高分子卷材防水层的配套及辅助材料

项目	内 容
胶黏剂	胶黏剂经搅拌应为均匀液体,无杂质,无分散颗粒或凝胶
内密封膏	以合成橡胶为基料、枪挤施工的弹性单组分膏状材料,专门用于卷材搭接缝内侧的密封
外密封膏	以合成橡胶为基料、枪挤施工的弹性单组分膏状材料,专门用于卷材搭接缝外边缘的密封和保护,可长期曝露,耐候性能好

续上表

项目	内容
止水玛琋膏	单组分、低黏度、自浸润的玛琋脂密封膏,用于三元乙丙卷材或三元乙丙自硫化泛水材料与基层之间的密封
浇筑密封膏	双组分、不含溶剂的聚氨酯基密封膏,专用于特殊复杂部位(如管束、穿透屋面的异型根部等)与卷材防水层之间的密封
自硫化三元乙丙橡胶防水材料	采用特殊配方和工艺生产的、具有优异塑性的三元乙丙橡胶片材,专用于复杂细部节点和异型部位的处理。施工时无须剪裁,可随节点构造的形状任意拉伸和变形,直接粘贴而不会产生内应力;在自然环境下硫化,最终达到与三元乙丙橡胶防水卷材相同的物理性能,并永久保持初粘时的形状
搭接胶黏带	胶黏带是完全硫化的合成橡胶产品,专用于三元乙丙橡胶卷材与卷材间搭接缝的黏结,具有高黏结强度、施工简便和优良的物理性能等特点
辅助材料及附件	包括在卷材搭接前清洁搭缝的配套清洗剂;固定各种防水系统的螺钉、垫片及收头压条;用于泛水部位的增强型三元乙丙橡胶防水卷材附加层、用于变形缝背衬的配套橡胶支撑件以及人行走道板等

(17)高分子防水卷材胶黏剂的物理力学性能见表 1—44。

表 1—44 高分子防水卷材胶黏剂的物理力学性能

序号	项目			技术指标		
				基底胶 J	搭接胶 D	通用胶 T
1	黏度(Pa·s)			规定值[1]±2%		
2	不挥发物含量(%)			规定值[1]±2%		
3	适用期[2](min),≥			180		
4	剪切状态下的黏合性	卷材—卷材	标准试验条件(N/mm),≥	—	2.0	2.0
			热处理后保持率(%)(80℃,168 h),≥	—	70	70
			碱处理后保持率(%)[10%Ca(OH)$_2$,168 h]	—	70	70
		卷材—基底	标准试验条件(N/mm),≥	1.8	—	1.8
			热处理后保持率(%)(80℃,168 h),≥	70	—	70
			碱处理后保持率(%)[10%Ca(OH)$_2$,168 h],≥	70	—	70

续上表

序号	项 目		技术指标		
			基底胶 J	搭接胶 D	通用胶 T
5	剥离③强度	标准试验条件(N/mm),≥	—	1.5	1.5
		浸水后保持率(%)(168 h),≥	—	70	70

①规定值是指企业标准、产品说明书或供需双方商定的指标量值;

②仅适用于双组分产品,指标也可由供需双方协商确定;

③剥离强度为强制性指标。

(18)三元乙丙橡胶防水卷材(硫化型)的物理力学性能见表1-45。

表1-45 三元乙丙橡胶防水卷材(硫化型)的物理力学性能

项 目		性能指标
断裂拉伸强度(MPa),≥		7.5
扯断伸长率(%),≥		450
撕裂强度(kN/m),≥		25
不透水性(30 min 无渗漏)(MPa)		0.3
低温弯折(℃),≤		−40
加热伸缩量(mm)		延伸<2,收缩<4
热老化保持率(80℃×168 h),≥	断裂拉伸强度(%)	80
	扯断伸长率(%)	70

三、施工机械要求

(1)卷材防水层的施工机械要求见表1-46。

表1-46 卷材防水层的施工机械要求

项目	内 容
地下工程高聚物改性沥青卷材防水层	(1)清理基层的施工工具:铁锹、扫帚、墩布、手锤、钢凿、油开刀、吹尘器等。 (2)铺贴卷材的施工工具:剪刀、弹线盒、卷尺、刮板、滚刷、毛刷、压辊、铁抹子等。 (3)热熔专用机具:汽油喷灯、单头或多头热熔喷枪等
地下工程自粘橡胶沥青防水层	(1)清理基层的主要机具:铁锹、扫帚、墩布、棉丝、吹尘器、手锤、凿子、拖布等。 (2)粘铺卷材的施工工具:剪刀、盒尺、壁纸刀、弹线盒、刮板、压辊等。 (3)卷材固定、封边用的工具:锤子、钳子、射钉枪、刮板、毛刷等
地下工程合成高分子卷材防水层	合成高分子卷材防水施工所需的机具规格及数量,可参照表1-46准备,并可根据工程施工的实际情况增减

（2）合成高分子卷材防水施工所需的机具规格及数量见表1—47。

表1—47   合成高分子卷材防水施工所需的机具规格及数量

名称	规格	数量	用途
小平铲	小型	3把	清理基层用
扫帚	—	8把	清理基层用
钢丝刷	—	3把	清理基层用
高压吹风机	200 W	1台	清理基层用
铁抹子		2把	修补基层及末端收头用
皮卷尺	50 m	1把	度量尺寸用
钢卷尺	2 m	5只	度量尺寸用
小线绳		50 m	弹线用
彩色粉	—	0.5 kg	弹线用
粉笔	—	1盒	打标记用
电动搅拌器	200 W	2个	搅拌材料用
开罐刀		2把	开料桶用
剪子	—	5把	剪裁卷材用
铁桶	10 L	2个	胶黏剂容器
小油漆桶	3 L	5个	胶黏剂容器
油漆刷	5～10 cm	各5把	涂刷胶黏剂用
滚刷	ϕ560 mm×250 mm	10把/1 000 m²	涂刷胶黏剂用
橡皮刮板	—	3把	涂刷胶黏剂用
铁管	ϕ30 mm×1 500 mm	2根	展铺卷材用
铁压辊	ϕ200 mm×300 mm	2个	压实卷材用
手持压辊	ϕ40 mm×50 mm	10个	压实卷材用
手持压辊	ϕ40 mm×5 mm	5个	压实阴角卷材用
嵌缝挤压枪	—	2个	嵌填密封材料用
自动热风焊机	4 000 W	1台	焊接热熔卷材接缝用
安全带	—	5条	劳保用品
工具箱	—	2个	保存工具用

四、施工工艺解析

（1）地下工程高聚物改性沥青卷材防水层的适用范围及作业条件见表1—48。

表 1—48　　地下工程高聚物改性沥青卷材防水层的适用范围及作业条件

项目	内　容
适用范围	适用于工业与民用建筑地下工程采用高聚物改性沥青卷材热熔法施工防水层
作业条件	(1)施工前审核图纸，编制防水工程施工方案，并进行技术交底。地下防水工程必须由专业队施工，作业队的资质合格，操作人员持证上岗。 (2)铺贴防水层的基层必须按设计施工完毕，涂刷基层处理剂前(冷底子油)，应将基层表面的尘土、杂物等清理干净。 (3)基层应平整、牢固、不空鼓开裂、不起砂，并经养护后干燥，含水率不大于9%(将1 m²卷材干铺在找平层上，静置3~4 h后掀开检查，找平层覆盖部位与卷材上未见水印即可)。 (4)转角处应抹成光滑一致的圆弧形。 (5)卷材严禁在雨天、雪天、雾天和五级以上大风天施工。采用热熔法施工时，环境温度不得低于-10℃。施工场地应保持地下水位稳定在基底500 mm以下，必要时应采取降排水措施。 (6)施工用材料均为易燃品，因而应准备好相应的消防器材。 (7)操作人员应穿工作服，戴安全帽、口罩、手套、帆布脚盖等劳保用品。 (8)地下室通风不良时，铺贴卷材应采取通风措施

(2)地下工程高聚物改性沥青卷材防水层的施工工艺见表1—49。

表 1—49　　地下工程高聚物改性沥青卷材防水层的施工工艺

项目	内　容
基层清理	施工前将验收合格的基层清理干净、平整牢固、保持干燥
涂刷基层处理剂	在基层表面满刷一道用汽油稀释的高聚物改性沥青溶液，涂刷应均匀，不得有露底或堆积现象，也不得反复涂刷，涂刷后在常温经过4 h后(以不粘脚为准)，开始铺贴卷材
特殊部位加强处理	管根、阴阳角部位加铺一层卷材。按规范及设计要求将卷材裁成相应的形状进行铺贴
基层弹分条铺贴	在处理后的基层面上，按卷材的铺贴方向，弹出每幅卷材的铺贴线，保证不歪斜(以后上层卷材铺贴时，同样要在已铺贴的卷材上弹线)

(3)地下工程高聚物改性沥青卷材防水层的冷黏结法施工见表1—50。

表 1—50　　地下工程高聚物改性沥青卷材防水层的冷黏结法施工

项目	内　容
定义	冷黏结法是将冷胶黏剂均匀地涂布在基层表面和卷材搭接边上，使卷材与基层、卷材与卷材牢固地黏结在一起的施工方法
操作要点	(1)涂刷胶黏剂要均匀、不露底、不堆积。 (2)涂刷胶黏剂后，铺贴防水卷材，其间隔时间根据胶黏剂的性能确定。 (3)铺贴卷材的同时，要用压辊辊压出卷材下面的空气，使卷材粘牢。 (4)卷材的铺贴应平整顺直，不得有皱褶、翘边、扭曲等现象。卷材的搭接应牢固，接缝处溢出的冷胶黏剂随即刮平，或者用热熔法接缝。 (5)卷材接缝口应用密封材料封严，密封材料宽度≥10 mm

（4）地下工程高聚物改性沥青卷材防水层的冷自粘法施工见表1—51。

表1—51　地下工程高聚物改性沥青卷材防水层的冷自粘法施工

项目	内　容
定义	冷自粘法是在生产防水卷材的时候，就在卷材底面涂了一层压敏胶，压敏胶表面敷有一层隔离纸。施工时，撕掉隔离纸，直接铺贴卷材即可
操作要点	（1）先在基层表面均匀涂布基层处理剂，处理剂干燥后再及时铺贴卷材。 （2）铺贴卷材时，要将隔离纸撕净。 （3）铺贴卷材时，用压辊滚压以驱赶卷材下面的空气，并使卷材粘牢。 （4）卷材的铺贴应平整顺直，不得有皱褶、翘边、扭曲等现象。卷材的搭接应牢固，接缝处宜采用热风焊枪加热，加热后随即粘牢卷材，溢出的压敏胶随即刮平。 （5）卷材接缝口应用密封材料封严，密封材料宽度≥10 mm

（5）地下工程高聚物改性沥青卷材防水层的热熔法施工见表1—52。

表1—52　地下工程高聚物改性沥青卷材防水层的热熔法施工

项目	内　容
定义	热熔法是用火焰喷枪喷出的火焰烘烤卷材表面和基层，待卷材表面熔融至光亮黑色，基层得到预热，立即滚铺卷材。边熔融卷材表面，边滚铺卷材，使卷材与基层，卷材与卷材之间紧密黏结
操作要点	（1）喷枪加热器喷出的火焰，距卷材面的距离应适中；幅宽内加热应均匀，不得过分加热或烧穿卷材。 （2）卷材表面热熔后，应立即滚铺卷材，并用压辊滚压卷材，排除卷材下面空气，使卷材黏结牢固、平整，无褶、扭曲等现象。 （3）卷材接缝处，用溢出的热熔改性沥青胶料，并黏结牢固，封闭严密

（6）地下工程高聚物改性沥青卷材防水层的外防外贴法施工见表1—53。

表1—53　地下工程高聚物改性沥青卷材防水层的外防外贴法施工

项目	内　容
定义	外防外贴法是在混凝土底板和结构墙体施工缝以下部分浇筑前，先在墙体或基梁外侧的垫层上砌筑永久性保护墙（同时做为混凝土底板外模）。平面部位的防水层铺贴在垫层上，立面部位的防水层先铺贴在永久性保护墙体上，待结构墙体浇筑后，再将上部的卷材直铺贴在结构墙体的外表面上
操作要点	（1）先浇筑需防水结构的底面混凝土垫层，垫层宜宽出永久性保护墙50～100 mm。 （2）在底板（或墙、基梁）外侧，用M5水泥砂浆砌筑宽度不小于120 mm厚的永久性保护墙，墙的高度不小于结构底板厚度＋120 mm。注意在砌永久性保护墙时，要留出找平层、防水层和保护层的厚度。 （3）在永久性保护墙上用石灰砂浆直接砌临时保护墙，墙高为150 mm×（卷材层数＋1）。 （4）在垫层和永久性保护墙上抹1∶3水泥砂浆找平层，转角处抹成圆弧形。在临时保护墙上用石灰砂浆抹找平层。

续上表

项目	内　容
操作要点	（5）找平层干燥并清扫干净后，按照所用的不同卷材种类，涂刷相应的基层处理剂，如采用空铺法，可不涂基层处理剂。 （6）在贴铺防水层前，阴阳角、转角、预埋管道和突出物周边应用相同的卷材增贴1～2层，进行附加增强处理，附加层宽度不宜小于500 mm。 （7）在永性保护墙上卷材防水层采用空铺法施工；在临时保护墙（或维护结构模板）上将卷材防水层临时贴附，并分层临时固定在保护墙最上端；卷材甩槎做法如图1—3所示。 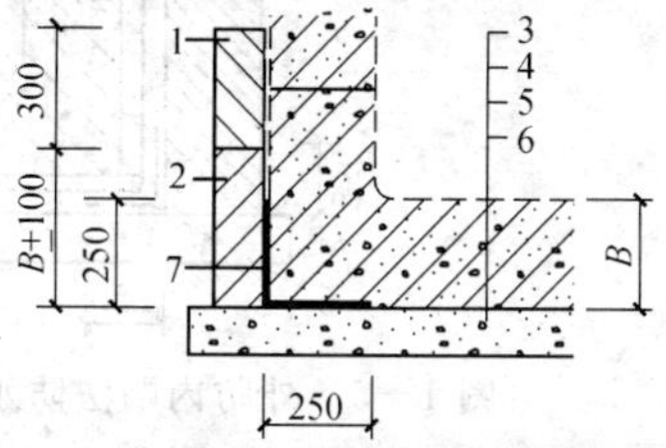 图1—3　卷材防水层甩槎做法（单位：mm） 1—临时保护墙；2—永久保护墙；3—细石混凝土保护层；4—卷材防水层； 5—水泥砂浆找平层；6—混凝土垫层；7—卷材加强层 （8）防水层施工完毕并经检查验收合格后，宜在平面卷材防水层上干铺一层油毡作保护隔离层，在其上做水泥砂浆或细石混凝土保护层；在立面卷材上涂布一层胶后撒砂，将砂粘牢后，在永久性保护墙区段抹20 mm厚1：3水泥砂浆，在临时保护墙区段抹石灰砂浆，作为卷材防水层的保护层。 （9）浇筑混凝土底板或墙体。此时保护墙可作为混凝土底板一侧的模板。 （10）施工底板以上混凝土墙体，并在需防水结构外表面抹1：3水泥砂浆找平层。 （11）拆除临时保护墙，清除石灰砂浆，并将卷材上的浮灰和污物清洗干净，再将此区段的需防水结构外墙外表面上补抹水泥砂浆找平层，将卷材分层错槎搭接向上铺贴，上层卷材应盖过下层卷材，卷材接槎如图1—4所示。 （12）外墙防水层经检查验收合格，确认无渗漏陷患后，做外墙防水层的保护层，并及时进行槽边回填施工 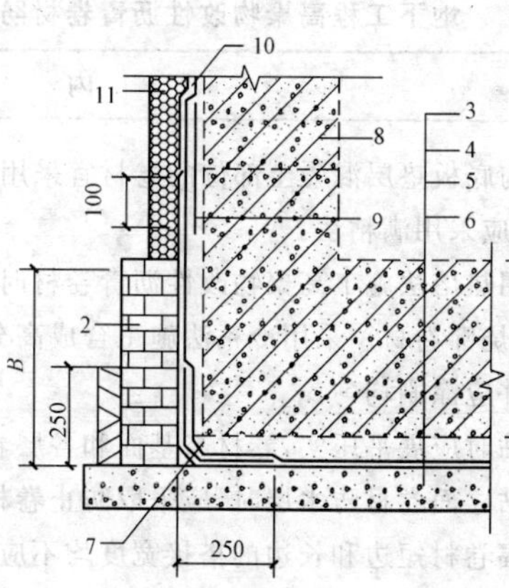 图1—4　卷材防水层接槎做法（单位：mm） 1—临时保护墙；2—永久保护墙；3—细石混凝土保护层；4,10—卷材防水层；5—水泥砂浆找平层； 6—混凝土垫层；7,9—卷材加强层；8—结构墙体；11—卷材保护层

（7）地下工程高聚物改性沥青卷材防水层的外防内贴法施工见表1—54。

表1—54　地下工程高聚物改性沥青卷材防水层的外防内贴法施工

项目	内　　容
定义	外防内贴法施工，如图1—5所示。 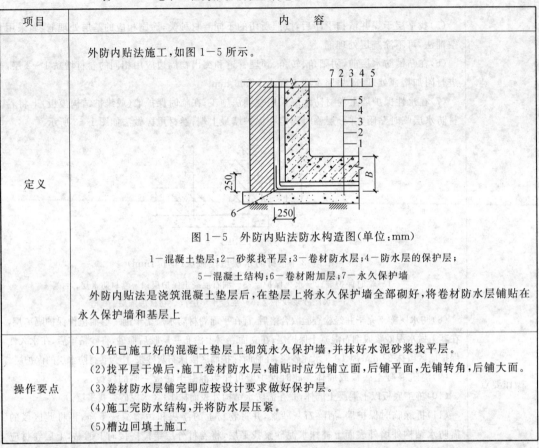 图1—5　外防内贴法防水构造图（单位：mm） 1—混凝土垫层；2—砂浆找平层；3—卷材防水层；4—防水层的保护层； 5—混凝土结构；6—卷材附加层；7—永久保护墙 外防内贴法是浇筑混凝土垫层后，在垫层上将永久保护墙全部砌好，将卷材防水层铺贴在永久保护墙和基层上
操作要点	(1)在已施工好的混凝土垫层上砌筑永久保护墙，并抹好水泥砂浆找平层。 (2)找平层干燥后，施工卷材防水层，铺贴时应先铺立面，后铺平面，先铺转角，后铺大面。 (3)卷材防水层铺完即应按设计要求做好保护层。 (4)施工完防水结构，并将防水层压紧。 (5)槽边回填土施工

（8）地下工程高聚物改性沥青卷材防水层的施工技术要求见表1—55。

表1—55　地下工程高聚物改性沥青卷材防水层的施工技术要求

项目	内　　容
采用热熔法或冷粘法铺贴卷材	(1)结构底板垫层混凝土部位的卷材宜采用空铺法或点粘法，其他与混凝土结构相接触的部位应采用满粘法。 (2)采用热熔法施工高聚物改性沥青卷材时，幅宽内卷材底表面加热应均匀，不得过分加热或烧穿卷材。采用冷粘法施工合成高分子卷材时，必须采用与卷材材性相容的胶合剂，并应涂刷均匀。 (3)铺贴时应展平压实，卷材与基面和各层卷材间必须黏结紧密。 (4)铺贴立面卷材防水层时，应采取防止卷材下滑的措施。 (5)两幅卷材短边和长边的搭接宽度均不应小于100 mm。采用合成树脂类的热塑性卷材时，搭接宽度宜为50 mm，并采用焊接法施工，焊缝有效焊接宽度不应小于30 mm。采用双层卷材时，上下两层和相邻两幅卷材的接缝应错开1/3～1/2幅宽，且两层卷材不得相垂直铺贴。

续上表

项目	内 容
采用热熔法或冷粘法铺贴卷材	(6)卷材接缝必须粘贴封严。接缝口应用材性相容的密封材料封严,宽度不应小于10 mm
采用外防外贴法铺贴卷材防水层	(1)铺贴卷材应先铺平面,后铺立面,交接处应交叉搭接。 (2)临时性保护墙应用石灰砂浆砌筑,内表面应用石灰砂浆做找平层,并刷石灰浆。如用模板代替临时性保护墙时,应在其上涂刷隔离剂。 (3)当不设保护墙时,从底面折向立面的卷材的接槎部位应采取可靠的保护措施。 (4)主体结构完成后,铺贴立面卷材时,应先将接槎部位的各层卷材揭开,并将其表面清理干净,如卷材有局部损伤,应及时进行修补。卷材接槎的搭接长度,高聚物改性沥青卷材为150 mm,合成高分子卷材为100 mm。当使用两层卷材时,卷材应错槎接缝,上层卷材应盖过下层卷材
采用外防内贴法铺贴卷材防水层	(1)混凝土结构的保护墙内表面应抹厚度为20 mm的1:3水泥砂浆找平层,然后铺贴卷材,并根据卷材选用保护层。 (2)卷材宜先铺立面,后铺平面。铺贴立面时,应先铺转角,后铺大面
卷材防水层经检查合格后,及时做保护层	(1)顶板卷材防水层上的细石混凝土保护层:采用机械碾压回填土时,保护层厚度不宜小于70 mm;采用人工回填土时,保护层厚度不宜小于50 mm;防水层与保护层之间应设置隔离层。 (2)底板卷材防水层上的细石混凝土保护层厚度不应小于50 mm。 (3)侧墙卷材防水层宜采用软质保护材料或铺抹20 mm厚的1:2.5水泥砂浆层

(9)地下工程高聚物改性沥青卷材防水层的成品保护及应注意的质量问题见表1—56。

表1—56 地下工程高聚物改性沥青卷材防水层的成品保护及应注意的质量问题

项目	内 容
成品保护	(1)卷材运输及保管时平放不得高于4层,不得横压、斜放,并避免雨淋、日晒、受潮。 (2)地下卷材防水层部位预埋的管道,在施工预埋管道周边的卷材防水层时,不得碰损和堵塞管道。 (3)卷材防水层铺好后,应及时采取保护措施,操作人员不得穿带钉鞋在底板防水层上作业。 (4)卷材防水层铺贴完成后,应及时做好保护层,防止结构施工碰损防水层。 (5)卷材平面防水层施工,不得在防水层上放置材料及作为施工运输车道
应注意的质量问题	(1)材料质量。 1)卷材及配套材料的品种、规格、性能必须符合设计和规范要求,以不透水性、拉力、延伸率、低温柔度、耐热度等指标控制。 2)防水卷材厚度单层使用时不应小于4 mm,双层使用时每层不应小于3 mm。 (2)卷材搭接不良:接头搭接形式以及长边、短边的搭接宽度偏小,接头处的黏结不密实,接槎损坏、空鼓;施工操作中应按程序弹基准线,使与卷材规格相符,操作中对线铺贴,使卷材搭接宽度不小于100 mm。

项 目	内　　容
应注意的 质量问题	（3）空鼓：铺贴卷材的基层潮湿，不平整、不洁净，导致基层与卷材之间窝气、空鼓；铺设时排气不彻底，也可使卷材间空鼓；施工时基层应充分干燥，卷材铺设应均匀压实。 （4）管根处防水层粘贴不良：清理不洁净、裁剪卷材与根部形状不符、压边不实等造成粘贴不良；施工时清理应彻底干净，注意操作，将卷材压实，不得有张嘴、翘边、折皱等现象。 （5）渗漏：转角、管根、变形缝处不易操作而渗漏。施工时附加层应仔细操作；保护好接槎卷材，搭接应满足宽度要求，保证特殊部位的质量

（10）地下工程自粘橡胶沥青防水层的适用范围及作业条件见表1—57。

表1—57　地下工程自粘橡胶沥青防水层的适用范围及作业条件

项 目	内　　容
适用范围	自粘橡胶沥青防水层适用于工业与民用建筑以自粘型防水卷材粘铺的地下防水工程施工
作业条件	（1）防水基层表面应平整、光滑，达到设计强度，不得有空鼓、开裂、起砂、脱皮等缺陷。基层表面如有残留的砂浆硬块及突出部分应铲除干净；阴、阳角、管子根等部位应抹成半径50 mm的圆弧。 （2）穿过地面和墙面的预埋管件、变形缝、后浇带等处，必须符合规范的规定和设计要求。在粘铺自粘卷材前，应进行隐蔽工程的检查验收。 （3）整个防水基层应保持干燥，如有潮湿、渗水部位应用堵漏灵封堵。一般要求基层含水率不大于9%。其检测方法是用1 m²的普通卷材，平坦地干铺在基层上，静至3～4 h后，掀开卷材视基层表面及卷材面均无水印，即可施工。 （4）粘铺自粘卷材严禁在雨、雪天施工，五级风及以上时不得施工。一般粘贴卷材的环境温度不宜低于5℃。 （5）施工用材料均为易燃品，因而应准备好相应的消防器材。 （6）操作人员应穿工作服、戴安全帽、口罩、手套、帆布脚盖等劳保用品。 （7）地下室通风不良时，铺贴卷材应采取通风措施

（11）地下工程自粘橡胶沥青防水层的施工工艺见表1—58。

表1—58　地下工程自粘橡胶沥青防水层的施工工艺

项 目	内　　容
清理基层	在涂刷基层处理剂前，必须把基层表面的尘土杂物彻底打扫干净，它是黏结质量的关键工序。对棱角处的尘土应用吹尘器吹净，必要时应用抹布擦拭，并随时保持清洁
涂刷基层 处理剂	在干净的防水基层上涂刷与卷材配套的基层处理剂，涂刷时要求薄厚均匀一致，不得有堆积、漏刷等缺陷，切勿反复涂刷
粘铺附加层	地下室底板的积水坑、电梯井等的阴阳角、管子根、变形缝等薄弱部位要粘贴与卷材相同的附加层，宽度不应小于500 mm，大面积卷材施工时，与附加层之间均以满粘法施工。附加层下料剪裁方法。

项目	内 容
粘铺附加层	(1)阳角做法如图1—6、图1—7所示。 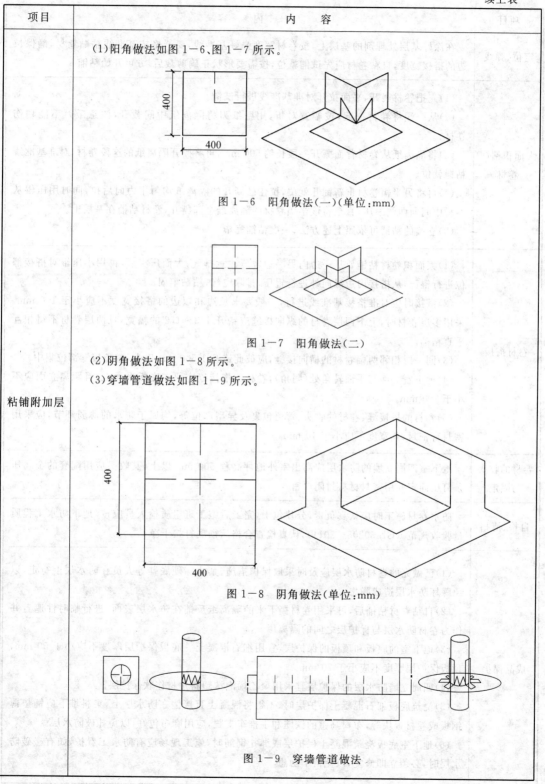 图1—6 阳角做法(一)(单位:mm) 图1—7 阳角做法(二) (2)阴角做法如图1—8所示。 (3)穿墙管道做法如图1—9所示。 400 400 图1—8 阴角做法(单位:mm) 图1—9 穿墙管道做法

项目	内　容
定位、弹线	在涂好基层处理剂的基层上，按卷材宽度弹好基准线，要严格按基准线粘贴卷材，确保长边的搭接宽度，自粘卷材应先试铺就位，按需要形状正确剪裁后，方可开始粘铺
大面积粘铺卷材	(1)先把卷材展开，平面拉开对准基准线进行试铺。 (2)从一端将卷材揭起，按幅宽对折，用壁纸刀将隔离纸中间裁开，注意千万不能划伤卷材。 (3)将隔离纸从卷材背面撕开一段长约500 mm，再将撕开隔离纸的这段卷材，对准基准线粘铺就位。 (4)再将另半幅卷材重新铺开就位，拉住已撕开的隔离纸均匀用力向后拉，同时用压辊从卷材中间向两侧滚压，直至将该半幅卷材的隔离纸全部撕开，卷材粘铺在基层上。 (5)立墙的粘铺可依照上述方法，一次粘铺完毕
卷材搭接	(1)大面积卷材粘铺要从一边向另一边辊压注意排气，大面压实后，再用小压辊对搭接部位进行辊压，从搭接内边缘向外进行辊压，排除空气，粘贴牢固。 (2)搭接时应对准搭接基准线进行，一般要求长边和短边的搭接宽度不应小于100 mm。采用多层卷材时，上下两层卷材的纵向接缝应错开1/3~1/2的幅宽，且两层卷材不得相互垂直粘铺。 (3)同一层相邻两幅卷材的横向接缝，应彼此错开1 500 mm以上，避免接缝部位集中。 (4)地下室立面与平面转角处(阴角)，卷材的搭接缝应留在底板平面上，且距离立面应不小于600 mm。 (5)卷材的搭接缝、卷材的收头、管道包裹及异型部位等，均属于防水的薄弱环节，应采用密封膏密封，其宽度不应小于10 mm
卷材的收头与固定	地下室四周立墙的防水层应高出室外地坪高程500 mm以上，其收头应用配套的金属压条钉压固定并用密封材料封闭严密
自检、清扫	防水卷材施工时应认真负责，分片包干，完工后施工班组质检人员应按《地下防水工程质量验收规范》(GB 50208—2011)，认真检查合格后彻底打扫干净
成品保护	(1)已做完的卷材防水层应及时采取保护措施，禁止穿硬底鞋等人员在防水层上行走，以免踩坏防水层造成隐患。 (2)自粘卷材粘铺后，可采用卷材撕下来的隔离纸反铺在防水层表面，进行临时性遮盖并作为卷材防水层与保护层之间的隔离层。 (3)地下室的底板和顶板的保护层，宜用细石混凝土。底板保护层厚度不应小于50 mm，顶板保护层厚度不应小于70 mm。 (4)四周立墙防水层的保护层宜采用聚乙烯泡沫塑料片材作软保护层。 (5)浇筑底板细石混凝土保护层时，不得将混凝土直接倒在防水层上，集料堆下应铺垫薄钢板或卷材板块等，布料马镫的铁腿和手推车支腿，应用麻布包好，以免扎破防水层。 (6)地下室底板浇筑混凝土保护层或绑扎钢筋时，施工现场应有防水工看护，如有碰破防水层时，必须立即修复，以免留下隐患

续上表

项目	内 容
应注意的 质量问题	(1)自粘卷材施工完毕,应及时采取保护措施,通常宜在防水层完成后24 h内做好保护层,如地下室外墙等部位也不宜超过72 h。 (2)地下室防水层的阴阳角、搭接缝等处容易发生空鼓,造成的主要原因是砂浆找平层不平,基层含水率过大或卷材与基层滚压黏结不实等,所以施工时一定要注意基层含水率和黏结密实。 (3)地下室防水工程如发生渗漏,主要多在卷材的搭接缝、穿墙管周围、变形缝、后浇带等薄弱部位。施工时一定先做好附加层,以确保防水工程质量。 (4)自粘卷材应在干燥、通风的环境下贮存,防止日晒雨淋。不同类别、规格的卷材应分别堆放。卷材应平放,堆放高度不宜超过5层

(12)地下工程合成高分子卷材防水层的适用范围及作业条件见表1—59。

表1—59 地下工程合成高分子卷材防水层的适用范围及作业条件

项目	内 容
适用范围	适用于工业与民用建筑地下工程铺贴高分子类卷材防水层的施工
作业条件	(1)施工前审核图纸,编制防水工程施工方案,并进行技术交底。地下防水工程必须由专业队施工,作业队的资质合格,操作人员持证上岗。 (2)合成高分子防水卷材单层使用时,厚度不应小于1.5 mm,双层使用时总厚度不应小于2.4 mm;阴阳角处应抹成圆弧形,其尺寸视卷材品质确定。在转角处、阴阳角等特殊部位,应增贴1~2层相同的卷材,宽度不宜小于500 mm。 (3)在地下水位较高的条件下铺贴防水层前,应先降低地下水位,做好排水处理,使地下水位降至防水层底标高300 mm以下,并保持到防水层施工完。 (4)铺贴防水层的基层表面应平整光滑,必须将基层表面的异物、砂浆疙瘩和其他尘土杂物清除干净,不得有空鼓、开裂及起砂、脱皮等缺陷。 (5)基层应保持干燥,含水率应不大于9%(将1 m² 卷材干铺在找平层上,静置3~4 h后掀开检查,找平层覆盖部位与卷材上未见水印即可)。 (6)防水层所用材料多属易燃品,存放和操作应隔绝火源,并做好防火工作。 (7)操作人员应穿工作服、戴安全帽、口罩、手套、帆布脚盖等劳保用品。 (8)地下室通风不良时,铺贴卷材应采取通风措施

(13)地下工程合成高分子卷材防水层的施工工艺见表1—60。

表1—60 地下工程合成高分子卷材防水层的施工工艺

项目	内 容
基层处理	施工前应将基层表面的杂物、尘土等清扫干净
涂刷基层 处理剂	(1)基层处理剂根据不同材性的防水卷材,应选用与其相容的基层处理剂。 (2)在大面积涂刷施工前,先在阴角、管根等复杂部位均匀涂刷一遍,然后用长把滚刷大面积顺序涂刷,涂刷基层处理剂的厚薄应均匀一致,不得有堆积和露底现象。涂刷后经4 h干燥,手摸不粘时,即可进行下道工序

项 目	内 容
特殊部位增补处理	(1)增补涂膜:可在地面、墙体的管根、伸缩缝、阴阳角等部位,均匀涂刷一层聚氨酯涂膜防水层,做为特殊薄弱部位的防水附加层,涂膜固化后即可进行下道工序。 (2)附加层施工:设计要求特殊部位,如阴阳角、管根,可用卷材铺贴一层处理
铺贴卷材防水层	(1)底板垫层混凝土平面部位宜采用空铺法或点粘法,其他与混凝土结构相接触的部位应采用满粘法;采用双层卷材时,两层之间应采用满粘法。 (2)铺贴前在基层面上排尺弹线,作为掌握铺贴的基准线,使其铺设平直。 (3)卷材粘贴面涂胶:将卷材铺展在干净的基层上,用长把滚刷蘸胶涂匀,应留出搭接部位不涂胶。晾胶至基本干燥不粘手。 (4)基层表面涂胶:底胶干燥后,在清理干净的基层面上,用长把滚刷蘸胶均匀涂刷,涂刷面不宜过大,然后晾胶。 (5)卷材粘贴。 1)在基层面及卷材粘贴面已涂刷好胶的前提下,将卷材用 φ30 mm、长 1.5 m 的圆心棒(钢管)卷好,由二人抬至铺设端头,注意用线控制,位置要正确,黏结固定端头,然后沿弹好的基准线向另一端铺贴,操作时卷材不要拉太紧,并注意方向沿基准线进行,以保证卷材搭接宽度。 2)卷材不得在阴阳角处接头,接头处应间隔错开。 3)压实排气:每铺完一张卷材,应立即用干净的滚刷从卷材的一端开始横向用力滚压一遍,以便将空气排出。 4)滚压:排除空气后,为使卷材黏结牢固,应用外包橡皮的铁辊滚压一遍。 5)接头处理:卷材搭接的长边与端头的短边 100 mm 范围,用毛刷蘸接缝专用胶黏剂,涂于搭接卷材的两个面,待其干燥 15~30 min 即可进行压合,挤出空气,不许有皱折,然后用手持压辊顺序滚压一遍。 6)凡遇有卷材重叠三层的部位,必须用密封材料封严。 (6)卷材的搭接。 1)卷材的短边和长边搭接宽度均应大于 100 mm。采用双层卷材时,上下两层和相邻两幅卷材的接缝应错开 1/3~1/2 幅宽,且两层卷材不得相互垂直铺贴; 2)同一层相邻两幅卷材的横向接缝,应彼此错开 1 500 mm 以上,避免接缝部位集中。地下室的立面与平面的转角处,卷材的接缝应留在底板的平面上,距离立面应不小于 600 mm
收头及封边处理	防水层周边应用密封材料嵌缝,并在其上涂刷一层聚氨酯涂膜
保护层	防水层做完后,应按设计要求及时做好保护层,一般平面应采用细石混凝土保护层;立面宜采用聚乙烯泡沫塑料片材作软保护层
施工的环境温度	防水层施工不得在雨天和 5 级及其以上的大风天气进行,施工的环境温度不得低于 5℃
成品保护	(1)已铺贴好的卷材防水层,应加强保护措施,从管理上保证不受损坏。 (2)穿过墙体的管根,施工中不得碰撞变位。 (3)防水层施工完成后,应及时做好保护层

续上表

项目	内　容
应注意的质量问题	参见"地下工程高聚物改性沥青卷材防水层"的相关内容

第四节　涂料防水层

一、验收条文

涂料防水层施工质量验收标准见表1—61。

表1—61　涂料防水层施工质量验收标准

项目	内　容
主控项目	(1)涂料防水层所用材料及配合比必须符合设计要求。 检验方法:检查产品合格证、产品性能检测报告、计量措施和材料进场检验报告。 (2)涂料防水层的平均厚度应符合设计要求,最小厚度不得低于设计厚度的90%。 检验方法:用针测法检查。 (3)涂料防水层在转角处、变形缝、施工缝、穿墙管等部位做法均须符合设计要求。 检验方法:观察检查和检查隐蔽工程验收记录
一般项目	(1)涂料防水层应与基层黏结牢固,涂刷均匀,不得流淌、鼓泡、露槎。 检验方法:观察检查。 (2)涂层间夹铺胎体增强材料时,应使防水材料浸透胎体覆盖完全,不得有胎体外露现象。 检验方法:观察检查。 (3)侧墙涂料防水层的保护层与防水层应结合紧密,保护层厚度应符合设计要求。 检验方法:观察检查

二、施工材料要求

(1)地下工程单组分聚氨酯涂膜防水层的施工材料要求见表1—62。

表1—62　地下工程单组分聚氨酯涂膜防水层的施工材料要求

项目	内　容
材料选用要求	(1)优先选用国家推广应用的新材料新技术,禁止使用国家明令禁止使用的材料。 (2)每一工序完成后应清理施工废弃物,并对有毒、有害废弃物进行分类放置,集中后交有资质的单位进行处理,清理过程应先洒水后清理,避免产生扬尘;有毒、有害废弃物存放场所应采取防渗漏措施,废弃物不得作回填土进行回填,不得随意抛弃。 (3)增强材料的选用应与涂料的性能相搭配,pH值小于7的酸性涂料应选用低碱增强材料,pH值大于7的碱性涂料应选用抗碱性增强材料,以避免因腐蚀而消减胎体抗拉强度,失去增强作用,造成材料的浪费

续上表

项目	内　容
单组分聚氨酯防水涂料	（1）单组分聚氨酯防水涂料是以异氰酸酯、聚醚为主要原料，配以各种助剂制成，属于无有机溶剂挥发型合成高分子的单组分柔性防水涂料，按产品拉伸性能分为Ⅰ型和Ⅱ型。涂料为均匀黏稠体，无凝胶、结块现象。 （2）单组分聚氨酯防水涂料的物理力学性能见表1-63。 （3）厕浴间防水工程用单组份聚氨酯防水涂料现场抽样复验要求
主要辅助材料	（1）水泥：应采用质量符合要求的通用硅酸盐水泥或矿渣硅酸盐水泥，强度等级应≥32.5 MPa，用于配制水泥砂浆保护层或修补基层使用。 （2）聚酯无纺布、玻纤布或化纤无纺布：作为细部构造，为管根等涂膜增强胎体使用。 （3）砂：中砂，含泥量不应大于3%，用于撒砂黏结过度层及拌制砂浆之用

表1-63　单组分聚氨酯防水涂料的物理力学性能

序号	项　目		技术指标	
			Ⅰ型	Ⅱ型
1	拉伸强度（MPa），≥		1.90	2.45
2	断裂伸长率（%），≥		550	450
3	撕裂强度（N/mm），≥		12	14
4	低温弯折性（℃），≤		-40	
5	不透水性（0.3 MPa，30 min）		不透水	
6	固体含量（%），≥		80	
7	表干时间（h），≤		12	
8	实干时间（h），≤		24	
9	加热伸缩率（%）	≤	1.0	
		≥	-4.0	
10	潮湿基面黏结强度[①]（MPa），≥		0.50	
11	定伸时老化	加热老化	无裂纹及变形	
		人工气候老化[②]	无裂纹及变形	
12	热处理	拉伸强度保持率（%）	80~150	
		断裂伸长率（%），≥	500	400
		低温弯折性（℃），≤	-35	
13	碱处理	拉伸强度保持率（%）	60~150	
		断裂伸长率（%），≥	500	400
		低温弯折性（℃），≤	-35	

续上表

序号	项 目		技术指标	
			I 型	II 型
14	酸处理	拉伸强度保持率(%)	80~150	
		断裂伸长率(%),≥	500	400
		低温弯折性(℃),≤	—35	
15	人工气候老化②	拉伸强度保持率(%)	80~150	
		断裂伸长率(%),≥	500	400
		低温弯折性(℃),≤	—35	

①仅用于地下工程潮湿基面时要求;

②仅用于外露使用的产品。

(2)地下工程水泥基渗透结晶型防水材料的匀质性指标见表1—64。

表1—64 地下工程水泥基渗透结晶型防水材料的匀质性指标

序号	试验项目	指 标
1	含水量	应在生产厂控制值相对量的5%以内
2	总碱量($Na_2O+0.65K_2O$)	
3	氯离子含量	
4	细度(0.315 mm 筛)	应在生产厂控制值相对量的10%以内

注:生产厂控制值应在产品说明书中告知用户。

(3)地下工程水泥基渗透结晶型防水材料的受检涂料物理力学性能见表1—65。

表1—65 地下工程水泥基渗透结晶型防水材料的受检涂料物理力学性能

序号	试验项目		性能指标	
			I 型	II 型
1	安定性		合格	
2	凝结时间	初凝时间(min)	≥20	
		终凝时间(h)	≤24	
3	抗折强度(MPa)	7 d	≥2.80	
		28 d	≥3.50	
4	抗压强度(MPa)	7 d	≥12.0	
		28 d	≥18.0	
5	湿基面黏结强度(MPa)		≥1.0	
6	抗渗压力(MPa)	28 d	≥0.8	≥1.2
7	第二次抗渗压力(MPa)	56 d	≥0.6	≥0.8

续上表

序号	试验项目		性能指标	
			Ⅰ型	Ⅱ型
8	渗透压力比(%)	28 d	≥200	≥300

注:第二次抗渗压力指第一次抗渗试验透水后的试件置于水中继续养护28 d,再进行第二次抗渗试验所测得的抗渗压力。

三、施工机械要求

(1)涂料防水层的施工机械要求见表1—66。

表1—66　涂料防水层的施工机械要求

项目	内容
地下工程单组分聚氨酯涂膜防水层	聚氨酯涂膜防水施工机具可参照表1—67准备,施工时可根据实际情况,适当增减
地下工程水泥基渗透结晶型防水涂层	(1)高压水枪、喷雾器具、计量水和材料量具、低速电动搅拌机、打磨机等。 (2)专用尼龙刷、半硬棕刷、钢丝刷、凿子、锤子、扫帚、抹布、胶皮手套等

(2)聚氨酯涂膜防水施工机具见表1—67。

表1—67　聚氨酯涂膜防水施工机具

名称	规格	数量	用途
电动搅拌器	200 W	2	搅拌混合甲、乙料
拌料桶	φ450 mm×500 mm	2	搅拌混合甲、乙料
小型油漆桶	φ250 mm×250 mm	2	盛混合材料
橡胶刮板	—	4	涂刮混合材料
小号铁皮刮板	—	2	复杂部位涂刮混合材料
50 kg磅秤	—	1	配料计量
油漆刷	20 mm,40 mm	各3	涂刷基层处理剂及混合材料
滚动刷	φ50 mm×250 mm	5	涂刷基层处理剂及混合材料
小抹子	—	2	修补基层
小平铲	—	2	清理基层
笤帚	—	2	清理基层
高压吹风机	—	1	清理基层

四、施工工艺解析

(1)地下工程单组分聚氨酯涂膜防水层的适用范围及作业条件见表1—68。

表 1-68 地下工程单组分聚氨酯涂膜防水层的适用范围及作业条件

项目	内　容
适用范围	适用于工业与民用建筑物、构筑物地下防水工程采用单组分聚氨酯防水涂料的施工
作业条件	(1)地下防水层聚氨酯防水涂料涂刷施工，在地下水位较高的条件下涂刷防水层前，应先降低地下水位，做好排水处理，使地下水位降至防水层操作标高以下 500 mm，并保持到防水层施工完。如在地下室，还应延长到底板混凝土完成。 (2)涂膜防水层施工前，按设计要求和规范规定做好基层(找平层)处理，可用 1∶3 水泥砂浆抹平、压光，达到坚实平整、不起砂。基层含水率不宜大于 9%，找平层的阴阳角处应抹成圆弧，以利防水层作业。 (3)涂刷防水层前应将基层表面的尘土、杂物清扫干净，对基层表面留有残留的灰浆、硬块以及突出物等应铲除并清扫干净。 (4)涂刷聚氨酯不得在雨天或大风天进行施工，施工的环境温度不应低于 5℃，存料地点及施工现场严禁烟火。 (5)地下工程立墙防水层施工前，遇有设备管道穿墙时，应事先埋置止水套管。并做好防水附加层之后，才可进行大面积防水施工。严禁防水层施工完毕再凿眼打洞，破坏防水层。 (6)地下室通风不良时，应采取通风措施。 (7)施工用材料均为易燃品，因而应准备好相应的消防器材。 (8)操作人员应穿工作服，戴安全帽、口罩、手套、帆布脚盖等劳保用品

(2)地下工程单组分聚氨酯涂膜防水层的施工工艺见表 1-69。

表 1-69 地下工程单组分聚氨酯涂膜防水层的施工工艺

项目	内　容
清理基层	涂膜防水层施工前，先将基层表面的灰尘、杂物、灰浆硬块等清扫干净，并用干净的湿布擦一次，经检查基层平整、无空裂、起砂等缺陷，方可进行下道工序施工
细部做附加涂膜层	(1)穿墙管、阴阳角、变形缝等薄弱部位，应在涂膜层大面积施工前，先做好增强的附加层。 (2)附加涂层做法：一般采用一布二涂进行增强处理，施工时应在两道涂膜中间铺设一层聚酯无纺布或玻璃纤维布。作业时应均匀涂刷一遍涂料，涂膜操作时用板刷刮涂料驱除气泡，将布紧密地粘贴在第一遍涂层上。阴阳角部位一般将布剪成条形，管根为块形或三角形。第一遍涂层表干(12 h)后进行第二遍涂刷。第二遍涂层实干(24 h)后方可进行大面积涂膜防水施工
第一遍涂膜施工	(1)涂刷第一遍涂膜前应先检查附加层部位有无残留的气孔或气泡，如有气孔或气泡，则应用橡胶刮板将涂料用力压入气孔，局部再刷涂一道，表干后进行第一遍涂膜施工。 (2)涂刮第一遍聚氨酯防水涂料时，可用塑料或橡皮刮板在基层表面均匀涂刮，涂刮要沿同一个方向，厚薄应均匀一致，用量为 0.6~0.8 kg/m²。不得有漏刮、堆积、鼓泡等缺陷。涂膜实干后进行第二遍涂膜施工
第二遍涂膜施工	第二遍涂膜采用与第一遍相垂直的涂刮方向，涂刮量、涂刮方法与第一遍相同

续上表

项目	内　容
第三、四遍涂膜施工	(1)第三遍涂膜涂刮方向与第二遍垂直,第四遍涂膜涂刮方向与第三遍垂直。其他作业要求相同。 (2)涂膜总厚度应≥2 mm
涂膜保护层	(1)涂膜防水施工后应及时做好保护层。 (2)平面涂膜防水层根据部位和后续施工情况可采用20 mm厚1∶2.5水泥砂浆保护层或40～50 mm厚细石混凝土保护层,当后续施工工序荷载较大(如绑扎底板钢筋)时应采用细石混凝土保护层。当采用细石混凝土保护层时,宜在防水层与保护层之间设置隔离层。 (3)墙体迎水面保护层宜采用软保护层,如粘贴聚乙烯泡沫片材等
采用外防外涂法施工	当地下室采用外防外涂法施工时,应先刮涂平面,后涂立面,平面与立面交接处应交叉搭接
涂膜防水层分段施工	当涂膜防水层分段施工时,搭接部位涂膜的先后搭接宽度应不小于100 mm;当涂膜防水层中有胎体增强材料(聚酯无纺布或玻璃纤维布)时,胎体增强材料同层相邻的搭接宽度应大于100 mm,上下层接缝应错开1/3幅宽
成本保护	(1)涂膜防水层施工后未固化前不得上人踩踏,固化后上人应穿软底鞋。 (2)涂膜防水层实干后应尽快进行保护层的施工。 (3)墙体涂膜防水施工,尤其对穿墙管根部进行防水增强处理施工过程中,不得损坏穿墙管道和设备。 (4)涂膜防水层施工时应对其他分项工程的成品进行保护,不得污染和损坏
应注意的质量问题	(1)防水层空鼓:多发生在找平层与防水层之间及接缝处,主要原因是基层潮湿,含水率过大造成涂膜防水层鼓泡。施工时要严格控制基层含水率,接缝处认真作业,黏结牢固。 (2)防水层渗漏:多发生在变形缝、穿墙管、施工缝等处,由于细部防水构造处理不当或作业不仔细,防水层脱落,黏结不牢等原因造成。施工中必须规范操作,按工序严格进行质量检验,杜绝渗漏隐患。 (3)防水层破损:涂膜防水层未固化就上人,致使涂层受损。施工中严格保护涂膜成品。 (4)地下水对聚氨酯防水涂料涂刷施工的影响:在地下水位较高的条件下涂刷防水层前,应先降低地下水位,做好排水处理,使地下水位降至防水层操作标高以下500 mm,并保持到防水层施工完。此项措施必须执行到位,否则将严重影响防水层施工,或造成工程质量重大损坏

（3）地下工程水泥基渗透结晶型防水涂层的适用范围及作业条件见表1—70。

表1—70　地下工程水泥基渗透结晶型防水涂层的适用范围及作业条件

项目	内　容
适用范围	适用于水泥基渗透结晶型防水材料在地下工程混凝土结构的防水施工,包括建筑物地下室、地下构筑物、游泳池、桩头等

续上表

项目	内 容
作业条件	(1)混凝土浇筑后 24～72 h 为最佳使用时段,由于新浇筑的混凝土处于潮湿状态,基面需少量预喷水为宜。无论新旧混凝土基层均应用水浸湿,但不得有明水。 (2)混凝土基层应平整、牢固、洁净、适当粗糙,以利渗透。 (3)尽量避免烈日下作业,否则应对涂层采取遮护措施,但不应采用塑料薄膜等不透气材料覆盖涂层。 (4)不得在雨天或环境温度低于 4℃时施工。施工温度应在 5℃～35℃。 (5)防水涂层施工后应避免再开洞

(4)地下工程水泥基渗透结晶型防水涂层的施工工艺见表 1—71。

表 1—71 地下工程水泥基渗透结晶型防水涂层的施工工艺

项目	内 容
基层清理	用钢丝刷或高压水枪或 5%盐酸溶液对混凝土基层表面进行处理,将灰浆、油污、油漆、泛碱等杂物清除干净,并将光滑的混凝土表面凿毛成粗糙面。用盐酸溶液处理基层后应用清水冲洗至中性
细部处理	(1)大面积涂层施工前,应沿施工缝、后浇带、管道根部周边及宽度大于 1.0 mm 的裂缝剔凿出约宽 20 mm、深 25 mm 的凹槽,经清理干净后再涂刷调制好的水泥基渗透结晶型防水材料灰浆一道,1～2 h 后再用水泥基渗透结晶型防水材料用水调拌成半干粉团(粉料:水=3:1)填塞到槽内并用锤子砸实。 (2)对模板穿墙螺栓孔、混凝土存在的蜂窝、孔洞、漏振不实等缺陷需将松散的混凝土剔除并清理干净和润湿后,可涂刷调制好的水泥基渗透结晶型防水材料灰浆一道,再用防水细石混凝土或防水砂浆修补。 (3)经过上述处理的部位,表面再涂刷水泥基渗透结晶型防水涂料一道
基层湿润	在涂刷前应充分湿润混凝土基层。施工前 15 min 左右将施工面提前用干净水浇透,但不得有明水
制备料浆	料浆制备要严格掌握好配合比,应特别注意搅拌均匀。混合时用手提式电动搅拌器搅拌 3～5 min,一次拌料不宜太多,料浆需在 30 min 内用完,料浆变稠时要频繁搅拌,中间不得加水
涂刷作业	(1)采用专用尼龙刷均匀、用力涂刷,一般采用两道涂刷,总厚度应符合设计要求且不小于 0.8 mm。两道间隔 1～2 h,当第一道涂料干燥过快或间隔时间过长时,应浇水湿润后进行第二道涂刷。 (2)夏天高温日照下不宜施工,宜在早、晚或夜间进行,防止涂层过快干燥,造成表面起皮、龟裂,影响结晶渗透。 (3)每道涂刷时应交替改变涂层的涂刷方向,同层涂刷的先后搭接宽度宜为 30～50 mm。本材料与其他防水材料的搭接宽度不应小于 100 mm。 (4)台阶、角部和凹凸处要涂刷均匀,不得局部堆积过厚,防止造成开裂

项　目	内　　　　容
喷涂作业	喷涂作业时,喷嘴宜靠近基面,使涂料能均匀喷进基层表面的微孔或裂纹中。均匀性、厚度要求同涂刷施工
防水层检查和修补	(1)涂料防水施工完需自检涂层均匀性,不满足要求应进行修补作业。 (2)检查涂层有无起皮现象,否则应铲除起皮部位,基层处理后再用涂料修补。 (3)返修部位的基层需保持潮湿,必要时喷水处理后再行修补作业
涂料(粉料)干撒法作业	(1)采用底板内防或外防防水施工时,可选用涂料(粉料)干撒法作业。 (2)底板外防垫层作业:底板混凝土浇筑前 1～2 h,将垫层上杂物清理干净,用洁净水湿润垫层和钢筋,但不应有明水。按 1 kg/m² 的用量,用网筛将粉料均匀撒在垫层上,然后浇筑底板混凝土。 (3)底板内防作业:底板混凝土浇筑完毕尚未凝固,最后一道压光前,按 1 kg/m² 的用量,用网筛将粉料均匀撒在底板表面上,然后压光,形成防水层
洒水养护	(1)防水涂层施工完毕 2 h 后开始养护。养护应采用喷雾器喷洒养护或湿麻袋片覆盖养护,不应使用塑料薄膜覆盖养护,严禁用大量水冲洗。 (2)每天喷雾养护 3～5 次,养护时间不少于 2～3 d,养护期间不得碰撞防水层并注意避免雨水冲坏涂层。
成品保护	(1)防水涂层未固化前严禁上人,养护期间,应采取有效保护措施,不得磕碰损伤防水涂层,作业人员进入防水层区域应穿软底鞋。若有损伤,应及时修复。 (2)墙体防水层施工,尤其在穿墙管根部位进行防水增强处理施工过程中不得损坏穿墙管道和设备。 (3)涂料(粉料)运至现场应贮存在干燥,温度为 7℃以上的库房中
应注意的质量问题	(1)保持潮湿作业条件:混凝土基层必须保持湿润,这对涂料的渗透起着关键作用,如出现干燥应喷水湿润后再进行涂料施工。 (2)涂层不均匀,厚度不够:涂层薄厚不一,厚度达不到规定要求,将造成渗漏隐患。施工时应严格按规范作业,坚持施工工序自检达标,确保质量。 (3)忽视养护:水泥基渗透结晶型防水涂层施工后必须及时喷雾养护,喷雾次数应能保证防水层湿润,连续养护 2～3 d,同时避免雨淋、水冲,防止对防水层造成破坏,以保证施工质量

(5)地下工程水泥基渗透结晶型防水涂层施工中制备料浆的配合比见表 1—72。

表 1—72　地下工程水泥基渗透结晶型防水涂层施工中制备料浆的配合比

施工方法	配合比(容积比)
涂刷	粉料:水＝5:2
喷涂	粉料:水＝5:3

第五节 塑料防水板防水层

一、验收条文

塑料防水板防水层施工质量验收标准见表1—73。

表1—73 塑料防水板防水层施工质量验收标准

项目	内 容
主控项目	(1)塑料防水板及其配套材料必须符合设计要求。 检验方法:检查产品合格证、产品性能检测报告和材料进场检验报告。 (2)塑料防水板的搭接缝必须采用双缝热熔焊接,每条焊缝的有效宽度不应小于10 mm。 检验方法:双焊缝间空腔内充气检查和尺量检查
一般项目	(1)塑料防水板应采用无钉孔铺设,其固定点的间距应符合《地下防水工程质量验收规范》(GB 50208—2011)的规定。 检验方法:观察和尺量检查。 (2)塑料防水板与暗钉圈应焊接牢固,不得漏焊、假焊和焊穿。 检验方法:观察检查。 (3)塑料板的铺设应平顺,不得有下垂、绷紧和破损现象。 检验方法:观察检查。 (4)塑料板搭接宽度的允许偏差为-10 mm。 检验方法:尺量检查

二、施工材料要求

(1)塑料防水板主要性能指标见表1—74。

表1—74 塑料防水板主要性能指标

项目	性能指标			
	乙烯-醋酸乙烯共聚物	乙烯-沥青共混聚合物	聚氯乙烯	高密度聚乙烯
拉伸强度(MPa)	≥16	≥14	≥10	≥16
断裂延伸率(%)	≥550	≥500	≥200	≥550
不透水性,120 min(MPa)	≥0.3	≥0.3	≥0.3	≥0.3
低温弯折性	-35℃无裂纹	-35℃无裂纹	-20℃无裂纹	-35℃无裂纹
热处理尺寸变化率(%)	≤2.0	≤2.5	≤2.0	≤2.0

（2）缓冲层宜采用无纺布或聚乙烯泡沫塑料,缓冲层材料的性能指标应符合表 1－75 的要求。暗钉圈应采用塑料防水板相容的材料制作,直径不应小于 80 mm。

表 1－75　缓冲层材料的性能指标

材料名称 ＼ 性能指标	抗拉强度(N/50 mm)	伸长率(%)	质量(g/m²)	顶破强度(kN)	厚度(mm)
聚乙烯泡沫塑料	＞0.4	≥100	—	≥5	≥5
无纺布	纵横向≥700	纵横向≥50	＞300	—	—

三、施工机械要求

塑料板防水层的施工机械要求见表 1－76。

表 1－76　塑料板防水层的施工机械要求

项目	内　容
机械设备	手动或自动式热风焊接机、除尘机、充气检测仪、冲击钻(JIEC－20 型)、压焊器(220 V/150 W)
主要机具	放大镜(放大 10 倍)、电烙铁、螺刀、扫帚、剪刀、木锤、铁铲、皮尺、木棒、铁桶等

四、施工工艺解析

（1）塑料板防水层的施工工艺见表 1－77。

表 1－77　塑料板防水层的施工工艺

项目	内　容
塑料防水层铺设前准备工作	（1）测量隧道、坑道开挖断面,对欠挖部位应加以凿除,对喷射混凝土表面凹凸显著部位应分层喷射找平;外露的锚杆头及钢筋网应齐根切除,并用水泥砂浆找平。喷射混凝土表面凹凸显著部位,是指矢高与弦长之比超过 1/6 的部位应修凿、喷补,使混凝土表面平顺。 （2）应检查塑料板有无断裂、变形、穿孔等缺陷,保证材料符合设计、质量要求。 （3）应检查施工机械设备、工具是否完好无缺,并检查施工组织计划是否科学、合理等
塑料板防水层铺设主要技术要求	（1）塑料板防水层施工,应在初期支护变形基本稳定和在二次衬砌灌筑前进行。开挖和衬砌作业不得损坏已铺设的防水层。因此,防水层铺设施作点距爆破面应大于 150 m,距灌筑二次衬砌处应大于 20 m;当发现层面有损坏时,应及时修补;当喷射表面漏水时,应及时引排。 （2）防水层可在拱部和边墙按环状铺设,并视材质采取相应接合办法。塑料板宜用搭接宽度为 100 mm,两侧焊缝宽应不小于 25 mm(橡胶防水板粘接时,其搭接宽度为 100 mm,粘缝宽不小于 50 mm)。

项 目	内 容
塑料板防水层铺设主要技术要求	(3)防水层接头处应擦干净,塑料防水板应用与材质相同的焊条焊接,两块塑料板之间接缝宜采用热楔焊接法,其最佳焊接温度和速度应根据材质试验确定。聚氯乙烯 PVC 板和聚乙烯 PE 板焊接温度和速度可参考表 1—78。防水层接头处不得有气泡、折皱及空隙;接头处应牢固,强度应不小于同一种材料(橡胶防水板应用黏合剂连接、涂刷胶浆应均匀,用量应充足才能确保黏合牢固)。 (4)防水层用垫圈和绳扣吊挂在固定点上,其固定点的间距:拱部应为 0.5～0.8 m,边墙为 1.0～1.5 m,在凹凸处应适当增加固定点;固定点之间防水层不得绷紧,以保证灌筑混凝土时板面与混凝土面能密贴。 (5)采用无纺布做滤层时,防水板与无纺布应密切叠合,整体铺挂。 (6)防水层纵横向一次铺设长度,应根据开挖方法和设计断面确定。铺设前宜先行试铺,并加以调整。防水层的连接部分,在下一阶段施工前应保护好,不得弄脏和损坏
塑料板防水层搭接方法	(1)环向搭接。即每卷塑料板材沿衬砌横断面环向进行设置。 (2)纵向搭接。板材沿隧道纵断面方向排列。纵向搭接要求成鱼鳞状,以利于排水,如图 1—10 所示;止水带安装如图 1—11 所示
铺缓冲层	铺设防水板前应先铺缓冲层。缓冲层应用暗钉圈固定在基层上,如图1—12所示
铺设防水板	(1)铺设防水板时,边铺边将其与暗钉圈焊接牢固。两幅防水板的搭接宽度应为 100 mm,下部防水板应压住上部防水板,搭接缝为双焊缝,每条焊缝的有效焊接宽度不应小于10 mm,焊接严密,不得焊焦焊穿,环向铺设时,先拱后墙,下部防水板应压住上部防水板。 (2)防水板的铺设应超前混凝土的施工,其距离宜为 5～20 m,并设临时挡板防止机械损伤和电火花灼伤防水板。 (3)塑料板的搭接处必须采用双焊缝焊接,不得有渗漏。检验方法为:双焊缝间空腔内充气检查,以 0.25 MPa 充气压力保持 15 min 后,下降值不小于10%为合格
二次衬砌混凝土施工时应符合的规定	(1)混凝土出料口和振捣棒不得直接接触塑料防水板。 (2)浇筑拱顶时应防止防水板绷紧
局部设置	局部设置防水板防水层时,其两侧应采取封闭措施

(2)PVC 板、PE 板最佳焊接温度和速度见表 1—78。

表 1—78 PVC 板、PE 板最佳焊接温度和速度

项目 材质	PVC 板	PE 板
焊接温度(℃)	130～180	230～265
焊接速度(m/min)	0.15	0.13～0.2

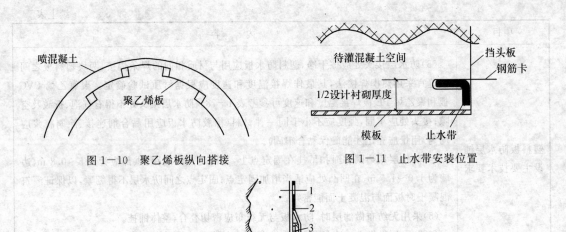

图 1—10 聚乙烯板纵向搭接   图 1—11 止水带安装位置

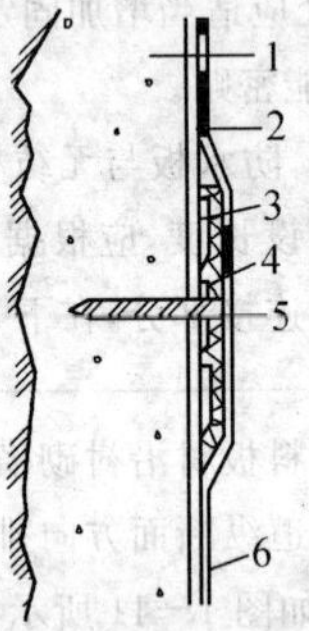

图 1—12 暗钉圈固定缓冲层示意图

1—初期支护;2—缓冲层;3—热塑性暗钉圈;
4—金属垫圈;5—射钉;6—塑料防水板

第六节 金属板防水层

一、验收条文

金属板防水层施工质量验收标准见表 1—79。

表 1—79 金属板防水层施工质量验收标准

项目	内容
主控项目	(1)金属板和焊接材料必须符合设计要求。 检验方法:检查产品合格证、产品性能检测报告和材料进场检验报告。 (2)焊工应持有效的执业资格证书。 检验方法:检查焊工执业资格证书和考核日期
一般项目	(1)金属板表面不得有明显凹面和损伤。 检验方法:观察检查。 (2)焊缝不得有裂纹、未熔合、夹渣、焊瘤、咬边、烧穿、弧坑、针状气孔等缺陷。 检验方法:观察检查和使用放大镜、焊缝量规及钢尺检查,必要时采用渗透或磁粉探伤检查。 (3)焊缝的焊波应均匀,焊渣和飞溅物应清除干净;保护涂层不得有漏涂、脱皮和反锈现象。 检验方法:观察检查

二、施工材料要求

金属板防水层施工的材料要求见表1—80。

表1—80　金属板防水层施工的材料要求

项目	内　　容
选材的基本要求	金属板材、焊条、焊剂、螺栓、型钢等材料的规格、材质必须按设计要求选择,所有材料应有出厂合格证、质量检验报告和现场抽样试验报告。钢材的性能应符合《碳素结构钢》(GB 700—2006)和《低合金高强度结构钢》(GB/T 1591—2008)的要求。对于有严重锈蚀、麻点或划痕等缺陷的金属板,均不应用做金属板防水层,以避免降低金属板防水层的抗渗性
金属板的要求	金属板表面不应有明显凹面和损伤,金属板防水层完工后也不得有明显凹面和损伤。金属板防水层应加以保护,对金属板需用的保护材料应按设计规定使用
防腐涂料	防腐涂料的品种、牌号以及配套底漆、腻子等应符合设计要求和国家标准的规定,并有产品质量证明书

三、施工机械要求

金属板防水层的施工机械要求见表1—81。

表1—81　金属板防水层的施工机械要求

项目	内　　容
机械设备	金属型材加工安装机具包括切割、磨削、钻孔和固定机具
主要机具	主要加工机具为型材切割机、电剪刀、电焊(气焊)机、角向钻磨机、手电钻、拉铆枪、电动角向磨光机、射钉枪等,不同型号规格的机具有不同的技术指标及性能

四、施工工艺解析

金属板防水层的施工工艺见表1—82。

表1—82　金属板防水层的施工工艺

项目	内　　容
金属板拼接	金属板应采用焊接拼接,焊缝应严密。竖向金属板的垂直接缝应相互错开
与锚固钢筋焊接	(1)主体结构内侧设置金属防水层时,应与结构内的钢筋焊牢,也可在金属防水层上焊接一定数量锚固件,如图1—13所示。 (2)主体结构外侧设置金属防水层时,金属板应焊在混凝土结构的预埋件上。金属板经焊缝检查合格后,应将其与结构间的空隙用水泥砂浆灌实,如图1—14所示

项目	内 容
与锚固钢筋焊接	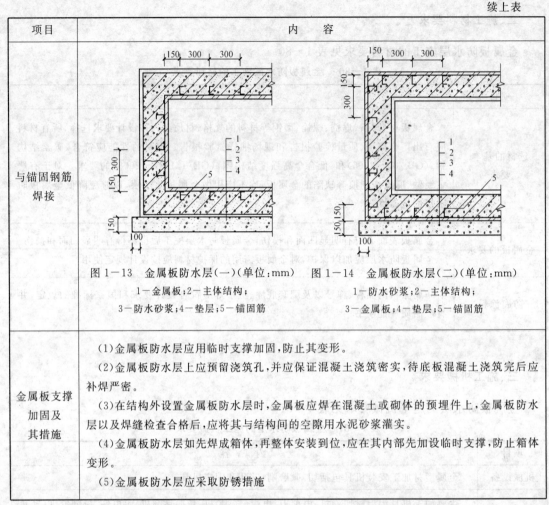 图1—13　金属板防水层(一)(单位:mm)　图1—14　金属板防水层(二)(单位:mm) 1—金属板;2—主体结构;　　　　　　　1—防水砂浆;2—主体结构; 3—防水砂浆;4—垫层;5—锚固筋　　　　3—金属板;4—垫层;5—锚固筋
金属板支撑加固及其措施	(1)金属板防水层应用临时支撑加固,防止其变形。 (2)金属板防水层上应预留浇筑孔,并应保证混凝土浇筑密实,待底板混凝土浇筑完后应补焊严密。 (3)在结构外设置金属板防水层时,金属板应焊在混凝土或砌体的预埋件上,金属板防水层以及焊缝检查合格后,应将其与结构间的空隙用水泥砂浆灌实。 (4)金属板防水层如先焊成箱体,再整体安装到位,应在其内部先加设临时支撑,防止箱体变形。 (5)金属板防水层应采取防锈措施

第七节　地下建筑防水工程细部构造

一、验收条文

(1)变形缝的施工质量验收标准,见表1—83。

表 1—83　变形缝的施工质量验收标准

项目	内 容
主控项目	(1)变形缝用止水带、填缝材料和密封材料必须符合设计要求。 检验方法:检查产品合格证、产品性能检测报告和材料进场检验报告。 (2)变形缝防水构造必须符合设计要求。 检验方法:观察检查和检查隐蔽工程验收记录。 (3)中埋式止水带埋设位置应准确,其中间空心圆环与变形缝的中心线应重合。 检验方法:观察检查和检查隐蔽工程验收记录

续上表

项目	内　容
一般项目	（1）中埋式止水带的接缝应设在边墙较高位置上，不得设在结构转角处；接头宜采用热压焊接，接缝应平整、牢固，不得有裂口和脱胶现象。 检验方法：观察检查和检查隐蔽工程验收记录。 （2）中埋式止水带在转弯处应做成圆弧形；顶板、底板内止水带应安装成盆状，并宜采用专用钢筋套或扁钢固定。 检验方法：观察检查和检查隐蔽工程验收记录。 （3）外贴式止水带在变形缝与施工缝相交部位宜采用十字配件；外贴式止水带在变形缝转角部位宜采用直角配件。止水带埋设位置应准确，固定应牢靠，并与固定止水带的基层密贴，不得出现空鼓、翘边等现象。 检验方法：观察检查和检查隐蔽工程验收记录。 （4）安设于结构内侧的可卸式止水带所需配件应一次配齐，转角处应做成45°坡角，并增加紧固件的数量。 检验方法：观察检查和检查隐蔽工程验收记录。 （5）嵌填密封材料的缝内两侧基面应平整、洁净、干燥，并应涂刷基层处理剂；嵌缝底部应设置背衬材料；密封材料嵌填应严密、连续、饱满，黏结牢固。 检验方法：观察检查和检查隐蔽工程验收记录。 （6）变形缝处表面粘贴卷材或涂刷涂料前，应在缝上设置隔离层和加强层。 检验方法：观察检查和检查隐蔽工程验收记录

（2）后浇带的施工质量验收标准，见表1－84。

表1－84　后浇带的施工质量验收标准

项目	内　容
主控项目	（1）后浇带用遇水膨胀止水条或止水胶、预埋注浆管、外贴式止水带必须符合设计要求。 检验方法：检查产品合格证、产品性能检测报告和材料进场检验报告。 （2）补偿收缩混凝土的原材料及配合比必须符合设计要求。 检验方法：检查产品合格证、产品性能检测报告、计量措施和材料进场检验报告。 （3）后浇带防水构造必须符合设计要求。 检验方法：观察检查和检查隐蔽工程验收记录。 （4）采用掺膨胀剂的补偿收缩混凝土，其抗压强度、抗渗性能和限制膨胀率必须符合设计要求。 检验方法：检查混凝土抗压强度、抗渗性能和水中养护14 d后的限制膨胀率检验报告
一般项目	（1）补偿收缩混凝土浇筑前，后浇带部位和外贴式止水带应采取保护措施。 检验方法：观察检查。 （2）后浇带两侧的接缝表面应先清理干净，再涂刷混凝土界面处理剂或水泥基渗透结晶型防水涂料；后浇混凝土的浇筑时间应符合设计要求。 检验方法：观察检查和检查隐蔽工程验收记录。

续上表

项目	内 容
一般项目	(3)遇水膨胀止水条的施工应符合《地下防水工程质量验收标准》(GB 50208—2011)第5.1.8条的规定;遇水膨胀止水胶的施工应符合《地下防水工程质量验收标准》(GB 50208—2011)第5.1.9条的规定;预埋注浆管的施工应符合《地下防水工程质量验收标准》(GB 50208—2011)第5.1.10条的规定;外贴式止水的施工应符合《地下防水工程质量验收标准》(GB 50208—2011)第5.2.6条的规定。 检验方法:观察检查和检查隐蔽工程验收记录。 (4)后浇带混凝土应一次浇筑,不得留设施工缝;混凝土浇筑后应及时养护,养护时间不得少于28 d。 检验方法:观察检查和检查隐蔽工程验收记录

(3)穿墙管(盒)的施工质量验收标准见表1—85。

表1—85 穿墙管(盒)的施工质量验收标准

项目	内 容
主控项目	(1)穿墙管用遇水膨胀止水条和密封材料必须符合设计要求。 检验方法:检查产品合格证、产品性能检测报告和材料进场检验报告。 (2)穿墙管防水构造必须符合设计要求。 检验方法:观察检查和检查隐蔽工程验收记录
一般项目	(1)固定式穿墙管应加焊止水环或环绕遇水膨胀止水圈,并作好防腐处理;穿墙管应在主体结构迎水面预留凹槽,槽内应用密封材料嵌填密实。 检验方法:观察检查和检查隐蔽工程验收记录。 (2)套管式穿墙管的套管与止水环及翼环应连续满焊,并作好防腐处理;套管内表面应清理干净,穿墙管与套管之间应用密封材料和橡胶密封圈进行密封处理,并采用法兰盘及螺栓进行固定。 检验方法:观察检查和检查隐蔽工程验收记录。 (3)穿墙盒的封口钢板与混凝土结构墙上预埋的角钢应焊严,并从钢板上的预留浇注孔注入改性沥青密封材料或细石混凝土,封填后将浇注孔口用钢板焊接封闭。 检验方法:观察检查和检查隐蔽工程验收记录。 (4)当主体结构迎水面有柔性防水层时,防水层与穿墙管连接处应增设加强层。 检验方法:观察检查和检查隐蔽工程验收记录。 (5)密封材料嵌填应密实、连续、饱满,黏结牢固。 检验方法:观察检查和检查隐蔽工程验收记录

(4)埋设件的施工质量验收标准见表1—86。

表1—86 埋设件的施工质量验收标准

项目	内 容
主控项目	(1)埋设件用密封材料必须符合设计要求。 检验方法:检查产品合格证、产品性能检测报告、材料进场检验报告。

续上表

项目	内容
主控项目	(2)埋设件防水构造必须符合设计要求。 检验方法:观察检查和检查隐蔽工程验收记录
一般项目	(1)埋设件应位置准确,固定牢靠;埋设件应进行防腐处理。 检验方法:观察、尺量和手扳检查。 (2)埋设件端部或预留孔、槽底部的混凝土厚度不得小于 250 mm;当混凝土厚度小于 250 mm 时,应局部加厚或采取其他防水措施。 检验方法:尺量检查和检查隐蔽工程验收记录。 (3)结构迎水面的埋设件周围应预留凹槽,凹槽内应用密封材料填实。 检验方法:观察检查和检查隐蔽工程验收记录。 (4)用于固定模板的螺栓必须穿过混凝土结构时,可采用工具式螺栓或螺栓加堵头,螺栓上应加焊止水环。拆模后留下的凹槽应用密封材料封堵密实,并用聚合物水泥砂浆抹平。 检验方法:观察检查和检查隐蔽工程验收记录。 (5)预留孔、槽内的防水层应与主体防水层保持连续。 检验方法:观察检查和检查隐蔽工程验收记录。 (6)密封材料嵌填应密实、连续、饱满,黏结牢固。 检验方法:观察检查和检查隐蔽工程验收记录

(5)预留通道接头的施工质量验收标准见表 1-87。

表 1-87 预留通道接头的施工质量验收标准

项目	内容
主控项目	(1)预留通道接头用中埋式止水带、遇水膨胀止水条或止水胶、预埋注浆管、密封材料和可卸式止水带必须符合设计要求。 检验方法:检查产品合格证、产品性能检测报告、材料进场检验报告。 (2)预留通道接头防水构造必须符合设计要求。 检验方法:观察检查和检查隐蔽工程验收记录。 (3)中埋式止水带埋设位置应准确,其中间空心圆环与通道接头中心线应重合。 检验方法:观察检查和检查隐蔽工程验收记录
一般项目	(1)预留通道先浇混凝土结构、中埋式止水带和预埋件应及时保护,预埋件应进行防锈处理。 检验方法:观察检查。 (2)遇水膨胀止水条的施工应符合《地下防水工程质量验收标准》(GB 50208-2011)第 5.1.8 条的规定;遇水膨胀止水胶的施工应符合《地下防水工程质量验收标准》(GB 50208-2011)第 5.1.9 条的规定;预埋注浆管的施工应符合《地下防水工程质量验收标准》(GB 50208-2011)第 5.1.10 条的规定。 检验方法:观察检查和检查隐蔽工程验收记录。 (3)密封材料嵌填应密实、连续、饱满,黏结牢固。 检验方法:观察检查和检查隐蔽工程验收记录

续上表

项目	内　　容
一般项目	（4）用膨胀螺栓固定可卸式止水带时，止水带与紧固件压块以及止水带与基面之间应结合紧密。采用金属膨胀螺栓时，应选用不锈钢材料或进行防锈处理。 检验方法：观察检查和检查隐蔽工程验收记录。 （5）预留通道接头外部应设保护墙。 检验方法：观察检查和检查隐蔽工程验收记录

（6）桩头的施工质量验收标准见表1－88。

表1－88　桩头的施工质量验收标准

项目	内　　容
主控项目	（1）桩头用聚合物水泥防水砂浆、水泥基渗透结晶型防水涂料、遇水膨胀止水条或止水胶和密封材料必须符合设计要求。 检验方法：检查产品合格证、产品性能检测报告和材料进场检验报告。 （2）桩头防水构造必须符合设计要求。 检验方法：观察检查和检查隐蔽工程验收记录。 （3）桩头混凝土应密实，如发现渗漏水应及时采取封堵措施。 检验方法：观察检查和检查隐蔽工程验收记录
一般项目	（1）桩头顶面和侧面裸露处应涂刷水泥基渗透结晶型防水涂料，并延伸到结构底板垫层150 mm处；桩头四周300 mm范围内应抹聚合物水泥防水砂浆过渡层。 检验方法：观察检查和检查隐蔽工程验收记录。 （2）结构底板防水层应做在聚合物水泥防水砂浆过渡层上并延伸至桩头侧壁，其与桩头侧壁接缝处应采用密封材料嵌填。 检验方法：观察检查和检查隐蔽工程验收记录。 （3）桩头的受力钢筋根部应采用遇水膨胀止水条或止水胶，并应采取保护措施。 检验方法：观察检查和检查隐蔽工程验收记录。 （4）遇水膨胀止水条的施工应符合《地下防水工程质量验收标准》（GB 50208－2011）第5.1.8条的规定；遇水膨胀止水胶的施工应符合《地下防水工程质量验收标准》（GB 50208－2011）第5.1.9条的规定。 检验方法：观察检查和检查隐蔽工程验收记录。 （5）密封材料嵌填应密实、连续、饱满，黏结牢固。 检验方法：观察检查和检查隐蔽工程验收记录

（7）孔口的施工质量验收标准见表1－89。

表1－89　孔口的施工质量验收标准

项目	内　　容
主控项目	（1）孔口用防水卷材、防水涂料和密封材料必须符合设计要求。 检验方法：检查产品合格证、产品性能检测报告、材料进场检验报告。

续上表

项目	内　容
主控项目	(2)孔口防水构造必须符合设计要求。 检验方法:观察检查和检查隐蔽工程验收记录
一般项目	(1)人员出入口高出地面不应小于500 mm;汽车出入口设置明沟排水时,其高出地面宜为150 mm,并应采取防雨措施。 检验方法:观察和尺量检查。 (2)窗井的底部在最高地下水位以上时,窗井的墙体和底板应做防水处理,并宜与主体结构断开。窗台下部的墙体和底板应做防水层。 检验方法:观察检查和检查隐蔽工程验收记录。 (3)窗井或窗井的一部分在最高地下水位以下时,窗井应与主体结构连成整体,其防水层也应连成整体,并应在窗井内设置集水井。窗台下部的墙体和底板应做防水层。 检验方法:观察检查和检查隐蔽工程验收记录。 (4)窗井内的底板应低于窗下缘300 mm。窗井墙高出室外地面不得小于500 mm;窗井外地面应做散水,散水与墙面间应采用密封材料嵌填。 检验方法:观察检查和尺量检查。 (5)密封材料嵌填应密实、连续、饱满、黏结牢固。 检验方法:观察检查和检查隐蔽工程验收记录

(8)坑、池的施工质量验收标准见表1-90。

表1-90　坑、池的施工质量验收标准

项目	内　容
主控项目	(1)坑、池防水混凝土的原材料、配合比及坍落度必须符合设计要求。 检验方法:检查产品合格证、产品性能检测报告、计量措施和材料进场检验报告。 (2)坑、池防水构造必须符合设计要求。 检验方法:观察检查和检查隐蔽工程验收记录。 (3)坑、池、储水库内部防水层完成后,应进行蓄水试验。 检验方法:观察检查和检查蓄水试验记录
一般项目	(1)坑、池、储水库宜采用防水混凝土整体浇筑,混凝土表面应坚实、平整,不得有露筋、蜂窝和裂缝等缺陷。 检验方法:观察检查和检查隐蔽工程验收记录。 (2)坑、池底板的混凝土厚度不应小于250 mm;当底板的厚度小于250 mm时,应采取局部加厚措施,并应使防水层保持连续。 检验方法:观察检查和检查隐蔽工程验收记录。 (3)坑、池施工完后,应及时遮盖和防止杂物堵塞。 检验方法:观察检查

二、施工材料要求

(1)常用橡胶塑料止水带的形状规格如图1-15所示。

図 1—15　常用橡胶塑料止水带形状规格(单位:mm)

常用止水带适用防水等级、条件

编号	适用部位	等级	适用环境条件
(1)~(4)	变形缝	一级	水压大、变形裂缝较小
(5)	变形缝	一级	水压大、变形裂缝较大
(6)	施工缝　变形缝	一级	水压大、变形大
(7)	施工缝　变形缝	一级	水压大、变形较大
(8)~(10)	变形缝	一、二级	水压小、变形裂缝较小
(11)、(12)	施工缝　变形缝	三、四级	水压小、变形小
(13)、(14)	变形缝	一、二级	水压较大、变形小
(15)、(16)	变形缝	二、三级	水压小、变形小

注:1. ①~⑫为中埋式止水带,⑬~⑯外贴式止水带。

2. 止水带宽度 L 不宜过宽过窄,一般取值为 250~500 mm,常用值为 320~370 mm。

3. 遇有腐蚀性介质时,应选择氯丁橡胶、丁基橡胶、三元乙丙橡胶止水带。

（2）制品型遇水膨胀橡胶胶料物理性能指标见表1—91。

表1—91 制品型遇水膨胀橡胶胶料物理性能指标

序号	项 目		指标			
			PZ—150	PZ—250	PZ—400	PZ—600
1	硬度（邵氏A）（度）*		42±7	42±7	45±7	48±7
2	拉伸强度（MPa），≥		3.5	3.5	3	3
3	扯断伸长率（%），≥		450	450	350	350
4	体积膨胀倍率（%），≥		150	250	400	600
5	反复浸水试验	拉伸强度（MPa），≥	3	3	2	2
		扯断伸长率（%），≥	350	350	250	250
		体积膨胀倍率（%），≥	150	250	500	500
6	低温弯折（－20℃，2h）		无裂纹	无裂纹	无裂纹	无裂纹

*硬度为推荐项目。

注：1. 成品切片测试应达到标准的80%。

2. 接头部部位的拉伸强度指标不得低于表中标准性能的50%。

（3）高分子材料止水带的尺寸公差见表1—92。

表1—92 高分子材料止水带的尺寸公差

止水带公称尺寸（mm）		极限偏差（mm）
公称厚度δ	4～6	+1 0
	＞6～10	+1.3 0
	＞10～20	+2.0 0
宽度L（%）		±3

（4）高分子材料止水带的物理性能见表1—93。

表1—93 高分子材料止水带的物理性能

项 目		指标		
		B型	S型	J型
硬度（邵尔A）（°）		60±5	60±5	60±5
拉伸强度（MPa），≥		15	12	10
扯断伸长率（%），≥		380	380	300
压缩永久变形	70℃×24h（%），≤	35	35	35
	23℃×168h（%），≤	20	20	20

项　目			指标		
			B 型	S 型	J 型
撕裂强度(kN/m),≥			30	25	25
脆性温度(℃),≤			−45	−40	−40
热空气老化	70℃,168 h	硬度变化(邵尔 A)(°),≤	+8	+8	—
		拉伸强度(MPa),≥	12	10	—
		扯断伸长率(%),≥	300	300	—
	100℃,168 h	硬度变化(邵尔 A)(°),≤	—	—	+8
		拉伸强度(MPa),≥	—	—	9
		扯断伸长率(%),≥	—	—	250
臭氧老化 50 pphm:20%,48 h			2 级	2 级	0 级
橡胶与金属黏合			断面在弹性体内		

注:1. 橡胶与金属黏合项仅适用于具有钢边的止水带。

2. 若有其他特殊需要时,可由供需双方协议适当增加检验项目,如根据用户需求酌情考核霉菌试验,但其防霉性能应等于或高于 2 级。

(5)遇水膨胀橡胶腻子止水条的截面如图 1—16 所示。

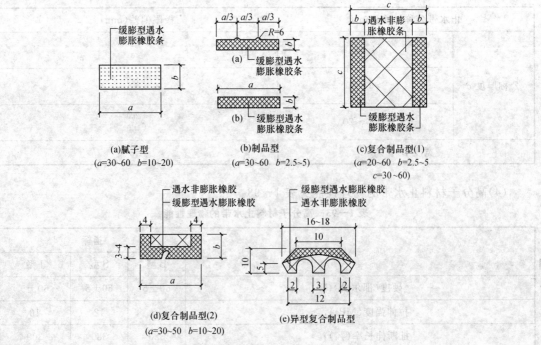

图 1—16　遇水膨胀橡胶腻子止水条的截面(单位:mm)

注:1.(a)为常用腻子型膨胀条截面尺寸(常用于施工缝止水)。

2.(b)～(e)为常用制品型和复合制品型橡胶膨胀条截面尺寸(常用于拼接缝止水)。

(6)腻子型膨胀橡胶的物理性能见表1—94。

表1—94　腻子型膨胀橡胶的物理性能

项目	性能要求		
	PN—150	PN—220	PN—300
体积膨胀倍率(%)	150	220	300
高温流淌性(80℃,5 h)	无流淌	无流淌	无流淌
低温试验(—20℃,2 h)	无脆裂	无脆裂	无脆裂

(7)弹性橡胶密封垫材料的主要物理性能见表1—95。

表1—95　弹性橡胶密封垫材料的主要物理性能

项目		指标	
		氯丁橡胶	三元乙丙橡胶
硬度(绍尔 A,度)		(45±5)~(60±5)	(55±5)~(70±5)
伸长度(%)		≥350	≥330
拉伸强度(MPa)		≥10.5	≥9.5
热空气老化	硬度变化值(绍尔 A,度)	≤+8	≤+6
	拉伸强度变化率(%)	≥—20	≥—15
	扯断伸长率变化率(%)	≥—30	≥—30
压缩永久变形(70℃×24 h,%)		≤35	≤28
防霉等级		达到与优于2级	达到与优于2级

注:以上指标均为成品切片测试的数据,若只能以胶料制成试样测试,则其伸长率、拉伸强度应达到本指标的120%。

(8)混凝土建筑接缝用密封胶的主要物理性能见表1—96。

表1—96　混凝土建筑接缝用密封胶的主要物理性能

项目			性能要求			
			25(低模量)	25(高模量)	20(低模量)	20(高模量)
流动性	下垂直(N 型)	垂直(mm)	≤3			
		水平(mm)	≤3			
	流平性(S 型)		光滑平整			
挤出性(mL/min)			≥80			
弹性恢复率(%)			≥80		≥60	
拉伸模量(MPa)	23℃ —20℃		≤0.4 和 ≤0.6	>0.4 或 >0.6	≤0.4 和 ≤0.6	>0.4 或 >0.6

项　　目	性能要求			
	25(低模量)	25(高模量)	20(低模量)	20(高模量)
定伸黏结性	无破坏			
浸水后定伸黏结性	无破坏			
热压冷拉后黏结性	无破坏			
体积收缩率(%)	≤25			

注:体积收缩率仅适用于乳胶型和溶剂型产品。

(9)聚硫建筑密封胶的物理力学性能见表1—97。

表1—97　聚硫建筑密封胶的物理力学性能

项目		技术指标		
		20HM	25LM	20LM
密度(g/cm^2)		规定值±0.1		
流动性	下垂度(N 型)(mm)	≤3		
	流平性(L 型)	光滑平整		
表干时间(h)		≤24		
适用期(h)		≥2		
弹性恢复率(%)		≥70		
拉伸模量(MPa)	23℃	>0.4 或>0.5		≤0.4 或≤0.5
	−20℃			
定伸黏结性		无破坏		
浸水后定伸黏结性		无破坏		
冷拉—热压后黏结性		无破坏		
质量损失率(%)		≤5		

注:适用期允许采用供需双方商定的其他指标值。

(10)细部构造的相关施工材料要求见表1—98。

表1—98　细部构造的相关施工材料要求

项目	内　　容
后浇带	(1)后浇带混凝土所用碎石应根据所浇的后浇带钢筋密度确定,含泥量不得大于1.0%,泥块含量不得大于0.5%。 (2)后浇带的砂子应采用中砂,含泥量不得大于3.0%,泥块含量不得大于1.0%。 (3)止水带及遇水膨胀止水条等材料参见变形缝相应内容
穿墙管(盒)	(1)钢套管:一般采用材质Q235钢材,外观完好,没有裂缝或皱褶,有出厂质量证明书,抽样检查其各项性能指标,应符合有关国家标准的规定。止水环的形状宜为方形,以避免管道

续上表

项目	内 容
穿墙管(盒)	安装时外力引起穿墙管道的转动。 (2)焊条:采用 E43XX 焊条,应有质量证明书,药皮脱落或焊芯生锈的焊条不得使用。 (3)涂料:防腐油漆涂料的品种、牌号、颜色及配套底漆、腻子,应符合设计要求和国家标准的规定,并有产品质量证明书。 (4)混凝土:用于后浇混凝土的水泥、砂、石、掺和料等应符合防水混凝土结构的设计要求。 (5)其他材料:螺栓、型钢、铁件等,应有质量证明书;嵌缝材料等参见变形缝
埋设件	密封材料、遇水膨胀止水条等可参考变形缝相关内容
预留通道接头	止水带、遇水膨胀橡胶条、嵌缝材料、填缝材料等可参考变形缝相关内容要求
桩头	(1)桩头部位的防水不宜采用柔性防水卷材和一般涂膜防水。 (2)钢筋处于变位时,防水层应紧密地与钢筋黏结牢固,主要技术性能要求为: 1)材料黏结强度高,能与桩头钢筋牢固黏结,并与混凝土形成一体。在施工过程中钢筋往返弯曲时,防水材料性能变化较小; 2)材料应具有弹性和柔韧性,以适应基面的扩展与收缩,自由的改变形状而不断裂; 3)适应在潮湿环境下固结或固化的防水材料。防水层的耐水性好、无毒、施工方便
孔口	(1)钢筋品种、规格、数量符合设计要求。 (2)孔口混凝土碎石粒径 5~31.5 mm,含泥量不得大于 1.0%,质量应符合《普通混凝土用砂、石质量及检验方法标准》(JGJ 52—2006)的要求。 (3)孔口混凝土砂为中砂,含泥量不大于 3.0%,质量应符合《普通混凝土用砂、石质量及检验方法标准》(JGJ 52—2006)的要求。 (4)水泥应用 42.5 级以上普通硅酸盐水泥,使用前分批对其强度、安定性进行复验,不同品种的水泥不得混合使用。 (5)水质应符合国家现行标准《混凝土用水标准》(JGJ 63—2006)的规定
坑、池	(1)坑、池所用钢筋品种、规格、数量符合设计要求。 (2)水泥使用前分批对其强度、安定性进行复检,合格后方能使用。不同品种的水泥不得混合使用。 (3)砂、石使用前必须进行检测,砂、石的含泥量和强度标准按现行《普通混凝土用砂、石质量及检验方法标准》(JGJ 52—2006)的要求。 (4)混凝土外加剂必须具有合格证和复检报告,合格后方可使用。 (5)混凝土搅拌水符合《混凝土用水标准》(JGJ 63—2006)的规定

三、施工机械要求

细部构造施工的机械要求见表 1—99。

表 1—99　细部构造施工的机械要求

项目	内　　容
变形缝	(1)自拌混凝土。混凝土搅拌机、混凝土坍落度筒、天平、插入与平板振动器、手推车等。 (2)商品混凝土。混凝土坍落度筒、插入与平板振动器、手推车等。 (3)其他机具。夹钳、活动扳手、电焊机、剪刀、榔头等
后浇带	(1)自拌混凝土。混凝土搅拌机、混凝土坍落度筒、天平、插入与平板振动器、手推车等。 (2)商品混凝土。混凝土坍落度筒、插入与平板振动器、手推车等。 (3)其他机具。电焊机、剪刀、榔头等
穿墙管(盒)	(1)机械设备。混凝土搅拌机、斗车、插入式振动器、平板振动器、砂轮切割机、电焊、气焊设备。 (2)主要工具。大、小平锹、铁板、磅秤、水桶、胶皮管、串筒、溜槽、混凝土吊斗、铁杆、抹子、试模、卡具、夹具、钢丝绳、钢卷尺等
埋设件	(1)自拌混凝土。混凝土搅拌机、混凝土坍落度筒、天平、插入与平板振动器、手推车等。 (2)商品混凝土。混凝土坍落度筒、插入与平板振动器、手推车等。 (3)其他机具。夹钳、活动扳手、电焊机等
预留通道 接头	(1)自拌混凝土。混凝土搅拌机、混凝土坍落度筒、天平、插入与平板振动器、手推车等。 (2)商品混凝土。混凝土坍落度筒、插入与平板振动器、手推车等。 (3)其他机具。夹钳、活动扳手、电焊机、剪刀、榔头等
桩头	(1)施工机械。砂浆搅拌机、高压水枪、搅拌器。 (2)主要工具。灰板、铁抹子、钢丝刷、铁锹、扫帚、计量水和材料量具、专用尼龙刷、半硬棕刷、凿子、锤子、抹布、胶皮手套等
孔口	(1)采用自拌混凝土时,混凝土搅拌机、混凝土坍落度筒、磅秤、插入式振动棒、平板振动器、手推车等。 (2)采用商品混凝土时,混凝土坍落度筒、插入式振动棒、平板振动器等。 (3)其他机具。电焊机,模板机械等
坑、池	(1)使用自拌混凝土时。混凝土搅拌机,混凝土坍落度筒、计量器具、插入式振动棒、平板式振动器、混凝土垂直和水平运输设备等。 (2)使用商品混凝土时。混凝土坍落度筒、插入式振动棒、平板式振动器、混凝土垂直和水平运输设备等。 (3)其他机具。钢筋加工机械、模板加工机械、电焊机等

四、施工工艺解析

(1)变形缝的施工工艺见表1—100。

表1—100 变形缝的施工工艺

项目	内 容
细部构造	(1)变形缝处混凝土结构的厚度不应小于300 mm。 (2)用于沉降的变形缝其最大允许沉降差值不应大于30 mm。 (3)用于沉降的变形缝的宽度宜为20~30 mm,用于伸缩的变形缝的宽度宜小于此值。 (4)变形缝的防水措施可根据工程开挖方法,防水等级按规范规定的要求选用。 (5)变形缝的几种复合防水构造形式如图1—17~图1—19所示
遇水膨胀止水条敷设	遇水膨胀止水条敷设如图1—20所示
变形缝的防水施工	(1)中埋式止水带施工应符合以下要求: 1)止水带埋设应准确,其中间空心圆环应与变形缝的中心线重合。止水带的安装方法,如图1—21所示。 2)止水带应妥善固定,顶、底板内止水带应成盆状安设,安装方法如图1—22所示止水带宜采用专用钢筋套或扁钢固定。采用扁钢固定时,止水带端训应先用扁钢夹紧,并将扁钢与结构内钢筋焊牢。固定扁钢用的螺栓间距宜为500 mm。 3)中埋式止水带先施工一侧混凝土时,其端模应支撑牢固,严防漏浆。 4)止水带的接缝宜设1处,应设在边墙较高位置上,不得设在结构转角处,接头宜采用热压焊接。 5)中埋式止水带在转弯处应做成圆弧形,(钢板)橡胶止水带的转角半径应不小于200 mm,转角半径应随止水带的宽度增大而相应加大。 (2)安设于结构内侧的可卸式止水带施工: 1)所需配件应一次配齐。 2)转角处应做成45°折角。 3)转角处应增加紧固件的数量。 (3)当变形缝与施工缝均用外贴式止水带时其相交部位宜采用如图1—23所示的专用配件,变形缝外贴式止水带的转角部位宜使用如图1—24所示的专用配件。 (4)密封材料嵌填施工。 1)缝内两侧基面应平整干净、干燥,并涂刷与密封材料相容的基层处理剂。 2)嵌缝时,应先在缝底设置与密封材料隔离的背衬材料。 3)嵌填应密实连续、饱满并与两侧黏结牢固。 (5)在缝的表面粘贴卷材或涂刷涂料前,应在缝上设置隔离层而后再行施工卷材,涂料防水层的施工应符合设计和规范规定。 (6)在不同防水等级的条件下,变形缝的几种复合防水做法,如图1—25和图1—26所示

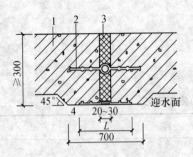

图1-17 中埋式止水带与外贴
防水层复合使用(单位:mm)
外贴式止水带 L≥300;外贴防水卷材 L≥400;
外涂防水涂层 L≥400
1—混凝土结构;2—中埋式止水带;3—填缝材料;4—外贴止水带

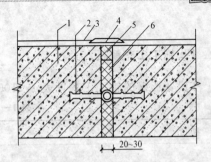

图1-18 中埋式止水带与嵌缝材料复合使用
1—混凝土结构;2—中埋式止水带;
3—防水层;4—隔离层;
5—密封材料;6—填缝材料

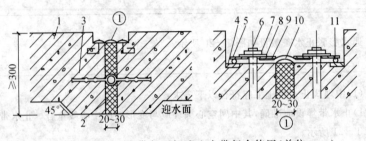

图1-19 中埋式止水带与可卸式止水带复合使用(单位:mm)
1—混凝土结构;2—填缝材料;3—中埋式止水带;4—预埋钢板;5—紧固件压板;6—预埋螺栓;
7—螺母;8—垫圈;9—紧固件压块;10—Ω型止水带;11—紧固件圆钢

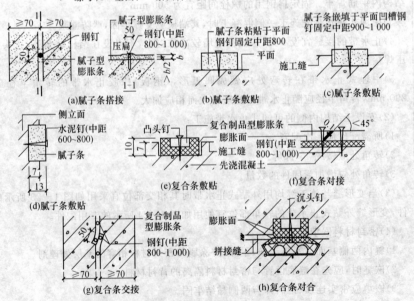

图1-20 遇水膨胀止水条的敷设(单位:mm)

注:1.(a)~(h)为常用止水条的敷设连结方法,(a)~(g)用于施工缝,(h)用于拼接缝。
   2.遇水膨胀止水条应具有缓膨胀性能,否则应涂刷缓膨胀剂或2厚水灰比为0.35的水泥砂浆,便其7 d的膨胀率不大
     于最终膨胀率的60%。

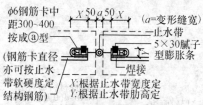

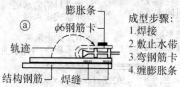

(a)平直型安装方法(一)

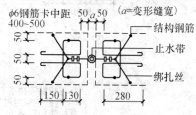

(b)平直型安装方法(二)

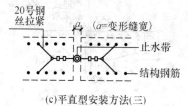

(c)平直型安装方法(三)

图1—21　止水带呈平直型状态的
施工方法(单位:mm)

注:其中(a)施工简单、省料、效果好。(b)施工复杂、费料、效果好。(c)施工简单、省料、稳定性差。

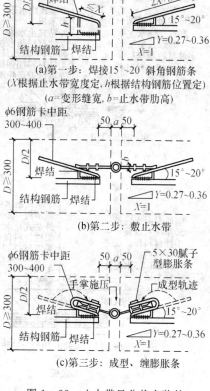

(a)第一步:焊接15°~20°斜角钢筋条
(X根据止水带宽度定,h根据结构钢筋位置定)
(a=变形缝宽,b=止水带肋高)

(b)第二步:敷止水带

(c)第三步:成型、缠膨胀条

图1—22　止水带呈盆状安装的
施工步骤(单位:mm)

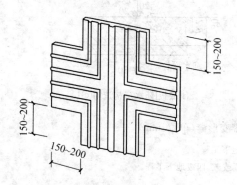

图1—23　外贴式止水带在施工缝与变形
缝相交处的十字配件(单位:mm)

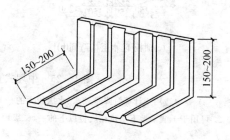

图1—24　外贴式止水带在转角处的
直角配件(单位:mm)

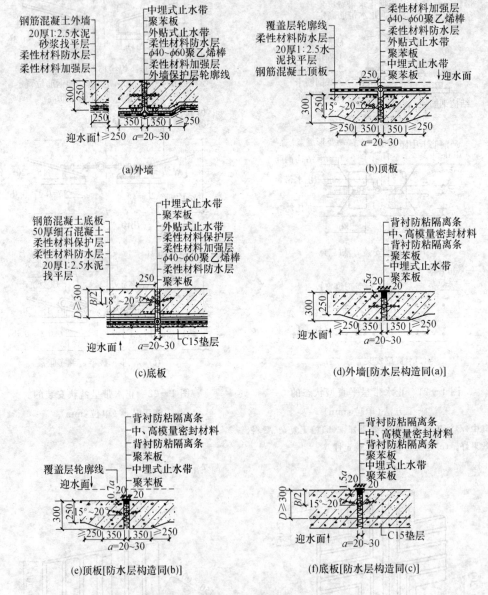

图 1—25　中埋式止水带变形缝(单位:mm)

注:1.(a)~(c)适用于计算沉降量较大、水压较大的一、二级地下工程。

　　2.可用于干涸期地下水位在底板以下的一、二级地下工程或三、四级地下工程。

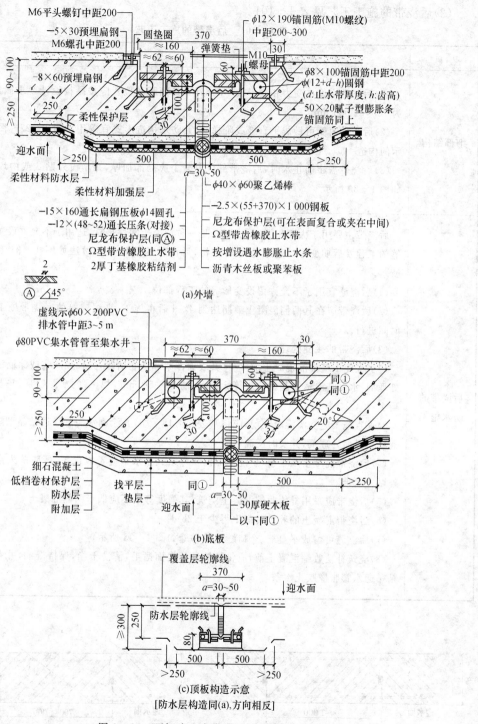

图 1—26 可卸式止水带变形缝(单位:mm)

注:1. (a)~(c)适用于一、二级地下工程。(b)的凹槽两侧底部的排水管为疏导地面清洗、火灾救护水和三、四级地下工
程变形缝渗漏水、墙板裂缝泄漏水而设。排水管应与集水井连通或引向低洼处。

2. 螺栓、螺母、螺孔等紧固件应经常上机油,以免锈铒、锈死,无法更换。

(2)后浇带的施工工艺见表1—101。

表1—101　后浇带的施工工艺

项目	内　容
细部结构	(1)后浇带应设在受力和变形较小的部位,其间距和位置应按结构设计要求确定,宽度宜为700～1 000 mm。 (2)后浇带两侧可做成平直缝或阶梯缝,其防水构造形式宜采用如图1—27～图1—29所示的构造。 (3)后浇带需超前止水时,后浇带部位混凝土应局部加厚,并增设外贴式或中埋式止水带如图1—30所示
后浇带的防水施工	后浇带主要用于大面积混凝土结构,是一种混凝土刚性接缝,适用于不允许设置柔性变形缝的工程及后期变形已趋于稳定的结构,后浇带的几种参考做法如图1—31和图1—32所示。 (1)后浇缝宜用于不允许留设变形缝的工程部位。 (2)后浇带应在其两侧混凝土龄期达到42 d后再施工,高层建筑的后浇带施工应按规定时间进行。 (3)后浇带的接缝处理。 1)水平施工缝浇灌混凝土前,应将其表面浮浆和杂物清除,先铺设净浆或涂刷混凝土界面处理剂、水泥基渗透结晶型防水等涂料,再铺30～50 mm厚1∶1的水泥砂浆,并及时浇灌混凝土。 2)垂直施工缝浇灌混凝土前,应将其表面清理干净,并涂刷水泥基渗透结晶型防水涂料或混凝土界面处理剂,并及时浇灌混凝土。 (4)后浇带混凝土施工前,后浇带部位和外贴式止水带应予以保护,严防落入杂物和损伤外贴式水带。 (5)后浇带应采用补偿收缩混凝土浇筑,其强度等级不应低于两侧混凝土。 (6)后浇带混凝土的养护时间不得少于28 d。 (7)后浇缝可留成平直缝、企口缝或阶梯缝如图1—33所示。 (8)浇筑补偿收缩混凝土前,应将接缝处的表面凿毛,清洗干净,保持湿润,并在中心位置粘贴遇水膨胀橡胶止水条

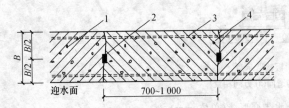

图1—27　后浇带防水构造(一)(单位:mm)

1—先浇混凝土;2—遇水膨胀止水条(胶);3—结构主筋;
4—后浇补偿收缩混凝土

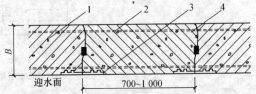

图1—28　后浇带防水构造(二)(单位:mm)

1—先浇混凝土;2—结构主筋;3—外贴式止水带;
4—后浇补偿收缩混凝土

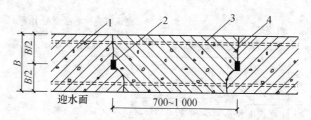

图 1—29　后浇带防水构造(三)(单位:mm)

1—先浇混凝土;2—遇水膨胀止水条(胶);3—结构主筋;4—后浇补偿收缩混凝土

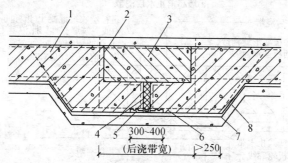

图 1—30　后浇带超前止水构造

1—混凝土结构;2—钢丝网片;3—后浇带;4—填缝材料;5—外贴式止水带;

6—细石混凝土保护层;7—卷材防水层;8—垫层混凝土

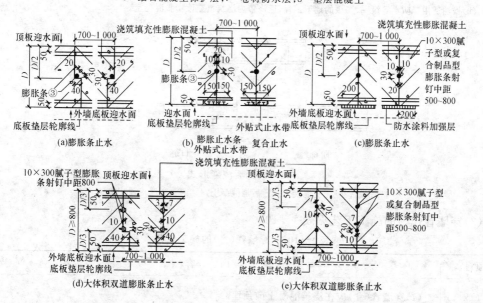

图 1—31　后浇带(单位:mm)

注:1. 后浇带应设在受力和变形较小,收缩应力最大的部位。宽度宜为 700~1 000 mm。

2. 后浇带可做成平直缝,结构主筋不宜在带中断开,必须断开时,则主筋搭接长度就在大于 45 倍主筋直径,并应加设附加钢筋。

3. (a)~(e)适用于防水等级一、二级的地下工程。

4. 后浇带内均应采用填充性膨胀混凝土(限制膨胀率为 0.04%~0.06%,自应力值为 0.5~1.0 MPa)浇筑,膨胀率由试验确定。

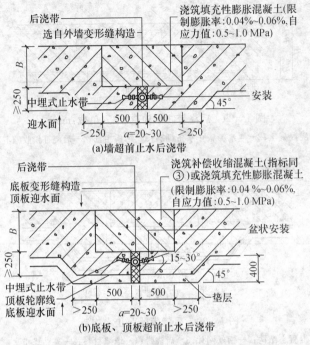

图1—32 超前止水后浇带(单位:mm)

注:(a)、(b)做法适用于防水等级一、二级的地下工程,后浇带内浇筑填充性膨胀混凝土。

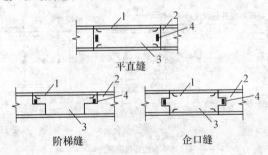

图1—33 后浇缝形式

1—钢筋;2—先浇混凝土;3—后浇混凝土;4—遇水膨胀橡胶止水条

(3)穿墙管(盒)的施工工艺见表1—102。

表1—102 穿墙管(盒)的施工工艺

项 目	内 容
细部结构	(1)穿墙管(盒)应在浇筑混凝土前预埋。 (2)穿墙管与内墙角、凹凸部位的距离应大于250 mm。 (3)结构变形或管道伸缩量较小时,穿墙管可采用主管直接埋入混凝土内的固定式防水法,主管应加焊止水环或加设环绕遇水膨胀橡胶止水(圈),并在混凝土迎水面与穿墙管周边预留凹槽,槽内应用密封材料嵌填密实,其防水构造如图1—34、图1—35所示。 (4)结构变形或管道伸缩量较大或有更换要求时,应采用套管式防水法,套管应加焊止水环,如图1—36所示。

续上表

项目	内　容
细部结构	（5）穿墙管线较多时，宜相对集中，采用穿墙盒方法。穿墙盒的封口钢板应与墙上的预埋角钢焊严，并从钢板上的预留浇注孔注入柔性密封材料或细石混凝土处理，具体做法如图1—37所示。 （6）当工程有防护要求时，穿墙管除应采取有效防水措施外，尚应采取措施满足防护要求
穿墙管的防水施工	（1）金属止水环应与主管满焊密实，采用套管式穿墙管防水构造时，翼环与套管应满焊密实，并在施工前将套管内表面清理干净。 （2）相邻穿墙管之间的间距应大于300 mm。 （3）采用遇水膨胀止水圈的穿墙管，管径宜小于50 mm，止水圈应用胶黏剂满粘固定于管上，并应涂缓胀剂或采用缓胀型遇水膨胀止水圈。 （4）穿墙管止水环与主管或翼环与套管应连续满焊，并做好防腐处理。 （5）穿墙管处防水层施工前，应将套管内表面清理干净。 （6）套管内的管道安装完毕后，应在两管间嵌入内衬填料，端部用密封材料填缝。柔性穿墙时，穿墙内侧应用法兰压紧。 （7）穿墙管外侧防水层应铺设严密，不留接槎；增铺附加层时，应按设计要求施工。 （8）穿墙管伸出外墙的部位应采取有效措施防止回填时将管损坏

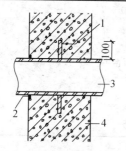

图1—34　固定式穿墙管防水构造（一）（单位：mm）
1—止水环；2—密封材料；3—主管；4—混凝土结构

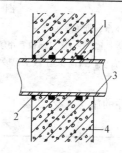

图1—35　固定式穿墙管防水构造（二）
1—遇水膨胀止水圈；2—密封材料；3—主管；4—混凝土结构

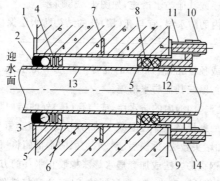

图1—36　套管式穿墙管防水构造
1—翼环；2—密封材料；3—背衬材料；4—充缝材料；5—挡圈；6—套管；7—止水环；8—橡胶圈；9—翼盘；10—螺母；11—双头螺栓；12—短管；13—主管；14—法兰盘

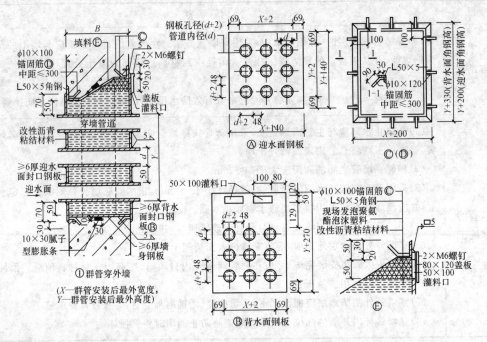

图 1—37　穿墙群管(单位:mm)

注:1. 金属件应通体涂刷防锈漆。

2. 为使墙体保温性能一致,灌口部位宜用填料填实⑥。

3. 群管箱内也可浇灌细石混凝土或水泥砂浆,只须在灌料口做一假牛腿,再凿去。

(4)埋设件的施工工艺见表1—103。

表 1—103　埋设件的施工工艺

项目	内　　容
细部构造	(1)结构上的埋设件应预埋或预留孔(槽)等。 (2)埋设件端部或预留孔(槽)底部的混凝土厚度不得小于 250 mm,当厚度小于 250 mm 时,应采取局部加厚或其他防水措施,如图1—38所示。 (3)预留孔(槽)内的防水层,宜与孔(槽)外的结构防水层保持连续
埋设件的防水施工	(1)埋设件端部或预留孔(槽)底部的混凝土厚度不得小于 250 mm,当厚度小于 250 mm 时,必须采取局部加厚或其他防水措施。 (2)预留地坑、孔洞、沟槽内的防水层,应与孔(槽)外的结构防水层保持连续。 (3)固定模板用的螺栓必须穿过混凝土结构时,螺栓或套管应满焊止水环或翼环;采用工具式螺栓或螺栓加堵头做法,拆模后应采取加强防水措施将留下的凹槽封堵密实。 (4)用加焊止水钢板的方法或加套遇水膨胀橡胶止水环的方法,既简便又可获得一定的防水效果。预埋件的做法如图1—39所示。施工时,注意将铁件及止水钢板或遇水膨胀橡胶止水环周围的混凝土浇捣密实,保证质量

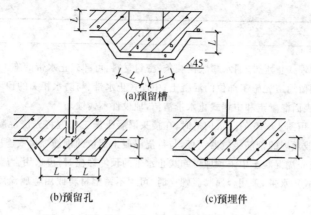

图 1—38 预埋件或预留孔(槽)处理示意图

$L \geqslant 250$ mm

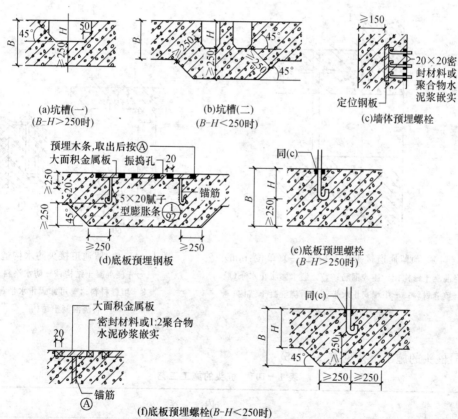

图 1—39 坑槽、预埋件(单位:mm)

(5)预留通道接头的施工工艺见表 1—104。

表 1—104 预留通道接头的施工工艺

项目	内　　　容
细部构造	(1)预留通道接缝处的最大沉降差值不得大于 30 mm。 (2)预留通道接头应采取变形缝防水构造形式如图 1—40、图 1—41 所示

续上表

项目	内　容
预留通道接头 的防水施工	(1)中埋式止水带、遇水膨胀橡胶条、密封材料、可卸式止水带的施工应符合规范规定。 (2)预留通道先施工部位的混凝土、中埋式止水带、与防水相关的预埋件等应及时保护,确保端部表面混凝土和中埋式止水带清洁,埋设件不锈蚀。 (3)采用图1—40的防水构造时,在接头混凝土施工前应将先浇混凝土端部表面凿毛,露出钢筋或预埋的钢筋接驳器钢板,与待浇混凝土部位的钢筋焊接或连接好后再行浇筑。 (4)当先浇混凝土中未预埋可卸式止水带的预埋螺栓时,可选用金属或尼龙的膨胀螺栓固定可卸式止水带,采用金属膨胀螺栓时,可用不锈钢材料或用金属涂膜、环氧涂料进行防锈处理

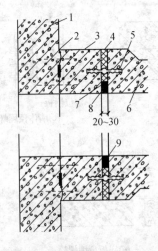

图1—40　预留通道接头防水构造(一)(单位:mm)
1—先浇混凝土结构;2—连接钢筋;3,7—遇水膨胀止水条(胶);
4—填缝材料;5—中埋式止水带;6—后浇混凝土结构;
8—密缝材料;9—填充材料

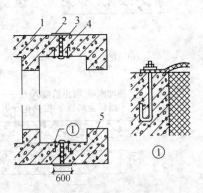

图1—41　预留通道接头防水构造(二)
1—先浇混凝土结构;2—防水涂料;
3—填缝材料;4—可卸式止水带;
5—后浇混凝土结构

(6)桩头的施工工艺见表1—105。

表1—105　桩头的施工工艺

项目	内　容
细部构造	桩头防水构造形式如图1—42和图1—43所示
桩头的防 水施工	(1)破桩后如发现渗漏水,应先采取措施将渗漏水止住。 (2)采用其他防水材料进行防水时,基面应符合防水层施工的要求。 (3)应对遇水膨胀止水条(胶)进行保护。 (4)桩头防水做法如图1—44所示

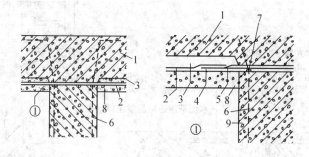

图 1—42 桩头防水构造(一)

1—结构底板;2—底板防水层;3—细石混凝土保护层;4—防水层;

5—水泥基渗透结晶型防水涂料;6—桩基受力筋;7—遇水膨胀止水条(胶);

8—混凝土垫层;9—桩基混凝土

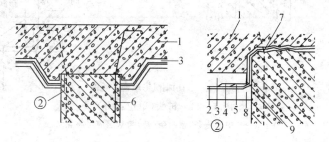

图 1—43 桩头防水构造(二)

1—结构底板;2—底板防水层;3—细石混凝土保护层;4—聚合物水泥防水砂浆;

5—水泥基渗透结晶型防水涂料;6—桩基受力筋;

7—遇水膨胀止水条(胶);8—混凝土垫层;9—密封材料

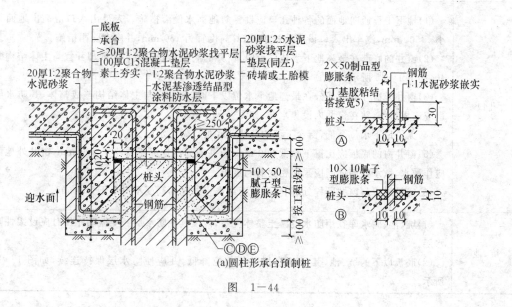

图 1—44

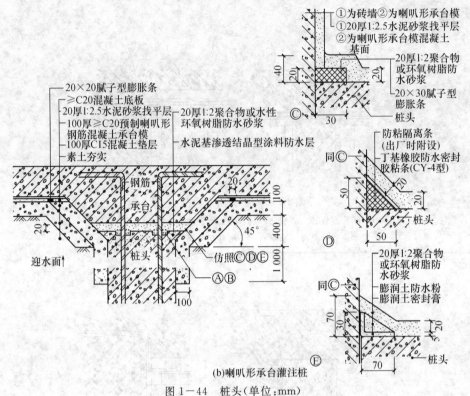

图 1—44　桩头(单位:mm)

注:Ⓐ~Ⓔ中膨胀条,密封条(膏)与基层应可靠黏结。

(7)孔口与坑、池的施工工艺见表1—106。

表1—106　孔口与坑、池的施工工艺

项目	内　容
孔口	(1)地下工程通向地面的各种孔口应设置防地面水倒灌措施。人员出入口应高出地面不小于500 mm,汽车出入口设明沟排水时,其高度宜为150 mm,并应有防雨措施。 (2)窗井的底部在最高地下水位以上时,窗井的底板和墙应做防水处理并宜与主体结构断开,如图1—45所示。 (3)窗井或窗井的一部分在最高地下水位以下时,窗井应与主体结构连成整体,其防水层也应连成整体,并在窗井内设集水井,如图1—46所示。 (4)无论地下水位高低,窗台下部的墙体和底板应做防水层。 (5)窗井内的底板应比窗下缘低300 mm,窗井墙高出地面不得小于500 mm,窗井外地面应作散水,散水与墙面间应采用密封材料嵌填。 (6)通风口应与窗井同样处理,竖井窗下缘离室外地面高度不得小于500 mm
坑、池	(1)坑、池、储水库宜用防水混凝土整体浇筑,内设其他防水层。受振动作用时应设柔性防水层。 (2)底板以下的坑、池,其局部底板必须相应降低,并应使防水层保持连续,如图1—47所示

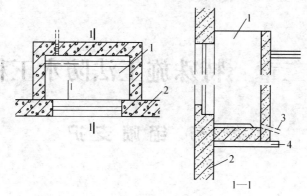

图1—45　窗井防水示意图(一)

1—窗井;2—主体结构;3—排水管;4—垫层

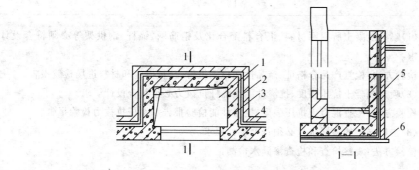

图1—46　窗井防水示意图(二)

1—窗井;2—防水层;3—主体结构;4—防水层保护层;5—集水井;6—垫层

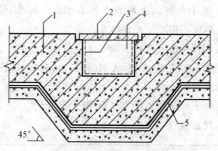

图1—47　底板以下坑、池的防水构造

1—底板;2—盖板;3—坑、池防水层;4—坑、池;5—主体结构防水层

第二章　特殊施工法防水工程

第一节　锚喷支护

一、验收条文

锚喷支护施工质量验收标准见表 2—1。

表 2—1　锚喷支护施工质量验收标准

项目	内　容
主控项目	(1)喷射混凝土所用原材料、混合料配合比及钢筋网、锚杆、钢拱架等必须符合设计要求。 检验方法:检查产品合格证、产品性能检测报告、计量措施和材料进场检验报告。 (2)喷射混凝土抗压强度、抗渗性能及锚杆抗拔力必须符合设计要求。 检验方法:检查混凝土抗压强度、抗渗性能检验报告和锚杆抗拔力检验报告。 (3)锚杆支护的渗漏水量必须符合设计要求。 检验方法:观察检查和检查渗漏水检测记录
一般项目	(1)喷层与围岩及喷层之间应黏结紧密,不得有空鼓现象。 检验方法:用小锤轻击检查。 (2)喷层厚度有 60%以上检查点不小于设计厚度,最小厚度不得小于设计厚度的50%,且平均厚度不得小于设计厚度。 检验方法:用针探法或凿孔法检查。 (3)喷射混凝土应密实、平整,无裂缝、脱落、漏喷、露筋。 检验方法:观察检查。 (4)喷射混凝土表面平整度 D/L 不得大于 $1/6$。 检验方法:尺量检查

二、施工材料要求

锚喷支护施工的材料要求见表 2—2。

表 2—2　锚喷支护施工的材料要求

项目	内　容
水泥	宜选用普通硅酸盐水泥或硅酸盐水泥

项目	内　容
砂	喷射混凝土用砂宜选择中粗砂,细度模数大于 2.5。含泥量不应大于 3%;干法喷射时,含水率宜为 5%～7%
石子	卵石或碎石均可,但以卵石为好。卵石对设备及管路磨蚀小,也不像碎石那样因针片状含量多而易引起管路堵塞,粒径不得大于 15 mm;含水量不得大于 1%;使用碱性速凝剂时,不得使用含有活性二氧化硅的石料
水	喷射混凝土用水要求与普通混凝土相同,不得使用污水、pH 值小于 4 的酸性水、含硫酸盐量按 SO_4 计超过水重 1% 的水及海水

三、施工机械要求

喷射混凝土的施工主要机具有:地质钻机、潜孔机、空气压缩机等。

四、施工工艺解析

喷射混凝土的施工要点见表 2—3。

表 2—3　喷射混凝土的施工要点

项目	内　容
预应力锚杆施工	(1)预应力筋表面不应有污物、铁锈或其他有害物质。 　(2)杆体制作时,应按设计规定安放套管隔离架、波形管、承载体、注浆管和排气管,杆体内绑扎材料不宜使用镀锌材料。 　(3)孔口承压垫座必须平整、牢固且满足设计要求。 　(4)锚杆安放过程中应防止明显的弯曲、扭转,并不得破坏其他附件。 　(5)灌浆料可采用水灰比 0.45～0.50 纯水泥浆,也可采用灰砂比为 1:1、水灰比 0.45～0.50 的水泥砂浆。 　(6)永久性预应力锚杆应采用封底灌浆,应将浆体灌满自由段长度顶部的孔隙,当使用自由段带套管的预应力筋时,宜在锚固的长度和自由段长度内同步灌浆,当使用自由段不带套管的预应力筋时,应采用二次注浆。 　(7)预应力筋张拉必须按设计要求进行
自钻式锚杆施工	(1)自钻式锚杆安装前应检查锚杆体中孔和钻头的水孔是否通畅,若有异物应及时清理。 　(2)钻至设计深度后,应用水和空气洗孔,直至孔口返水、返气,方可将钻机和连接套卸下。 　(3)灌浆材料宜采用水泥浆或 1:1 水泥砂浆,水灰比宜为 0.45～0.50。当采用水泥砂浆时,砂的粒径不应大于 1.0 mm
锚杆孔防水处理	锚杆长度一般都在 1.5 m 以上,锚杆孔深入围岩很容易成为渗漏水的通道,因此,应重视对锚杆孔防水处理。

续上表

项目	内 容
锚杆孔防水处理	锚杆孔无渗漏水时,可直接用(1∶1)～(1∶2)的高强度等级水泥沙浆填塞。水泥强度等级应选42.5级以上。砂子宜用中砂,使用前应过筛,以防大块杂物混入,砂浆水灰比应控制在0.38～0.45,使砂浆手握能成团,松手不散为宜。砂浆中最好掺入水泥用量的15%明矾石膨胀剂,以提高砂浆和锚杆孔的黏结力,提高锚杆的抗拔力,同时也能提高锚杆孔抗渗性。 锚杆孔有渗漏水时,应先注浆封水,浆液最好选用粘度小,强度低的丙凝浆液。因为丙凝既可灌入细小裂隙中,堵住锚杆孔渗漏水,又便于注浆结束后,清除锚杆孔内残留浆液,填塞水泥浆,埋设锚杆
喷射面板混凝土	(1)应优先选用硅酸盐水泥或普通硅酸盐水泥,也可选用矿渣硅酸盐水泥或火山灰质硅酸盐水泥,水泥强度等级不应低于32.5级。 (2)应采用坚硬耐久的中砂或粗砂,细度模数宜大于2.5,干法喷射时,砂的含水率宜控制在5%～7%;当采用防粘料喷射机时,砂的含水率可为7%～10%。 (3)应采用符合质量要求的外加剂,掺入外加剂的喷射混凝土性能必须满足设计要求,在使用速凝剂前,应做与水泥的相应性试验及水泥净浆凝结效果试验,初凝不应大于5 min,终凝不应大于10 min。 (4)干法喷射水泥与砂、石之质量比宜为1∶0.4∶0.45;水灰比为0.4～0.45;湿法喷射水泥与砂、石之质量比宜为1.0∶3.5∶4.0;水灰比为0.42～0.50,砂率宜为50%～60%
养护	喷射混凝土终凝2 h后应养护,养护时间不得少于14 d;当气温低于5℃时不得喷水养护

第二节 地下连续墙

一、验收条文

地下连续墙施工质量验收标准见表2-4。

表2-4 地下连续墙施工质量验收标准

项目	内 容
主控项目	(1)防水混凝土的原材料、配合比以及坍落度必须符合设计要求。 检验方法:检查产品合格证、产品性能检测报告、计量措施和材料进场检验报告。 (2)防水混凝土抗压强度和抗渗性能必须符合设计要求。 检验方法:检查混凝土抗压强度、抗渗性能检验报告。 (3)地下连续墙的渗漏水量必须符合设计要求。 检验方法:观察检查和检查渗漏水检测记录

续上表

项目	内 容
一般项目	(1)地下连续墙的槽段接缝应符合设计要求。 检验方法:观察检查和检查隐蔽工程验收记录。 (2)地下连续墙墙面不得有露筋、露石和夹泥现象。 检验方法:观察检查。 (3)地下连续墙墙体表面平整度,临时支护墙体允许偏差为 50 mm,单一或复合墙体允许偏差应为 30 mm。 检验方法:尺量检查

二、施工材料要求

地下连续墙施工的材料要求见表 2—5。

表 2—5 地下连续墙施工的材料要求

项目	内 容
水泥	宜采用32.5级或42.5级普通和矿渣硅酸盐水泥。使用前必须查清品种、强度等级、出厂日期。凡超期水泥或受潮、结块水泥不准应用
卵石或碎石	应采用质地坚硬的卵石或碎石,其集料级配以 5～25 mm 为宜,其最大粒径不大于 40 mm,含泥量不大于 2%,无垃圾及杂草
中、粗砂	选用质地坚硬的中、粗砂,含泥量不大于 3%,无垃圾、泥块及杂草等
钢筋	钢筋要有出厂合格证和复试报告。其技术指标必须符合设计及标准规定
水	采用饮用自来水或洁净的天然水
外掺剂	根据施工条件要求,经试验确定后可在混凝土中掺入不同要求的外掺剂

三、施工机械要求

地下连续墙的施工主要机具有:成槽设备、钻抓法索式导板抓斗、泥浆设备、泥浆搅拌机、贮浆箱(池)、比重斗、失水量仪、静切力测量仪、混凝土浇筑机架、接头处理设备、洗刷设备、测槽仪、混凝土运输车、电焊机、起重机等。

四、施工工艺解析

(1)地下连续墙的施工要点见表 2—6。

表 2—6 地下连续墙的施工要点

项目	内 容
导墙施工	(1)设计导墙时,除保证在各种施工荷载作用下有足够的强度和稳定性外,还应考虑以下功能:准确地标示出地下墙体的设计位置;作为测量基准;为开槽机和灌筑混凝土机

项目	内　　容
导墙施工	架导向。为防止地表水流入导墙,导墙顶面应高出地面50～100 mm;为保证泥浆对槽壁具有一定的压力,起到护壁的作用,应保证槽内泥浆液面高出地下水位不小于0.5 m。水上施工时导墙顶标高应高出施工高水位0.5 m以上。 (2)为防止导墙产生较大的沉降或漏浆,导墙应坐落在较密实的土层上,保证不漏浆。 (3)导墙的截面尺寸应根据结构型式、施工荷载和地基条件由计算确定。墙高宜采用1～2 m,墙顶宽度不宜小于200 cm,内墙面采用垂直面。 (4)两导墙墙面间的净距应根据地下墙设计厚度加施工余量确定,施工余量可取40～60 mm。 (5)导墙应设变形缝,其间距宜采用20～40 m,两导墙的变形缝应互相错开。 (6)现浇导梁拆模后应及时加临时支撑。一般支撑的间距为2～3 m。 (7)预制导梁的安装接缝应保证不漏浆。 (8)导墙面与纵轴线允许偏差为±10 mm,导墙面净距允许偏差±5 mm;导墙上表面应水平,全长范围内高差应小于±10 mm,局部高差应小于5 mm
泥浆配制与管理	(1)泥浆拌制材料宜选用膨润土,使用前应取样进行配合比试验 (2)泥浆拌制和使用时必须检验,不合格应及时处理,泥浆的性能指标应通过试验确定以满足槽壁土体稳定的要求,否则应对泥浆指标进行调整。 (3)新拌制的泥浆应贮存24 h以上或加分散剂使膨润土(或黏土)充分水化后方可使用。 (4)在挖槽期间,泥浆面必须保持高于地下水位0.5 m以上,应不低于导墙面0.3 m。 (5)施工中可回收利用的泥浆通过振动筛、旋流器、沉淀或其他方法净化处理后方可使用。 (6)在容易产生泥浆渗漏的土层施工时,应适当提高泥浆粘度和贮备量,并备堵漏材料,如发生泥浆渗漏,应及时补浆和堵漏,使槽内泥浆保持正常液面
挖槽	(1)挖槽机械应根据现场工程地质条件、施工环境、墙体结构与工程质量要求选用,挖槽时,抓斗中心平面应与导墙中心平面相吻合。 (2)单元槽段的长度应符合设计规定,并采用间隔式开挖,一般地质应间隔一个单元槽段。 (3)挖槽过程中应观测槽壁变形、垂直度、泥浆液面高度,并应控制抓斗上下运行速度;如发生较严重坍塌时应及时将机械设备提出,分析原因,妥善处理。 (4)槽段挖至设计标高后,应及时检查槽位、槽深、槽宽和垂直度,合格后方可清底。 (5)清底应自底部抽吸并及时补浆,清底后的槽底泥浆密度应大于1.15,沉淀物淤积厚度不应大于100 mm
清槽	成槽达到要求深度后,停止钻进,使钻头空转4～6 min,将槽底残留的泥块破碎,用吸力泵或砂石泵用反循环方式抽吸10 min,将钻渣清除干净,使泥浆相对密度控制在1.1～1.2范围内。当用正循环成槽时,则将钻头提离槽底200 mm左右进行空转,中速压入相对密度1.05～1.10的稀泥浆把槽内悬浮渣及稠泥浆置换出来。当采用自成泥浆成槽,终槽后,可使钻头空转不进尺,同时射水,待排出泥浆相对密度降到1.1左右即

项　目	内　　　容
清槽	合格。清渣一般在钢筋笼安装前进行,在混凝土浇筑前,再测定一次槽底泥浆和沉淀物,如不合要求,再清槽一次,这时可利用混凝土导管压入清水或新鲜泥浆将槽底泥渣置换出来。 　　清槽的质量标准是清槽后 1 h,测定槽底沉淀物淤积厚度不大于 200 mm;槽底200 mm 处的泥浆相对密度不大于 1.2 为合格
钢筋笼制作与安装	钢筋笼一般在地面平卧组装,钢箍与通长主筋点焊定位。 　　(1)钢筋笼的尺寸应根据单元槽段的尺寸、墙段的接头型式和施工起重设备能力等确定。一个单元槽段的钢筋笼如需分幅分段,应征得设计同意。 　　(2)为保证墙体具有可靠的保护层,应在钢筋笼两侧加焊保护层垫板,一般水平向设两列,每列垫板竖向间距为 5 m,垫板可用 3 mm 厚钢板制作。为防止钢筋笼在吊装过程中产生不可恢复的变形,影响顺利入槽,可采取加焊钢筋桁架及主筋平面斜向拉条等措施来加大笼体的刚度。 　　(3)为确保钢筋笼能顺利吊装入槽及灌筑混凝土质量,在吊装钢筋笼入槽前,应对挖槽进行全面检查,符合质量标准后,方可吊钢筋笼入槽。 　　(4)对长度小于 15 m 的钢筋笼,可用吊车整体吊放,先 6 点水平吊起,再升起钢筋笼上口的钢扁担将钢筋笼吊直如图 2—1 所示;对超过 15 m 的钢筋笼,须分两段制作吊放,在槽口上加帮条焊接,放到设计标高后,用横担搁在导墙上,再浇灌混凝土
浇筑防水混凝土	地下墙混凝土是在泥浆下浇筑的,与普通浇灌混凝土施工方法不同。泥浆下灌筑混凝土,采用直升导管法。即沿槽孔长度方向设置数根铅垂导管(输料管),从地面向数根导管同时灌入搅拌好的混凝土,混凝土自导管底口排出,自动摊开,并由槽孔底部逐渐上升,不断把泥浆顶出槽孔,直至混凝土灌满槽孔。由于混凝土要通过较长的导管灌入孔底,所以必须防止导管堵塞,这就要求混凝土拌和料有足够大的流动度,并保证达到设计强度,满足抗渗要求。 　　(1)槽孔内的混凝土是利用混凝土与泥浆的密度差浇筑的。故必须保证密度差在1.1 倍以上,混凝土的密度是 2.3,所以槽孔内泥浆密度应小于 1.2,如大于 1.2 就会影响质量。 　　(2)灌注混凝土的导管要便于提升和拆装。导管由一节节的钢管组成,导管间用螺纹连接,也可采用消防皮管的快速接头,以便在钢筋笼中顺利升降。 　　(3)导管间距取决于混凝土灌筑的有效半径。灌筑速度(槽孔内混凝土面每小时上升速度)越大,导管上端面露出泥浆面的高差越大,导管顶端混凝土超压值也越大。所以,灌筑有效半径增加,导管间距可加大。 　　一般使用 150 mm 导管时,间距为 2 m;使用 200 mm 导管时,间距为 2 m。但每段槽孔内设置导管的数量不得少于 2 根,以备一根发生故障,另一根导管可继续作业。 　　(4)导管埋入混凝土的深度至少不小于 1 m,最大不超过 6 m。 　　(5)混凝土要连续灌筑,间歇时间不得超过 20 min,防止导管内混凝土固结,同时保持混凝土的均匀性,以免产生渗水施工缝。

续上表

项目	内 容
浇筑防水混凝土	(6)混凝土浇灌过程中,不能将导管横向移动,否则会使沉渣和泥浆混入混凝土内,影响混凝土的质量。 (7)搅拌好的混凝土,在1 h内须浇灌完毕,否则应加入缓凝剂。 (8)槽孔内混凝土面上升速度愈快愈好,最少每小时不得小于2 m,否则易产生难灌和堵管。 (9)槽孔内各处混凝土面上升高差不得产生大于1∶4的坡度。否则,应及时调整各导管输送的混凝土量。 (10)混凝土浇灌过程中,要经常量测混凝土灌筑量和上升高度,量测上升高度可用测锤。由于混凝土上升面不完全水平,所以要在3个以上位置量测。 (11)当浇灌深度距槽孔口5 m左右时,由于压差愈来愈小,导管口频繁出现溢流混凝土现象称为"难灌"。这时应经常振动导管,及时拆卸导管,以减少坍深,同时要改变混凝土配合比,适当减少石子用量,掺入减水剂,以增大混凝土流动性,但不得变更水灰比
拔接头管	混凝土浇筑2 h后,为防止接头管与混凝土黏结,将接头管旋转半圆周或提起100 mm,接头管抽拔时间应根据水泥品种,混凝土坍落度,温度等决定,一般为混凝土浇筑后2～3 h,过早会导致混凝土坍落,过晚因粘着力过大而难以拔出。拔管通常采用2台500 kN(或700 kN,1 000 kN),冲程1 000 mm以上的液压千斤顶顶升或用吊车、卷扬机吊拔。 接头管拔出后,要将半圆形混凝土表面粘附的水泥浆和胶凝物等残渣除去,否则接头处止水性差

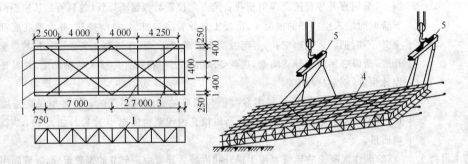

(a)钢筋笼的加固   (b)钢筋笼的起吊

图2—1　钢筋笼的加固与起吊(单位:mm)

1—纵向加强桁架;2—水平加固筋;3—剪刀加固筋;4—钢筋笼;5—铁扁担

(2)泥浆的性能技术指标见表2—7。

表2—7　泥浆的性能指标

项目	指标	检测方法
陶土粉(膨润土)	8%～10%	—

续上表

项目	指标	检测方法
CMC	0.03%～0.05%	—
纯碱	0.4%～0.5%	—
密度	1.05～1.10 g/(cm³)	—
黏度	19～25 s	漏斗法检测
失水量	<30 mL/30 min	失水量仪检测
泥皮厚度	<2 mm	失水量仪检测
pH 值	7～9	pH 试纸

（3）导管顶面高出泥浆面不同高差时，灌筑有效半径见表2—8。

表 2—8　灌筑有效半径

导管顶面与泥浆面的高差(m)	灌筑有效半径(m)	备注
0.9	1.5	表内值适用于混凝土面上升，最后低于沉浆面为 1 m时
1.5	2.0	
2.3	2.5	
3.5	3.0	

（4）逆筑结构构造防水的要求及施工注意事项见表2—9。

表 2—9　逆筑结构构造防水的要求及施工注意事项

项目	内　　容
逆筑结构构造防水的要求	（1）直接用地下连续墙作墙体的逆筑结构应符合《地下工程防水技术规范》(GB 50108—2008)的有关规定。 （2）采用地下连续墙和防水混凝土内衬的复合式逆筑结构应符合下列规定： 1）用作防水等级为1、2级的工程。 2）地下连续墙的施工应符合《地下工程防水技术规范》(GB 50108—2008)的有关规定。 3）顶板、楼板及下部500 mm的墙体应同时浇筑，墙体的下部应做成斜坡形；斜坡形下部应预留300～500 mm空间，待下部先浇混凝土施工14 d后再行浇筑；浇筑前所有缝面应凿毛，清除干净，并设置遇水膨胀止水条(胶)和预埋注浆管。上部施工缝设置遇水膨胀止水条时，应使用胶黏剂和射钉(或水泥钉)固定牢靠。浇筑混凝土应采用补偿收缩混凝土。

续上表

项 目	内 容
逆筑结构构造防水的要求	4)底板应连续浇筑,不宜留施工缝,底板与桩头相交处的防水处理应符合《地下工程防水技术规范》(GB 50108－2008)中的有关规定。 (3)采用桩基支护逆筑法施工时应符合下列要求。 1)用于各防水等级的工程。 2)侧墙水平、垂直施工缝,应有两道防水措施。 3)逆筑施工缝、底板、底板与桩头的做法应符合《地下工程防水技术规范》(GB 50108－2008)有关规定
施工主要事项	(1)导沟上开挖段应设置防护设施,防止人员或工具杂物等坠落泥浆内。 (2)挖槽施工过程中,如需中止时,应将挖槽机械提升到导墙的位置。 (3)在特别软弱土层、塌方区、回填土或其他不利条件下施工时,应按施工设计进行。 (4)在触变泥浆下工作的动力设备,如无电缆自动放收机构,应设有专人收放电缆,并应经常检查防止破损漏电。 (5)在地下连续墙的混凝土达到设计强度后,方许进行开挖土方。用地下连续墙作为挡土墙的基坑,开挖时,应严格按照程序设置围檩支撑或土中锚杆

(5)逆筑法施工接缝防水构造如图2－2所示。

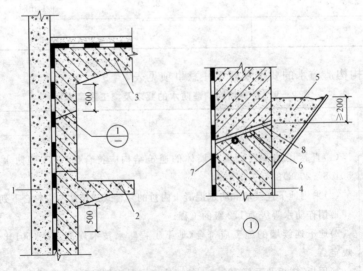

图2－2 逆筑法施工接缝防水构造

1—地下连续墙;2—楼板;3—顶板;4—补偿收缩混凝土;

5—应凿区的混凝土;6—遇水膨胀止水条或预埋注浆管;

7—遇水膨胀止水胶;8—胶黏剂

第三节 盾 构 隧 道

一、验收条文

(1)不同防水等级盾构隧道衬砌防水措施的选用见表2—10。

表2—10 盾构隧道衬砌防水措施

防水措施		高精度管片	接缝防水				混凝土内衬或其他内衬	外防水涂料
			密封垫	嵌缝材料	密封剂	螺孔密封圈		
防水等级	1级	必选	必选	全隧道或部分区段应选	可选	必选	宜选	对混凝土有中等以上腐蚀的地层应选,在非腐蚀地层宜选
	2级	必选	必选	部分区段宜选	可选	必选	局部宜选	对混凝土有中等以上腐蚀的地层宜选
	3级	应选	必选	部分区段宜选	—	应选	—	对混凝土有中等以上腐蚀的地层应宜选
	4级	可选	宜选	可选	—	—	—	

(2)单块管片制作尺寸允许偏差见表2—11。

表2—11 单块管片制作尺寸允许偏差

项 目	允许偏差(mm)
宽度	±1.0
弧长、弦长	±1.0
厚度	$+3$ -1

(3)盾构法隧道施工质量验收标准见表2—12。

表2—12 盾构隧道施工质量验收标准

项目	内 容
主控项目	(1)盾构隧道衬砌所用防水材料必须符合设计要求。 检验方法:检查产品合格证、产品性能检测报告、计量措施和材料进场检验报告。 (2)钢筋混凝土管片的抗压强度和抗渗性能必须符合设计要求。 检验方法:检查混凝土抗压强度、抗渗性能检验报告和管片单块检漏测试报告。

续上表

项目	内 容
主控项目	(3)盾构隧道衬砌的渗漏水量必须符合设计要求。 检验方法:观察检查和检查渗漏水检测记录
一般项目	(1)管片接缝密封垫及其沟槽的断面尺寸应符合设计要求。 检验方法:观察检查和检查隐蔽工程验收记录。 (2)密封垫在沟槽内应套箍和黏结牢固,不得歪斜、扭曲。 检验方法:观察检查。 (3)管片嵌缝槽的深度比及断面构造形式、尺寸应符合设计要求。 检验方法:观察检查和检查隐蔽工程验收记录。 (4)嵌缝材料嵌填应密实、连续、饱满、表面平整、密贴牢固。 检验方法:观察检查和检查隐蔽工程验收记录。 (5)管片的环向及纵向螺栓应全部穿进并拧紧;衬砌内表面的外露铁件防腐处理应符合设计要求。 检验方法:观察检查

二、施工材料要求

盾构隧道的施工材料要求见表 2—13。

表 2—13　盾构法隧道的施工材料要求

项目	内 容
混凝土原材料要求	(1)水泥必须是国家规定的水泥厂生产的水泥,每批水泥进货应配有质量保证书,对不同工厂生产的水泥不准混存在一个料筒里使用;配料防水混凝土的水泥应采用≥42.5级的普通硅酸盐水泥。 (2)应采用中砂,每批砂进场时必须做材料分析,含泥量<3%(质量比)。 (3)石子。粒径 15~25 mm,每批石子进场前必须做材料分析,含泥量<1%(质量比)。 (4)钢筋。表面应洁净,不得有油漆、油渍、污垢。当钢筋出现颗粒或片状锈蚀应不准使用。 (5)当掺入磨细粉煤灰或外掺剂时,必须有试验依据,质量合格,掺量准确
接缝密封垫	接缝密封垫宜选择具有合理构造形式、良好弹性或遇水膨胀性、耐久性、耐水性的橡胶类材料,其外形应与沟槽相匹配

三、施工机械要求

盾构隧道的施工主要机具:混凝土输送泵、振捣棒、管片螺栓、射钉枪、水泥钉、热风焊枪、焊缝真空检测器、焊条、疏水管及其连接件等。

四、施工工艺解析

盾构隧道的施工工艺见表 2—14。

表 2—14 盾构隧道的施工工艺

项目	内　容
钢筋混凝土管片制作	钢筋混凝土管片应采用高精度钢模制作,钢模宽度及弧、弦长允许偏差宜为±0.4 mm。钢筋混凝土管片制作尺寸的允许偏差应符合下列规定。 (1)宽度应为:±1 mm; (2)弧、弦长应为:±1 mm; (3)厚度应为:$^{+3}_{-1}$ mm
设置管片	管片应至少设置一道密封垫沟槽。接缝密封垫宜选择具有合理构造形式、良好弹性或遇水膨胀性、耐久性、耐水性的橡胶类材料,其外形应与沟槽相匹配。 　　管片接缝密封垫应被完全压入密封垫沟槽内,密封垫沟槽的截面积应大于或等于密封垫的截面积,其关系宜符合下式的要求: $$A = (1 \sim 1.15)A_0$$ 式中　A——密封垫沟槽截面积; 　　　　A_0——密封垫截面积。 　　管片接缝密封垫应满足在计算的接缝最大张开量和估算的错位量下、埋深水头的 2～3 倍水压下不渗漏的技术要求;重要工程中选用的接缝密封垫,应进行一字缝或十字缝水密性的试验检测
螺孔防水	螺孔防水应符合下列规定: (1)管片肋腔的螺孔口应设置锥形倒角的螺孔密封圈沟槽; (2)螺孔密封圈的外形应与沟槽相匹配,并应有利于压密止水或膨胀止水。在满足止水的要求下,螺孔密封圈的断面宜小。螺孔密封圈应为合成橡胶或遇水膨胀橡胶制品,其技术指标要求应符合相关规定的要求
嵌缝防水	嵌缝防水应符合下列规定: (1)在管片内侧环纵向边沿设置嵌缝槽,其深宽比不应小于 2.5,槽深宜为 25～55 mm,单面槽宽宜为 5～10 mm;嵌缝槽断面构造形状应符合图 2—3 的要求; (2)嵌缝材料应有良好的不透水性、潮湿基面黏结性、耐久性、弹性和抗下坠性; (3)应根据隧道使用功能和表 2—10 的防水等级要求,确定嵌缝作业区的范围与嵌填嵌缝槽的部位,并采取嵌缝堵水或引排水措施; (4)嵌缝防水施工应在盾构千斤顶顶力影响范围外进行。同时,应根据盾构施工方法、隧道的稳定性确定嵌缝作业开始的时间; (5)嵌缝作业应在接缝堵漏和无明显渗水后进行,嵌缝槽表面混凝土如有缺损,应采用聚合物水泥砂浆或特种水泥修补,强度应达到或超过混凝土本体的强度。嵌缝材料嵌填时,应先刷涂基层处理剂,嵌填应密实、平整

96

续上表

项　目	内　　容
复合式衬砌的内层衬砌混凝土浇筑	复合式衬砌的内层衬砌混凝土浇筑前，应将外层管片的渗漏水引排或封堵。采用塑料防水板等夹层防水层的复合式衬砌，应根据隧道排水情况选用相应的缓冲层和防水板材料，并应按《地下工程防水技术规范》（GB 50108—2011）的有关规定执行
管片外防水	管片外防水涂料宜采用环氧或改性环氧涂料等封闭型材料、水泥基渗透结晶型或硅氧烷类等渗透自愈型材料，并应符合下列规定： （1）耐化学腐蚀性、抗微生物侵蚀性、耐水性、耐磨性应良好，且应无毒或低毒； （2）在管片外弧面混凝土裂缝宽度达到 0.3 mm 时，应仍能在最大埋深处水压下不渗漏； （3）应具有防杂散电流的功能，体积电阻率应高
竖井与隧道结合	竖井与隧道结合处，可用刚性接头，但接缝宜采用柔性材料密封处理，并宜加固竖井洞圈周围土体。在软土地层距竖井结合处一定范围内的衬砌段，宜增设变形缝。变形缝环面应贴设垫片，同时应采用适应变形量大的弹性密封垫
盾构隧道的连接通道及其与隧道接缝的防水	盾构隧道的连接通道及其与隧道接缝的防水应符合下列规定： （1）采用双层衬砌的连接通道，内衬应采用防水混凝土。衬砌支护与内衬间宜设塑料防水板与土工织物组成的夹层防水层，并宜配以分区注浆系统加强防水； （2）当采用内防水层时，内防水层宜为聚合物水泥砂浆等抗裂防渗材料； （3）连接通道与盾构隧道接头应选用缓膨胀型遇水膨胀类止水条（胶）、预留注浆管以及接头密封材料

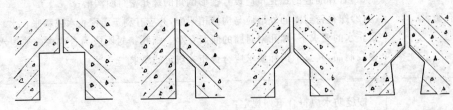

图 2—3　管片嵌缝断面构造形式

第三章 排水工程

第一节 渗排水、盲沟排水

一、验收条文

渗排水、盲沟排水施工质量验收标准见表3—1。

表3—1 渗排水、盲沟排水施工质量验收标准

项目	内 容
主控项目	(1)盲沟反滤层的层次和粒径组成必须符合设计要求。 检验方法:检查砂、石试验报告和隐蔽工程验收记录。 (2)集水管的埋设深度及坡度必须符合设计要求。 检验方法:观察和尺量检查
一般项目	(1)渗排水构造应符合设计要求。 检验方法:观察检查和检查隐蔽工程验收记录。 (2)渗排水层的铺设应分层、铺平、拍实。 检验方法:观察检查和检查隐蔽工程验收记录。 (3)盲沟排水构造应符合设计要求。 检验方法:观察检查和检查隐蔽工程验收记录。 (4)集水管采用平接式或承插式接口应连接牢固,不得扭曲变形和错位。 检验方法:观察检查

二、施工材料要求

渗排水、盲沟排水的施工材料要求见表3—2。

表3—2 渗排水、盲沟排水的施工材料要求

项目	内 容
渗排水	(1)渗水层选用粒径5～10 mm的卵石,要求洁净、坚硬、不易风化,含泥量不应大于2%。 (2)地下水中游离碳酸含量过大时,不得采用碳酸钙石料。 (3)小石子滤水层选用粒径5～10 mm的卵石,要求洁净,含泥量不应大于2%。 (4)砂滤水层宜选用中粗砂,要求洁净,无杂质,含泥量不应大于2%。 (5)集水管可采用直径为150～200 mm带孔的铸铁管、钢筋混凝土管、硬质PVC管、加筋软管式透水盲管或不带孔的长度为500～700 mm混凝土管、陶土管等

续上表

项目	内　　容
埋管盲沟排水	(1)滤水层选用 5～10 mm 的洗净卵石,含泥量不应大于 2%。 (2)分隔层选用玻璃丝布,规格 250,幅宽 90 cm。 (3)集水管选用内径为 100 mm 的硬塑料管,壁厚 6 mm。跌落井用无孔管;盲沟用有孔管,沿管周六等分,间隔 150 mm 打 φ12 mm 孔眼,隔行交错。 (4)管材零件为弯头、三通、四通等
无管盲沟排水	(1)石子滤水层选用 60～100 mm 的砾石或碎石。 (2)小石子滤水层。当天然土塑性指数 I_p<3(砂性土)时,采用 3～10 mm 粒径小卵石;I_p>3(黏性土)时,采用 5～10 mm 粒径卵石。 (3)砂滤水层(贴天然土)。当天然土塑性指数 I_p<3(砂性土)时,采用 1～3 mm 粒径砂子;I_p>3(黏性土)时,采用 5～10 mm 粒径砂子。 (4)砂石含泥量不得大于 2%

三、施工机械要求

渗排水、盲沟排水的施工机械要求见表 3—3。

表 3—3　渗排水、盲沟排水的施工机械要求

项目	内　　容
基底为土层	当基底为土层时,基槽开挖可根据现场情况采用人工或小型反铲机械开挖;砂、碎石铺设及埋管均采用人工作业,夯实宜采用平板振动器夯实
基底为岩层	基底为岩层时,采用手风钻打孔,手风钻可选用 T24 型。炸药可选用 2 号岩石硝氨炸药。排水管安装及砂、石料铺填均采用人工作业

四、施工工艺解析

(1)渗排水的施工工艺见表 3—4。

表 3—4　渗排水的施工工艺

项目	内　　容
渗排水层构造	渗排水层设置在工程结构底板下面,由粗砂过滤层与集水管组成,如图 3—1 所示
渗排水施工	(1)基坑挖土,应依据结构底面积、渗水墙和保护墙的厚度以及施工工作面,综合考虑确定基坑挖土面积。基底挖土应将渗水沟成形。 (2)按放线尺寸砌筑结构周围的保护墙。 (3)凡与基坑土层接触处,宜用 5～10 mm 的豆石或粗砂作滤水层,其总厚度一般为 100～150 mm。

续上表

项目	内 容
渗排水施工	(4)沿渗水沟安放集水管,管与管相互对接之处应留出 5～10 mm 的间隙(打孔管或无孔管均如此),在做渗排水层时将管埋实固定。 渗排水管的坡度应不小于 1%,严禁出现倒流现象。 (5)分层铺设渗排水层(即 20～40 mm 碎石层)至结构底面。渗排水层总厚度一般不小于 300 mm,分层铺设每层厚度不应大于 300 mm。 渗排水层施工时每层应轻振压实,要求分层厚度及密实度均匀一致,与基坑周围土接触处,均应设粗砂滤水层。 (6)铺抹隔浆层,以防结构底板混凝土在浇筑时,水泥砂浆填入渗排水层而降低结构底板混凝土质量和影响渗排水层的水流畅通。 隔浆层可铺油毡或抹 30～50 mm 厚的 1:3 水泥砂浆。水泥砂浆应控制拌和水量,砂浆不要太稀,铺设时可抹实压平,但不要使用振动器。隔浆层可铺抹至保护墙边。 (7)隔浆层养护凝固后,即可施工需防水结构,此时应注意不要破坏隔浆层,也不要扰动已做好的渗排水层。 (8)结构墙体外侧模板拆除后,将结构至保护墙之间(即渗水墙部分)的隔浆层除净,再分层施工渗水墙部分的排水层和砂滤水层。 (9)最后施工渗水墙顶部的混凝土保护层或混凝土散水坡。散水坡应超过渗排水层外缘不小于 400 mm

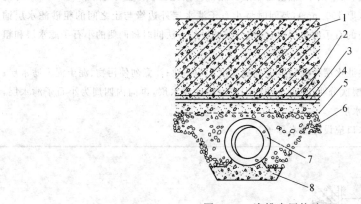

图 3—1　渗排水层构造

1—结构底板;2—细石混凝土;3—底板防水层;4—混凝土垫层;
5—隔浆层;6—粗砂过滤层;7—集水管;8—集水管座

(2)盲沟排水的施工工艺见表 3—5。

表 3—5　盲沟排水的施工工艺

项目	内 容
盲沟排水构造	盲沟排水构造如图 3—2 所示
埋管盲沟施工	(1)在基底上按盲沟位置、尺寸放线,然后回填土,盲沟底回填灰土,盲沟壁两侧回填素土至沟顶标高;沟底填灰土应找好坡度。

项目	内　　容
埋管盲沟施工	（2）按盲沟宽度对回填土切槎，按盲沟尺寸成型，并沿盲沟壁底铺设玻璃丝布。玻璃丝布在两侧沟壁上口留置长度应根据盲沟宽度尺寸并考虑相互搭接不小于 100 mm 确定。玻璃丝布的预留部分应临时固定在沟上口两侧，并注意保护，不要损坏。 （3）在铺好玻璃丝布的盲沟内铺 17～20 cm 厚的石子，这层石子铺设时必须按照集水管的坡度进行找坡，此工序必须按坡度要求做好，严防倒流；必要时应以仪器施测每段管底标高。 （4）铺设集水管，接头处先用砖垫起，再用 0.2 mm 厚铁皮包裹，以铅丝绑牢，并用沥青胶和玻璃丝布涂裹两层，撤去砖，安好管如图 3－3 所示，拐弯用弯头连接如图 3－4 所示，跌落井应先砌井壁再安装件如图 3－5 所示。 （5）集水管安好后，经测量管道标高符合设计坡度，即可继续铺设石子滤水层至盲沟沟顶。石子铺设应使厚度、密实度均匀一致，施工时不得损坏集水管。 （6）石子铺至沟顶即可覆盖玻璃丝布，将预先留置的玻璃丝布沿石子表面覆盖搭接，搭接宽度不应小于 100 mm，并顺水流方向搭接。 （7）最后进行回填土，注意不要损坏玻璃丝布
无管盲沟施工	（1）无管盲沟构造如图 3－6 所示。 （2）按盲沟位置、尺寸放线，挖土，沟底应按设计坡度拔坡，严禁倒坡。 （3）沟底审底、两壁拍平，铺设滤水层。底部开始先铺粗砂滤水层（厚 100 mm）；再铺小石子滤水层（厚 100 mm），要同时将小石子滤水层外边缘与土之间的粗砂滤水层铺好；在铺设中间的石子滤水层时，应按分层铺设的方法同时将两侧的小石子滤水层和粗砂滤水层铺好。 （4）铺设各层滤水层要保持厚度和密实度均匀一致；注意勿使污物、泥土混入滤水层；铺设应按构造层次分明，靠近土的四周应为粗砂滤水层，再向内四周为小石子滤水层，中间为石子滤水层。 （5）盲沟出水口应设置滤水箅子

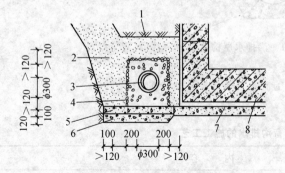
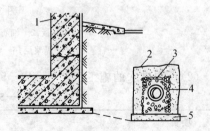

（a）贴墙盲沟　　　　　　　　　　　　　（b）离墙盲沟

1—素土夯实；2—中砂反滤层；3—集水管；4—卵石反滤层；　　　1—主体结构；2—中砂反滤层；3—卵石反滤层；

5—水泥/砂/碎石层；6—碎石夯实层；7—混凝土垫层；8—主体结构　　　4—集水管；5—水泥/砂/碎石层

图 3－2　盲沟排水构造（单位：mm）

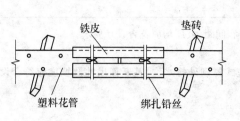

图 3—3 塑料花管接头做法

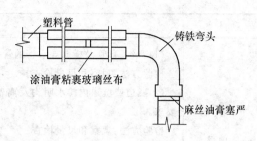

图 3—4 弯头做法

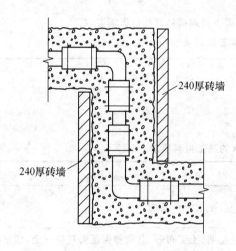

图 3—5 竖井做法

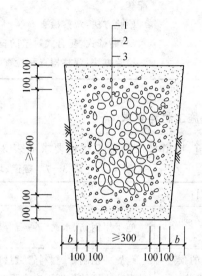

图 3—6 无管盲沟构造示意(单位:mm)

1—粗砂滤水层;2—小石子滤水层;3—石子滤水层

第二节 隧道、坑道排水

一、验收条文

隧道、坑道排水施工质量验收标准见表 3—6。

表 3—6 隧道、坑道排水施工质量验收标准

项目	内 容
主控项目	(1)盲沟反滤层的层次和料径必须符合设计要求。 检验方法:检查砂、石试验报告。 (2)无砂混凝土管、硬质塑料管或软式透水管必须符合设计要求。 检验方法:检查产品合格证和产品性能检测报告。 (3)隧道、坑道排水系统必须畅通。 检验方法:观察检查

项目	内 容
一般项目	(1)盲沟、盲管及横向导水管的管径、间距、坡度均应符合设计要求。 检验方法:观察和尺量检查。 (2)隧道或坑道内排水明沟及离壁式衬砌外排水沟,其断面尺寸及坡度应符合设计要求。 检验方法:观察和尺量检查。 (3)盲管应与岩壁或初期支护密贴,并应固定牢固;环向、纵向盲管接头宜与盲管相配套。 检验方法:观察检查。 (4)贴壁式、复合式衬壁的盲沟与混凝土衬砌接触部位应做隔浆层。 检验方法:观察检查和检查隐蔽工程验收记录

二、施工材料要求

隧道、坑道排水的施工材料要求见表3—7。

表3—7 隧道、坑道排水的施工材料要求

项目	内 容
钢筋、水泥、砂、石	施工用钢筋、水泥、砂、石等应经检验合格后方可使用
购置的预制管等	购置的预制管、塑料管、射钉、热塑性垫圈、土工布等,其质量保证资料应齐全,预制无砂混凝土管的强度不应小于3 MPa
塑料丝盲沟	环、纵向盲沟(管)宜采用塑料丝盲沟,其规格、性能应符合国家现行标准《软式透水管》(JC 937—2004)的有关规定
塑料排水板	塑料排水板的规格和性能应符合国家现行标准的有关规定

三、施工机械要求

隧道、坑道排水施工主要机具包括:手动葫芦、手风钻、风镐、矿车或自卸汽车、手提缝纫机、塑料爬焊机、热胶合机。

四、施工工艺解析

(1)隧道、坑道排水的贴壁式衬砌施工工艺见表3—8。

表3—8 隧道、坑道排水的贴壁式衬砌施工工艺

项目	内 容
盲沟设置	(1)盲沟宜设在衬砌与围岩间。拱顶部位设置盲沟困难时,可采用钻孔引流措施。 (2)盲沟沿洞室纵轴方向设置的距离,宜为5~20 m。

续上表

项　目	内　　容
盲沟设置	(3)盲沟断面的尺寸应根据渗水量及洞室超挖情况确定。 (4)盲沟宜先设反滤层,后铺石料,铺设石料粒径由围岩向衬砌方向逐渐减小。石料必须洁净、无杂质,含泥量不得大于2%。 (5)盲沟的出水口应设滤水篦子或反滤层,寒冷及严寒地区应采取防冻措施
盲管设置	(1)盲管(导水管)应沿隧道、坑道的周边固定于围岩表面。 (2)盲管(导水管)的间距宜为5~20 m,当水较大时,可在水较大处增设1~2道。 (3)盲管(导水管)与混凝土衬砌接触部位应外包无纺布作隔浆层
排水暗沟	排水暗沟可设置在衬砌内,宜采用塑料管或塑料排水带等
纵向排水盲管设置	(1)应与盲沟、盲管(导水管)连接畅通。 (2)纵向排水坡度应与隧道或坑道坡度一致。 (3)宜采用外包加强无纺布的渗水盲管,其管径由围岩渗漏水量的大小决定
横向导水管设置	(1)宜采用带孔混凝土管或硬质塑料管。 (2)间距宜为5~25 m。 (3)坡度宜为2%
排水明沟设置	(1)排水明沟的纵向坡度应与隧道或坑道坡度一致,但不得小于0.5%。 (2)排水明沟的断面尺寸视排水量大小确定。 (3)排水明沟应设盖板和检查井。 (4)在寒冷及严寒地区应有防冻措施
中心排水盲管设置	(1)中心排水盲管的直径应由渗漏水量大小决定,内径不得小于250 mm。 (2)中心排水盲管的纵向坡度和埋设深度应符合设计规定

(2)隧道、坑道排水的离壁式衬砌和衬套的施工工艺见表3—9。

表3—9　隧道、坑道排水的离壁式衬砌和衬套的施工工艺

项　目	内　　容
离壁式衬砌	(1)衬砌与岩壁间的距离。 1)拱顶上部宜为600~800 mm。 2)侧墙处不应小于500 mm。 (2)排水沟设置。衬砌拱部宜作卷材、塑料防水板、水泥砂浆等防水层。拱肩应设置排水沟,沟底预埋排水管或设排水孔,直径宜为50~100 mm,间距不宜大于6m。在侧墙和拱肩处应设检查孔,如图3—7所示。 (3)明沟。侧墙外排水沟应做明沟,其纵向坡度不应小于0.5%
衬套	(1)衬套应采用防火、隔热性能好的材料,接缝宜采用嵌填、黏结、焊接等方法密封。

项目	内　　容
衬套	（2）衬套外形应有利于排水，底板宜架空。 （3）离壁衬套与衬砌或围岩的间距不应小于 150 mm，在衬套外侧应设置明沟。半离壁衬套应在拱肩处设置排水沟

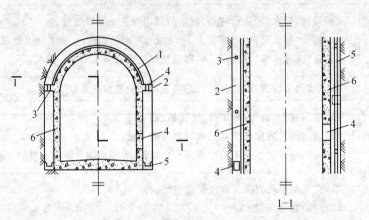

图 3－7　离壁式衬砌排水示意图

1－防水层；2－拱肩排水沟；3－排水孔；4－检查孔；5－外排水沟；6－内衬混凝土

第四章 注 浆 工 程

第一节 预注浆、后注浆

一、验收条文

预注浆、后注浆施工质量验收标准见表4-1。

表4-1 预注浆、后注浆施工质量验收标准

项 目	内　　　容
主控项目	(1)配制浆液的原材料及配合比必须符合设计要求。 检验方法:检查产品合格证、产品性能检测报告、计量措施和材料进场检验报告。 (2)预注浆和后注浆的注浆效果必须符合设计要求。 检验方法:采用钻孔取芯、压水(或空气)等方法检查
一般项目	(1)注浆孔的数量、布置间距、钻孔深度及角度应符合设计要求。 检验方法:尺量检查和检查隐蔽工程验收记录。 (2)注浆各阶段的控制压力和注浆量应符合设计要求。 检验方法:观察检查和检查隐蔽工程验收记录。 (3)注浆时浆液不得溢出地面和超出有效注浆范围。 检验方法:观察检查。 (4)注浆对地面产生的沉降量不得超过30 mm,地面的隆起不得超过20 mm。 检验方法:用水准仪测量

二、施工材料要求

预注浆、后注浆的施工材料要求见表4-2。

表4-2 预注浆、后注浆的施工材料要求

项 目	内　　　容
注浆材料	注浆材料应符合下列规定: (1)原料来源广,价格适宜; (2)具有良好的可灌性; (3)凝胶时间可根据需要调节; (4)固化时收缩小,与围岩、混凝土、砂土等有一定的黏结力; (5)固结体具有微膨胀性,强度应满足开挖或堵水要求; (6)稳定性好,耐久性强;

项　目	内　　容
注浆材料	(7)具有耐侵蚀性; (8)无毒、低毒、低污染; (9)注浆工艺简单,操作方便、安全
浆液	(1)预注浆和衬砌前围岩注浆,宜采用水泥浆液或水泥-水玻璃浆液,必要时可采用化学浆液。 (2)衬砌后围岩注浆,宜采用水泥浆液、超细水泥浆液或自流平水泥浆液等。 (3)回填注浆宜选用水泥浆液、水泥砂浆或掺有膨润土的水泥浆液。 (4)衬砌内注浆宜选用超细水泥浆液、自流平水泥浆液或化学浆液
水泥	水泥类浆液宜选用普通硅酸盐水泥,其他浆液材料应符合有关规定。浆液的配合比应经现场试验后确定

三、施工工艺解析

(1)预注浆施工工艺见表4-3。

表 4-3　预注浆施工工艺

项　目	内　　容
注浆工艺流程	注浆有单液和双液注浆两种流程,双液注浆又分为双液单注和双液双注两种。注浆的工艺流程如图4-1所示。 (1)单液注浆法是将注浆材料全部混合搅拌均匀后,用一台注浆泵注浆的系统。这种方法适用于凝胶时间大于30 min的注浆,如图4-1(a)所示。 (2)双液单注法是用两台注浆泵或一台双缸注浆泵,按一定比例分别压送甲、乙两种浆液,在孔口混合器混合后,再注入到岩层中。采用这种方法,浆液凝胶时间可缩短些(一般为几十秒到几分钟),如图4-1(b)所示。 (3)双液双注法是将两种浆液通过不同管路注入钻孔内,使其在钻孔内混合。这种方法,适于胶凝时间非常短的浆液。将甲、乙浆液分别压送到相邻的两个注浆孔中,然后进入岩层或砂粒之间孔隙混合而成凝胶,如图4-1(c)所示。两种浆液靠改变三通转芯阀,用单孔交替注入甲、乙两种浆液,在注浆孔内混合,如图4-1(d)所示
操作工艺	(1)施工程序。注浆施工必须以注浆设计为基础,根据注浆工艺流程和施工现场具体情况合理安排施工程序。 (2)钻孔。开孔时,要轻加压、慢速、大水量,防止把孔开斜,钻错方向。钻孔过程中应做好钻孔详细记录,如取岩芯钻进,应记录钻进进尺,起止深度,钻具尺寸,变径位置,岩石名称,岩石裂隙发育情况,出现的涌水位置及涌水量,终孔深度等。如不取岩芯钻进,应记录钻进进尺,起止深度,钻具尺寸和变径位置,特别注意钻孔速度快慢,涌水情况,由此判断岩石的好坏。

项　目	内　　容
操作工艺	如遇断层破碎带或软泥夹层等不良地层时,为取得准确详细的地质资料,可采用干钻或小水量钻进,甚至用双层岩芯管钻进。 　　在采用多台钻机同时钻进时要根据现场条件和注浆设备能力,做到钻进和注浆平行作业。多台钻机同时钻进注意事项,对钻机进行合理编组,按设计注浆孔的方向、角度、上下左右孔位,开孔时间先后错开,避免同时钻进,造成注浆时串浆,并做好预防串浆的措施。 　　(3)测定涌水量。当钻孔过程中,遇到涌水,应停机测定涌水量,以决定注浆方法。 　　(4)设置注浆管。根据钻孔出水位置和岩石好坏,确定注浆管上的止浆塞在钻孔内的位置。止浆塞应设在出水点岩石较完整的地段,以保证止浆塞受压缩产生横向变形与钻孔密封。如止浆塞位置不当,或未与钻孔密封,不仅浆液会外漏,而且会把注浆管推出孔外,造成事故。 　　(5)注水试验。利用注浆泵压注清水,经注浆系统进入受注岩层裂隙。注入量及注入压力须自小到大。压水时间视岩石裂隙状况而定,大裂隙岩石须 10～20 min,中、小裂隙约 15～30 min 或更长些。注水试验的主要目的是: 　　1)检查止浆塞的止浆效果。 　　2)把未冲洗净还残留在孔底或粘滞在孔壁上的杂物推到注浆范围以外,以保证浆液的密实性和胶结强度。 　　3)测定钻孔的吸水量,进一步核实岩层的透水性,为注浆选用泵量、泵压和确定浆液的配比提供参考数据。 　　(6)注浆。采用水泥—水玻璃浆液时,一般采用先单液后双液,由稀浆到浓浆的交替方法。要先开水泥浆泵,用水泥浆把钻孔中的水压回裂隙,再开水玻璃泵,进行双液注浆。注浆时,要严格控制两种浆液的进浆比例。一般水泥与水玻璃浆的体积比为 (1:1)～(1:0.6)。 　　注浆初期,孔的吸浆量大,采用水泥—水玻璃双液注浆,缩短凝结时间,控制扩散范围,以降低材料消耗和提高堵水效果。到注浆后期可采用单液水泥浆,以保证裂隙充堵效果。 　　对裂隙不太发育的岩层,可单用水泥浆,但浆不宜过稀,水灰比以(2:1)～(1:1)为宜,注浆压力要稍高,以便脱水结石。 　　当注浆压力和进浆量达到设计要求时,则可停止注浆,压注一定量的清水,然后拆卸注浆管,用水冲洗各种机械进行保养
施工注意事项	(1)注浆压力突然升高,应停止水玻璃注浆泵,只注入水泥浆或清水,待泵压恢复正常时,再进行双液注浆。 　　(2)由于压力调整不当而发生崩管时,可只用一台泵进行间歇性小泵量注浆,待管路修好后再行双液注浆。 　　(3)当进浆量很大,压力长时间不升高发生跑浆时,则应调整浆液浓度及配合比,缩短凝胶时间,进行小泵量、低压力注浆,以使浆液在岩层裂隙中有较长停留时间,以便凝胶;有时也可注注停停,但停注时间不能超过浆液的凝胶时间,当须停较长时间,则先停水玻璃泵,再停水泥浆泵,使水泥浆冲出管路,防止堵塞管路

项 目	内 容
施工效果检验	注浆后，为检验注浆堵水效果，在毛洞范围内钻3～5个检查孔取岩芯并测定渗漏水量。当在坚岩钻孔中渗漏水量为0.4 L/(min·m)，一处为10 L/min以上，在破碎岩层中渗漏水量为0.2 L/(min·m)，一处为10 L/min以上时，则应追加注浆钻孔，再进行注浆，直至达到小于上述指标为止。 　工程实践说明，采用水泥－水玻璃浆液水下隧道进行注浆，只要按设计要求钻孔与注浆，堵水率能达97%以上，从而为开挖创造了较好的条件

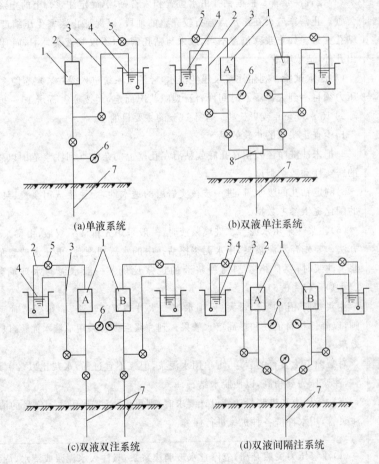

(a)单液系统　　　　　　　　(b)双液单注系统

(c)双液双注系统　　　　　　(d)双液间隔注系统

图4－1　注浆工艺流程图

1—注浆泵；2—吸浆管；3—回浆管；4—贮浆槽；5—调节阀；6—压力表；7—注浆管；8—混合器

（2）后注浆施工工艺见表4—4。

表4—4　后注浆施工工艺

项 目	内 容
注浆孔布置	（1）因回填注浆压力较小，采用的浆液无论是水泥沙浆或水泥黏土砂浆粘度都比较大，要求加密布孔。竖井一般为圆筒形结构，井壁受力比较均匀，浆孔布置形式对结构影

项目	内　　容
注浆孔布置	响不大,因此可以根据井壁后围岩破坏情况,空洞大小和位置、渗漏水量大小和位置,采取不均匀布孔。一般漏水地段孔距 3 m 左右,漏水严重时要加密,孔距 2 m 左右,梅花形排列。 　　(2)为避免地面冒浆,在离地面 3～4 m 左右不设注浆孔。在斜井和地道,应根据围岩情况、原回填好坏和渗漏水情况,注浆孔排距宜为 1～2.5 m、间距 5～10 m,呈梅花状排列。 　　(3)对于竖(斜)井的透水层,竖(斜)井与地道连接的地道处,不仅要减小孔距,而且要提高注浆压力,增加水泥用量,减少黏土和砂比例,使有较多的浆液注入透水层,尽量减少地下水沿井壁下渗进入地道。力求在地道和井口结合处外壁,注成一道体积较大的挡水帷幕,以封住下渗水的通路
注浆管埋设	注浆管结构和埋设方法如图 4—2 所示。 　　在土层中地道埋设注浆管的方法如图 4—3 所示。为了使浆液不直冲土壁,影响注浆效果,将伸向壁外一端钢管口焊死,在钢管上钻几排小槽或小孔。为了注浆时能较确切地反映注浆压力,钢管上开槽或孔的面积应大于或等于钢管总面积
注浆压力	回填注浆压力不宜过高,只要能克服管道阻力和回填块石层内阻力即可,因压力过高容易引起衬砌变形。一般采用注浆泵注浆时,紧接在注浆泵处的压力不要超过 0.5 MPa;采用风动砂浆泵注浆时,压缩空气压力不要超过 0.6 MPa。 　　在对被砖、石覆盖的土层之间回填注浆时,竖井注浆压力控制在 0.3～0.5 MPa,地道注浆控制在 0.2～0.3 MPa。这样基本上可以保证不跑浆,不危及工事本身结构安全,不影响地面建筑。但在低压下为保证注浆效果,应适当加密布孔
注浆操作	(1)注浆之前,清理注浆孔,安装好注浆管,保证其畅通,必要时应进行压水试验。 　　(2)注浆是一项连续作业,不得任意停泵,以防砂浆沉淀,堵塞管路,影响注浆效果。 　　(3)注浆顺序是由低处向高处,由无水处向有水处依次压注,以利于充填密实,避免浆液被水稀释离析。当漏水量较大时,应分段留排水孔,以免多余水压抵消部分注浆压力。最后处理排水孔。 　　(4)注浆时,必须严格控制注浆压力,防止大量跑浆和结构裂隙。在土层中注浆为压密地层(岩石地层无此作用),在衬砌外形成防水层和密实结构应掌握压压停停,低压慢注逐渐上升注浆压力的规律。因为注浆压缩土层,主要是土壤中孔隙或裂隙中水和空气被挤出,土颗粒产生相对位移,但孔隙和裂隙水的挤出,土颗粒移动靠拢都需要一定过程,经过一定时间。 　　(5)在注浆过程中,如发现从施工缝、混凝土裂缝、料石或砖的砌缝少量跑浆,可以采用快凝砂浆勾缝堵漏后继续注浆;当冒浆或跑浆严重时,应关泵停压,待二三天后进行第二次注浆。 　　(6)采用料石或砖垒砌的竖井、斜井或地道注浆前应先做水泥沙浆抹面防水,以免注浆时到处漏浆。 　　(7)在某一注浆管注浆时,邻近各浆管都应开口,让壁外地下水从邻近管内流出,当发现管内有浆液流出时,应马上关闭。

项 目	内 容
注浆操作	(8)注浆结束标准:当注浆压力稳定上升,达到设计压力,稳定一段时间(土层中要适当延长时间),不进浆或进浆量很少时,即可停止注浆,进行封孔作业。 (9)停泵后立即关闭孔口阀门进行封孔,然后拆除和清洗管路,待砂浆初凝后,再拆卸注浆管,并用高强度水泥砂浆将注浆孔填满捣实

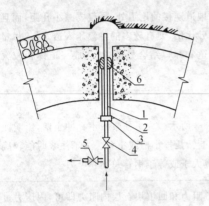

图4—2 注浆管埋设图

1—内管;2—外管;3—紧固螺母;
4—注浆阀;5—回浆阀;6—止浆塞

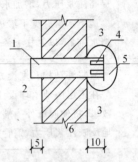

图4—3 深埋地道壁后注浆管埋设图(单位:mm)

1—钢管;2—工程内;3—土层;
4—小槽孔;5—掏空土壤;6—衬砌

第二节 结构裂缝注浆

一、验收条文

结构裂缝注浆施工质量验收标准见表4—5。

表4—5 结构裂缝注浆施工质量验收标准

项目	内 容
主控项目	(1)注浆材料及配合比必须符合设计要求。 检验方法:检查产品合格证、产品性能检测报告、计量措施和材料进场检验报告。 (2)结构裂缝注浆的注浆效果必须符合设计要求。 检验方法:观察检查和压水或压气检查,必要时钻取芯样采取劈裂抗拉强度试验等方法检查
一般项目	(1)注浆孔的数量、布置间距、钻孔深度及角度应符合设计要求。 检验方法:尺量检查和检查隐蔽工程验收记录。 (2)注浆各阶段的控制压力和注浆量应符合设计要求。 检验方法:观察检查、检查隐蔽工程验收记录

二、施工工艺解析

结构裂缝注浆的施工工艺见表4—6。

表 4—6 结构裂缝注浆的施工工艺

项目	内　容
施工准备	(1)清理混凝土表面、裂缝附近的浮尘与油污。利用小锤、钢丝刷和砂纸将修理面上的碎屑、浮渣、铁锈、油污等物除去,应注意防止在清理过程中把裂缝堵塞。裂缝处宜用蘸有丙酮或二甲苯的棉丝擦洗,一般不宜用水冲洗,因树脂与水接触起化学反应。如必须用水洗刷时应待水分完全干燥后方能进行下道工序。不允许使用酸洗或其他腐蚀性化学物质处理。 (2)布置注浆孔。注浆孔的位置、数量及其埋深,与被结构的漏水缝隙的分布、特点及其强度、注浆压力、浆液扩散范围等均有密切关系,合理地布孔是获得良好堵水效果的重要因素,其主要原则如下: 1)注浆孔位置的选择应使注浆孔的底部与漏水缝隙相交,选在漏水量最大的部位,以使导水性好(出水量大,几乎引出全部漏水)。一般情况下,水平裂缝宜沿缝下向上造斜孔;垂直裂缝宜正对缝隙造直孔。 2)注浆孔的深度不应穿透结构物,应留 10~20 cm 长度的安全距离。双层结构以穿透内壁为宜。 3)注浆孔的孔距应视漏水压力、缝隙大小、漏水量多少及浆液的扩散半径而定,一般为 50~100 cm。 (3)埋设注浆嘴。一般情况下,埋设的注浆嘴应不少于 2 个,即设一嘴为排水(气)嘴,另一嘴为注浆。如单孔漏水亦可顶水造 1 孔,埋 1 个注浆嘴。 1)压环式注浆嘴插入钻孔后,用扳手转动螺母,即压紧活动套管和压环,使弹性橡胶圈向孔壁四周膨胀并压紧,使注浆嘴与孔壁连接牢固。 2)楔入式注浆嘴缠麻后(缠麻处的直径应略大于孔直径),用锤将其打入孔内。 3)埋入式注浆嘴的埋设处,应先用钻子剔成孔洞,孔洞直径应比注浆嘴的直径大 3~4 cm。将孔洞内清洗干净,用快凝胶浆把注浆嘴稳固于孔洞内,其埋深应不小于 5 cm。 (4)封闭。要保证注浆的成功,必须使裂缝外部形成 1 个封闭体。 1)表面密封体系用于裂缝实施环氧树脂注浆的一面。若体系贯穿性裂缝,还必须在另一面使用表面密封体系。 2)贴布前应将混凝土的泡眼或凹凸不平处填平,然后用刷蘸稀腻子刷在混凝土表面上,停留 5~10 min 后将玻璃布贴上去,然后在布上再刷一遍稀腻子即可。 3)贴布时必须防止空鼓、起褶、不服帖等现象。玻璃布的宽度一般为 4~6 cm,裂缝必须居于布的中心。如玻璃布必须搭接时,接头长度不应小于 2 cm。 4)封闭的严密性是注浆成败的关键,通常只要不发生严重漏浆,注浆的质量是能够保证的。如果封闭不严密,一旦在施注过程中发生漏浆,不但需要停止工作去进行临时堵漏而浪费时间,而且再次注浆时极易形成局部缺浆而影响效果。 (5)试气。玻璃布贴完后 2~3 d 便可试气,试气有 3 个目的:

续上表

项 目	内 容
施工准备	1)通过压缩空气吹净残留于裂缝内的积尘; 2)检验裂缝的贯通情况; 3)检查封闭层有无漏气。 　　试气方法是将肥皂水满刷在闭层上,如漏气肥皂水起泡,漏气处须再用腻子修补。试气的压力一般在表压 0.3 MPa 以下,应做好详细记录,供注浆时分析判断之用
注浆操作	(1)根据试气记录确定裂缝内部的形状特征并制订施注计划。一般注浆应遵照自上而下或自一端向另一端循序渐进的原则,切不可倒行逆施,以免空气混入浆内影响浆液的密实性。 　　(2)注浆压力依据裂缝宽度、深度和浆液的黏度而定,较粗的缝(0.5 mm 以上)宜用 0.2~0.3 MPa 的压力,较细的缝宜用 0.3~0.5 MPa 的压力,并根据具体情况加以灵活的调整。 　　(3)表面密封体系需要一定的养护时间,必须达到足够的强度方可注浆。 　　(4)注浆分单液和双液两种方法,单液注浆通常采用气压顶浆法,双液注浆通常由两个计量齿轮泵将甲乙组分别加压混合后压入裂缝。 　　单液注浆时先将浆液倒入料罐,拧紧罐的密封盖,然后通气加压,使浆液通过与钢嘴相接合的插头进入缝隙。若浆液自邻近钢嘴冒出,立即用木塞堵住嘴眼,关住插头,取下插头,进浆嘴也用木塞封闭。然后将刚才冒浆的出口改为进浆口,按同样方式依次继续压罐,直至整条裂缝充满浆液为止。垂直缝上端往往因浆缝收缩而不饱满,可以二次注浆以弥补缺陷。 　　(5)注浆过程中,如发生漏浆情况,应用速凝材料立即堵漏止浆。常用的堵漏材料包括双快水泥净浆、水玻璃—水泥净浆、熟石膏、热熔松香、五矾防水剂等
收尾处理	(1)当裂缝完全充填,注入材料得到足够时间的养护,确认其不会从裂缝中溢出时,方可清除表面密封体系。 　　(2)彻底清除溢出在混凝土表面的固化材料和表面密封材料。 　　(3)裂缝表面应适当抛光,不得在埋设注入管的位置遗留凹坑或突起物。 　　(4)现场试验取芯孔的充填。该工序包括:试验双组分胶黏剂,手工拌制原注入浆液,击入适当的塞子,表面使用与混凝土一色、纹理相当的涂料等

第五章　卷材、涂膜防水屋面工程

第一节　屋面找平层

一、验收条文

(1)找平层的厚度和技术要求见表5—1。

表5—1　找平层的厚度和技术要求

类别	基层种类	厚度(mm)	技术要求
水泥砂浆找平层	整体混凝土	15~20	$V_{水泥}:V_{砂}=1:2.5\sim1:3$，水泥强度等级不低于32.5级
	整体或板状材料保温层	20~25	
	装配式混凝土板，松散材料保温层	20~30	
细石混凝土找平层	松散材料保温层	30~35	混凝土强度等级小低于C20
沥青砂浆找平层	整体混凝土	15~20	$m_{沥青}:m_{砂}=1:8$
	装配式混凝土板，整体或板状材料保温层	20~25	

(2)基层与突出屋面结构的交接处和基层的转角处，找平层均应做圆弧形，圆弧半径的要求见表5—2。

表5—2　转角处圆弧半径的要求

卷材种类	圆弧半径(mm)
沥青防水卷材	100~150
高聚物改性沥青防水卷材	50
合成高分子防水卷材	20

(3)屋面找平层施工质量验收标准见表5—3。

表5—3　屋面找平层施工质量验收标准

项目	内　　　容
主控项目	(1)找平层的材料质量及配合比，必须符合设计要求。 检验方法：检查出厂合格证、质量检验报告和计量措施。

项 目	内 容
主控项目	(2)屋面(含天沟、檐沟)找平层的排水坡度,必须符合设计要求。 检验方法:用水平仪(水平尺)、拉线和尺量检查
一般项目	(1)基层与突出屋面结构的交接处和基层的转角处,均应做成圆弧形,且整齐平顺。 检验方法:观察和尺量检查。 (2)水泥砂浆、细石混凝土找平层应平整、压光,不得有酥松、起砂、起皮现象;沥青砂浆找平层不得有拌和不匀、蜂窝现象。 检验方法:观察检查。 (3)找平层分格缝的位置和间距应符合设计要求。 检验方法:观察和尺量检查。 (4)找平层表面平整度的允许偏差为5 mm。 检验方法:用2 m靠尺和楔形塞尺检查

二、施工材料要求

屋面找平层的施工材料要求见表5—4。

表 5—4 屋面找平层的施工材料要求

项 目	内 容
水泥砂浆	(1)水泥。宜采用硅酸盐水泥、普通硅酸盐水泥,其强度等级不应小于32.5级。进场时应对其品种、强度等级、出厂日期等进行检查,并应对其强度、安全性及其他的性能指标进行抽样复验。当在使用中对水泥质量有怀疑或水泥出厂超过3个月(快硬硅酸盐水泥超过1个月)时,应复查试验,并按复验结果使用。不同品种的水泥,不得混合使用。 (2)砂。宜采用中砂或粗砂,含泥量应不超过设计规定。 (3)水。拌和用水宜采用饮用水
细石混凝土	(1)水泥。不低于42.5级的普通硅酸盐水泥。 (2)砂。宜用中砂,含泥量不大于3%,不含有机杂质,级配要良好。 (3)石。用于细石混凝土找平层的石子,最大粒径不应大于15 mm。含泥量应不超过设计规定。 (4)水。拌和用水宜采用饮用水。当采用其他水源时,水质应符合国家现行标准《混凝土拌和用水标准》(JGJ 63—2006)的规定
沥青砂浆	(1)沥青。采用60号甲、60号乙的道路石油沥青或75号普通石油沥青。 (2)砂。中砂,含泥量不大于3%,不含有机杂质。 (3)粉料。可采用矿渣、页岩粉、滑石粉等

三、施工机械要求

根据找平层施工机具选用:砂浆搅拌机或混凝土搅拌机、手推车、铁锹、铁抹子、水平刮械、水平尺。

四、施工工艺解析

(1)屋面找平层的施工范围和作业条件见表5—5。

表5—5 屋面找平层的施工范围和作业条件

项 目	内 容
适用范围	适用于工业与民用建筑防水基层采用水泥砂浆、细石混凝土或沥青砂浆的整体找平层施工
作业条件	(1)施工前,屋面结构层或保温层应进行检查验收合格,并办理手续。 (2)各种穿过屋面的预埋管件根部及排气道、女儿墙、暖气沟、伸缩缝等处的根部应按图纸及规范要求做好处理。 (3)根据设计规定的标高、坡度,找好规矩弹线(包括天沟、檐沟的坡度)。 (4)找平层施工时应将原表面清理干净,进行处理,有利于基层与找平的结合,如浇水湿润或喷涂沥青黏结料等。 (5)找平层的基层应平整,表面不得有冰层或积雪,当找平层基层采用装配式钢筋混凝土板时,施工找平层前应具备以下条件:板端、侧缝用细石混凝土灌缝密封处理。其强度等级不应低于 C20,如板缝宽度大于 40 mm 或上窄下宽时,板缝内应设置构造钢筋

(2)屋面找平层的施工工艺见表5—6。

表5—6 屋面找平层的施工工艺

项 目	内 容
基层处理	(1)基层清理:将结构层、保温层上面的松散杂物清扫干净,凸出基层表面的硬块剔平扫净,不得影响找平层的有效厚度,基层要求平整、密实、干净、干燥,不得有酥松、起砂、起皮现象。 (2)管根封堵:大面积做找平层前,应先将突出屋面的管根、变形缝、屋面暖沟墙根等部位按设计和施工规范要求进行封堵处理。 (3)如在板状保温层上作业时,应将板底垫实找平,不易填塞的立缝、边角破损处,宜用同类保温板的碎末填实填平。
抹水泥砂浆找平层	(1)洒水湿润:在抹找平层之前,应对基层洒水湿润,但不能用水浇透,应适当掌握,以达到找平层、保温层能牢固结合为度。设有保温层时不得浇水。 (2)对不易与找平材料结合的基层应做界面处理。

项　目	内　　容
抹水泥砂浆 找平层	（3）冲筋贴灰饼：根据坡度要求拉线找坡贴灰饼，顺排水方向和分水线方向冲筋，冲筋的间距为 1.5 m；设置找平层分格缝，宽度一般为 20 mm，并且将缝与保温层连通，在排水沟、水落口处找出泛水，冲筋后进行找平层抹灰。 （4）砂浆铺设应按由远到近、由高到低的顺序进行，在每分格板块内应一次连续铺抹，严格掌握坡度，可用 2 m 左右的刮杠找平。 （5）水泥砂浆找平层宜掺微膨胀剂，并留置分格缝，分格缝的宽度宜为 20 mm；预制屋面板上找平层分格缝的位置应留置在板端，其纵横间距：水泥砂浆或细石混凝土找平层不宜大于 6 m；分格缝内应嵌填密封材料。找平层分格缝可兼做排汽屋面的排汽道，排汽道应纵横连通并与排汽孔相通。排汽孔可设在檐口下或屋面排汽道交叉处，排汽孔应作防水处理，有保温层的，应将缝与保温层连通，如图 5—1 所示。 （6）找平层的排水坡度应符合设计要求。平屋面采用材料找坡宜为 2%；水落口 $R=500$ mm 范围内坡度宜为 5%；天沟、檐沟纵向找坡不应小于 1%，沟底水落差不得超过 200 mm。 （7）保温层（基层）与突出屋面结构（女儿墙、山墙变形缝、出汽孔等）的交接处和基层的转角处，找平层应做成圆弧形，圆弧半径应符合表 5—2 的要求。内排水的水落口周围，找平层应做成略低的凹坑。 （8）天沟、拐角、根部等处应在大面积抹灰前做好，有坡度要求的部位，必须满足排水要求。 （9）大面积抹灰在两筋中间铺砂浆（配合比应按设计要求），用抹子填平，然后用刮杠根据两边冲筋标高刮平，再用木抹子找平，然后用 2 m 直尺检查平整度。 （10）铁抹子压第二遍、第三遍：当水泥浆开始凝结，人踩上去有脚印但不下陷时用铁抹子压第二遍，要注意防止漏压，并将死坑、死角、砂眼抹平，当抹子压不出抹纹时即可找平、压实，完成第三遍抹压，这道工序宜在砂浆终凝前进行。砂浆的稠度应控制在 70 mm 左右。 （11）养护：找平层抹平，压实后，常温时在 24 h 后浇水保湿养护，养护时间不宜小于 7 d，干燥后即可进行防水层施工
冬期施工 技术措施	铺抹水泥砂浆时应依据气温和养护温度要求掺入防冻剂，其掺量由试验确定。按冬施方案采取有效的保温措施
排汽道要求 和做法	（1）排汽道应留设在预制板支撑边的拼缝处，其纵横向的最大间距为 6 m，道宽不宜大于 80 mm。 （2）屋面每 36 m² 宜设置一个排汽孔，排汽道应与排汽孔相互沟通，并与大气连通，不得堵塞，排汽孔应做防腐处理。 （3）找平层分格缝的位置应与保温层及排汽道位置一致，以便兼做排汽道。 （4）有保温层的做法：先确定排汽道的位置，走向及出汽孔的位置。在板状隔热保温层施工时，当粘铺板块时，应在已定的排汽道位置处拉开 80～140 mm 的通缝，缝内用大粒径、大孔洞炉渣填平，中间留设 12～15 mm 的通缝，再抹找平层。铺设防水层前，在排汽槽位置处，找平层上部附加宽度为 300 mm 单边点粘的卷材覆盖层。

项 目	内 容
排汽道要求 和做法	(5)有找平层无保温层屋面做法：先确定排汽道的位置、走向及出汽孔的位置。分格缝做排汽道的间距以 4～5 m 为宜,不宜大于 6 m,缝宽度 20 mm,铺设防水层前,缝上部附加宽度 250 m 单边点粘的卷材覆盖层
成本保护	(1)抹好的找平层上推小车运输时,应先铺脚手板车道,防止破坏找平层。 (2)水落口等部位应采取临时措施保护好,防止堵塞和杂物进入。 (3)找平层施工完毕,未达到一定强度时不得上人踩踏
应注意的 质量问题	(1)找平层起砂。 1)砂浆拌和配合比不准,水泥强度等级不够或不稳定。 2)抹压程度不足,养护过早、过晚,过早上人踩踏等均能引起找平层起砂。 (2)找平层空鼓、开裂。 1)所用砂子过细,基层表面清理不干净,施工前未浇水或浇水养护不够。 2)基底厚薄不均匀或施工中局部漏压。 3)屋面的转角处,出屋面管根和预埋件周围漏压或操作不够认真。 4)屋面倒泛水:冲筋时泛水坡没有找准确,或在铺灰时未用木杠找出泛水,铺灰厚度没按冲筋刮平顺,使泛水失去作用

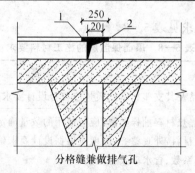

图 5-1 分格缝兼做排气孔构造(单位:mm)

1—干铺油毡条宽 250 mm;2—找平层分析缝做排汽层

第二节 屋面保温层

一、验收条文

屋面保温层施工质量验收标准见表 5-7。

表 5-7 屋面保温层施工质量验收标准

项 目	内 容
主控项目	(1)保温材料的堆积密度或表观密度、导热系数以及板材的强度、吸水率,必须符合设计要求。 检验方法:检查出厂合格证、质量检验报告和现场抽样复验报告。

项目	内　容
主控项目	(2)保温层的含水率必须符合设计要求。 检验方法:检查现场抽样检验报告
一般项目	(1)保温层的铺设应符合下列要求。 1)松散保温材料:分层铺设,压实适当,表面平整,找坡正确。 2)板状保温材料:紧贴(靠)基层,铺平垫稳,拼缝严密,找坡正确。 3)整体现浇保温层:拌和均匀,分层铺设,压实适当,表面平整,找坡正确。 检验方法:观察检查。 (2)保温层厚度的允许偏差:松散保温材料和整体现浇保温层为+10%,-5%;板状保温材料为±5%,且不得大于 4 mm。 检验方法:用钢针插入和尺量检查。 (3)当倒置式屋面保护层采用卵石铺压时,卵石应分布均匀,卵石的质(重)量应符合设计要求。 检验方法:观察检查和按堆积密度计算其质(重)量

二、施工材料要求

屋面保温层的施工材料要求见表 5—8。

表 5—8　屋面保温层的施工材料要求

项目	内　容
架空隔热制品	架空隔热制品及其支座材料的质量应符合设计要求及有关材料标准
保温材料	进厂的保温隔热材料抽样数量,应按使用的数量确定,同一批材料至少应抽样一次。 (1)板状保温材料:外观整齐,厚度应根据设计要求确定,使用前应按设计要求检查其表观密度、导热系数、含水率及强度。 1)板状制品表观密度为 400～500 kg/m³;导致系数为 0.07～0.08 W/(m·K);抗压强度应≥0.1 MPa。 2)加气混凝土板应符合《蒸压加气混凝土板》(GB 15762—2008)的规定。 3)板状保温材料的质量应符合表 5—9 的要求。 (2)沥青膨胀蛭石,沥青膨胀珍珠岩应采用机械搅拌,并应色泽一致,无沥青团,并符合相关标准的规定。 (3)硬质聚氨酯泡沫塑料应按配比准确计量,发泡厚度均匀一致,并符合《喷涂硬质聚氨酯泡沫塑料》(GB/T 20219—2006)的规定

表 5—9　板状保温材料的质量要求

项目	聚苯乙烯泡沫塑料类		硬质聚氨酯泡沫塑料	泡沫玻璃	微孔混凝土类	膨胀蛭石(珍珠岩)制品
	挤压	模压				
表观密度(kg/m³)	≥32	15～30	≥30	≥150	500～700	300～800

续上表

项目	聚苯乙烯泡沫塑料类		硬质聚氨酯泡沫塑料	泡沫玻璃	微孔混凝土类	膨胀蛭石(珍珠岩)制品
	挤压	模压				
导热系数[W/(m·K)]	≤0.03	≤0.041	≤0.027	≤0.062	≤0.22	≤0.26
抗压强度(MPa)	—	—	—	≥0.4	≥0.4	≥0.3
在10%形变下的压缩应力(MPa)	≥0.15	≥0.06	≥0.15	—	—	—
70℃,48 h后尺寸变化率(%)	≤2.0	≤5.0	≤5.0	≤5.0	—	—
吸水率(V/V,%)	≤1.5	≤6	≤3	≤0.5	—	—
外观质量	板的外形基本平整,地严重凹凸不平;厚度允许偏差为5%,且不大于4 mm					

三、施工机械要求

屋面保温层的施工主要机械包括:一般应备有相应的搅拌、喷涂、检测等设备以及常用铁锹(平锹)、木刮杠、水平(准)尺、手推车、木拍子。

四、施工工艺解析

(1)屋面保温层施工的适用范围和作业条件见表5—10。

表5—10　屋面保温层施工的适用范围和作业条件

项目	内　　容
适用范围	适用于具有保温隔热要求的屋面,采用整体和板状保温材料的屋面工程施工
作业条件	(1)铺设保温材料的基层施工完成后,将基层表面清理干净,满足材料作业的温度、湿度要求,需要涂刷界面剂的基层应涂刷界面剂,经检查验收合格办理相关手续后,方可进行下道工序。 (2)有隔汽层要求的屋面,应先将基层清扫干净,按设计要求和施工规范规定,铺设隔汽层。 (3)铺设隔汽层的基层表面,应干燥、平整,不得有松散、开裂、起鼓等缺陷。 (4)穿过结构的管根部位,应用细石混凝土填塞密实,以使管子固定。 (5)板状保温材料运输、存放应注意保护,防止损坏和受潮

(2)屋面保温层的施工工艺见表5—11。

表5—11　屋面保温层的施工工艺

项目	内　　容
基层处理	(1)基层清理:预制或现浇混凝土的基层表面,应将尘土、杂物等清理干净。

续上表

项 目	内 容
基层处理	(2)弹线找坡:按设计坡度及流水方向,找出屋面坡度走向,确定保温层的厚度范围。 (3)穿过屋面和墙面等结构的管根部位,应用细石混凝土(内掺3%微膨胀剂)填塞密实,将管根固定。 (4)保温材料的运输、存放应注意防潮,防止被损和污染,雨天作业要防止水漫或雨淋。 (5)铺设隔汽层:应按设计要求或规范规定铺好隔汽层
保温层作业	(1)整体现浇保温层铺设。 1)使用前必须过筛,控制含水率。保温材料的结构表面应干燥、洁净,保温材料应分层铺设,适当压实,压实程度应根据设计要求的密度由试验确定。每行步铺设厚度不宜大于150 mm,其压实的程度及厚度应经试验确定,完工后保温层允许偏差为+10%,-5%,压实后的屋面保温层不得直接推车行走和堆积重物。 2)膨胀蛭石保温层:蛭石粒径一般为3~15 mm,铺设时使膨胀蛭石的层理平面与热流垂直。 (2)板状保温层铺设。 1)干铺板状保温层:直接铺设在结构层或隔汽层上,如图5-2所示,分层铺设时上下两层板缝应错开,表面两块相邻的板边厚度应一致。一般在板状保温层上用松散料湿作找坡。  图5-2 板状保温层屋面 2)黏结铺设板状保温层:板状保温材料用黏结材料平粘在屋面基层上,一般用水泥、石灰混合砂浆;聚苯板材料应用沥青胶结料粘贴
倒置式屋面	倒置式屋面保温材料应采用吸水率小、长期浸水不腐烂的保温材料,找坡坡度不应小于2%。保温材料上应用混凝土等块材、水泥砂浆或卵石做保护层如图5-3所示;其防水层要平整,不得有积水现象

续上表

项目	内　　容
倒置式屋面	保护层 保温层 防水层 冷底子油或隔汽层 结构层 图5－3　倒置式屋面
成品保护	(1)隔汽层铺设前,应将基层表面的砂粒、硬块等杂物清扫干净,防止铺贴时损伤隔汽层。 (2)在已铺好的松散、板状或整体保温层上不得直接行走、运输小车,行走线路应铺垫脚手板。 (3)保温层施工完成后,应及时铺抹找平层,以减少受潮和进水,尤其在雨季施工,更要及时采取苦盖措施
应注意的质量问题	(1)保温隔热层功能不良:保温材料密度过大,颗粒和粉末含量比例不均匀,铺设前含水量大,未充分晾干。使用前的材料应严格按照有关标准选择,加强保管和处理,对不符合规范要求的材料,不得使用。 (2)铺设厚度不均匀:松散材料铺设时移动、堆积,找坡不均;抹找平层的方法不当,压实过程中挤压了保温层;分层铺设时,应掌握好各层的厚度,认真进行操作。 (3)保温层边角处质量问题:边线不直,边楂不齐整,影响找坡、找平和排水。 (4)板状保温材料铺贴不实:影响保温、防水效果,造成找平层裂缝。应严格达到规范和验评标准的质量要求,严格验收管理

第三节　卷材防水层

一、验收条文

(1)卷材厚度选用要求见表5－12。

表5－12　卷材厚度选用要求

屋面防水等级	设防道数	合成高分子防水卷材	高聚物改性沥青防水卷材	沥青防水卷材
Ⅰ级	三道或三道以上设防	不应小于1.5 mm	不应小于3 mm	—
Ⅱ级	二道设防	不应小于1.2 mm	不应小于3 mm	—

屋面防水等级	设防道数	合成高分子防水卷材	高聚物改性沥青防水卷材	沥青防水卷材
Ⅲ级	一道设防	不应小于1.2 mm	不应小于4 mm	三毡四油
Ⅳ级	一道设防	—	—	二毡三油

(2)各种卷材搭接宽度见表5—13。

表5—13　各种卷材搭接宽度　　　　　　　　　　　（单位:mm）

卷材种类	铺贴方法		短边搭接		长边搭接	
			满粘法	空铺、点粘、条粘法	满粘法	空铺、点粘、条粘法
沥青防水卷材			100	150	70	100
高聚物改性沥青防水卷材			80	100	80	100
合成高分子防水卷材	胶黏剂		80	100	80	100
	夹芯板		50	60	50	60
	单缝焊		60,有效焊接宽度不小于25			
	双缝焊		80,有效焊接宽度10×2+空腔宽			

(3)卷材防水层施工质量验收标准见表5—14。

表5—14　卷材防水层施工质量验收标准

项目	内　容
主控项目	(1)卷材防水层所用卷材及其配套材料,必须符合设计要求。 检验方法:检查出厂合格证、质量检验报告和现场抽样复验报告。 (2)卷材防水层不得有渗漏或积水现象。 检验方法:雨后或淋水、蓄水检验。 (3)卷材防水层在天沟、檐沟、檐口、水落口、泛水、变形缝和伸出屋面管道的防水构造,必须符合设计要求。 检验方法:观察检查和检查隐蔽工程验收记录
一般项目	(1)卷材防水层的搭接缝应粘(焊)结牢固,密封严密,不得有皱折、翘边和鼓泡等缺陷;防水层的收头应与基层黏结并固定牢固,缝口封严,不得翘边。 检验方法:观察检查。 (2)卷材防水层上的撒布材料和浅色涂料保护层应铺撒或涂刷均匀,黏结牢固;水泥砂浆、块材或细石混凝土保护层与卷材防水层间应设置隔离层;刚性保护层的分格缝留置应符合设计要求。 检验方法:观察检查。 (3)排汽屋面的排汽道应纵横贯通,不得堵塞。排汽管应安装牢固,位置正确,封闭严密。 检验方法:观察检查。 (4)卷材的铺贴方向应正确,卷材搭接宽度的允许偏差为-10 mm。 检验方法:观察和尺量检查

二、施工材料要求

(1)沥青防水卷材的施工材料要求——石油沥青纸胎油毡见表5—15。

表5—15　沥青防水卷材的施工材料要求——石油沥青纸胎油毡

项目	内　　容
含义	石油沥青纸胎油毡(简称纸胎沥青油毡)系采用低软化点石油沥青浸渍原纸,然后用高软化点石油沥青涂盖油纸两面,再涂布或撒以隔离材料而成的一种纸胎防水卷材
特点	(1)分类。油毡按卷重和物理性能分为Ⅰ型、Ⅱ型和Ⅲ型。 (2)规格。油毡幅宽为1 000 mm,其他规格可由供需双方商定。 (3)卷重。每卷油毡的卷重应符合表5—16的规定。 (4)面积。每卷油毡的总面积为(20±0.3)m²。 (5)石油沥青纸胎油毡的物理性能见表5—17
外观质量	(1)成卷的油毡宜卷紧、卷齐,端面里进外出不得超过10 mm。 (2)成卷油毡在环境温度10℃～45℃任一产品温度下展开,距卷芯1000 mm长度外不应有10 mm以上的裂纹或黏结。 (3)纸胎必须浸透,不应有未被浸透的浅色斑点。不应有胎基外露和涂油不均。 (4)毡面不应有孔洞、硌伤,长度20 mm以上的疙瘩、浆糊状粉浆、水迹,不应有距卷芯1 000 mm以外长度100 mm以上的折纹、折皱;20 mm以内的边缘裂口、深20 mm以内的缺边不应超过4处。 (5)每卷的接头不应超过一处,其中较短的一段不应小于2 500 mm,接头处应剪切整齐,并加长150 mm,每批卷材中接头不应超过5%

表5—16　每卷油毡的卷重

类型	Ⅰ型	Ⅱ型	Ⅲ型
卷重(kg/卷),≥	17.5	22.5	28.5

表5—17　物理性能

项目		指标		
		Ⅰ型	Ⅱ型	Ⅲ型
单位面积浸涂材料总量(g/m²),≥		600	750	1 000
不透水性	压力(MPa),≥	0.02	0.02	0.10
	保持时间(min),≥	20	30	30
吸水率(%),≤		3.0	2.0	1.0
耐热度		(85±2)℃,2 h涂盖层无滑动、流淌和集中性气泡		
拉力(纵向)(N/50 mm),≥		240	270	340

续上表

项目	指标		
	Ⅰ型	Ⅱ型	Ⅲ型
柔度	(18±2)℃，绕 φ20 mm 棒或弯板无裂纹		

注：Ⅲ型产品物理性能要求为强制性的，其余为推荐性的。

（2）沥青防水卷材的施工材料要求——石油沥青玻璃布油毡见表 5—18。

表 5—18　沥青防水卷材的施工材料要求——石油沥青玻璃布油毡

项目	内　容
含义	石油沥青玻璃布油毡(简称玻璃布沥青油毡)系用玻璃纤维经纺织而成的玻璃布为胎基，浸涂石油沥青并在其表面撒布矿物材料所制成的一种防水卷材。由于玻璃布沥青油毡的抗拉强度、耐久性都比纸胎沥青油毡优越，而且胎体不易腐烂，可满足防水、防腐蚀及耐久性要求较高的各类防水工程。除可作为防水、防潮层外，还可作为防腐的保护层，并且适用于纸胎沥青油毡作防水层时的增强层以及突出部位的防水层
技术要求	玻璃布沥青油毡幅宽为 1 000 mm。每卷油毡面积为(20±0.3)m²，油毡重量应不小于 15 kg(卷重包括不大于 0.5 kg 的硬质卷芯)
外观质量	(1)成卷的油毡应卷紧。 (2)成卷的油毡在 5℃～45℃的环境温度下应易于展开，不得有黏结和裂纹。 (3)浸涂材料应均匀、致密地浸涂玻璃布胎基。 (4)油毡表面必须平整，不得有裂纹、孔洞、扭曲、扭曲折纹。 (5)涂布或撒布材料均匀、致密地粘附于涂盖层两面。 (6)每卷油毡的接头不应超过一处，其中较短的一段不得少于 2 000 mm。接头处应剪切整齐，并加长 150 mm 备作搭接

（3）沥青防水卷材的施工材料要求——石油沥青玻璃纤维胎油毡见表 5—19。

表 5—19　沥青防水卷材的施工材料要求——石油沥青玻璃玻璃纤维胎油毡

项目	内　容
含义	石油沥青玻璃纤维胎油毡(简称玻纤胎沥青油毡)系采用玻璃纤维薄毡为胎基，用氧化的石油沥青浸涂两面，表面涂撒矿物料或覆盖聚乙烯等隔离材料所制成的一种沥青防水卷材。由于此类油毡具有良好的耐水性、耐腐蚀性和耐久性，故适用于屋面及地下工程防水，也可作为防腐层或金属管道的防腐保护层。另因这种油毡质地柔软，故在阴阳角部位施工时，边角不易翘曲，并易于粘贴牢固
特点	(1)类型。 1)产品按单位面积质量分为 15、25 号。 2)产品按上表面材料分为 PE 膜、砂面，也可按生产厂要求采用其他类型的上表面材料。 3)产品按力学性能分为Ⅰ型和Ⅱ型。 (2)规格。卷材公称宽度为 1 m，卷材公称面积为 10 m²、20 m²

项目	内　　容
外观要求	(1)成卷卷材应卷紧、卷齐,端面里进外出不得超过 10 mm。 (2)胎基必须浸透,不应有未被浸透的浅色斑点,不应有胎基外露和涂油不均。 (3)卷材表面应平整,无机械损伤、疙瘩、气泡、孔洞、黏着等可见缺陷。 (4)20 mm 以内边缘裂口或长 50 mm、深 20 mm 以内的缺边不超过 4 处。 (5)成卷卷材在 10℃～45℃的任一产品温度下,应易于展开,无裂纹或黏结,在距卷芯 1 000 mm 长度外不应有 10 mm 以上的裂纹或黏结。 (6)每卷接头处不应超过 1 个,接头应剪切整齐,并加长 150 mm 作为搭接
单位面积质量、材料性能	单位面积质量应符合表 5-20 的规定,材料性能应符合表 5-21 的规定

表 5-20 单位面积质量

标号	15 号		25 号	
上表面材料	PE 膜面	砂面	PE 膜面	砂面
单位面积质量(kg/m²),≥	1.2	1.5	2.1	2.4

表 5-21 材料性能

项目		指标	
		Ⅰ 型	Ⅱ 型
可溶物含量(g/m²),≥	15 号	700	
	25 号	1 200	
	试验现象	胎基不燃	
拉力(N/50 mm),≥	纵向	350	500
	横向	250	400
耐热性		85℃	
		无滑动、流淌、滴落	
低温柔性		10℃	5℃
		无裂缝	
不透水性		0.1 MPa,30 min 不透水	
钉杆撕裂强度(N),≥		40	50
热老化	外观	无裂纹、无起泡	
	拉力保持率(%),≥	85	
	质量损失率(%),≤	2.0	
	低温柔性	15℃	10℃
		无裂缝	

(4)沥青防水卷材的施工材料要求——石油沥青麻布油毡见表5—22。

表 5—22   沥青防水卷材的施工材料要求——石油沥青麻布油毡

项目	内 容
含义	石油沥青麻布油毡是用麻布做胎基,先涂低软化点的石油沥青,再在两面涂高软化点的沥青胶,并覆盖一层矿物质隔离材料,制成的一种沥青防水卷材。其抗拉强度高,耐水性好,但胎体材料易腐烂
产品分类	(1)规格。按幅宽分为 1 000 mm 和 1 200 mm 两种。油毡的厚度为 2.2~2.4 mm。 (2)品种。根据所用隔离材料的不同,分为粉状、砂粒、绿豆岩等品种。 (3)标号。用 300 g/m² 的麻布胎体生产的石油沥青麻布油毡,标号为 J300。 (4)用途。石油沥青麻布油毡可用于要求较严格的防水层及要求抗拉强度高或有结构变形的防水工程中
技术指标	(1)每卷质量为 20~25 kg。 (2)外观质量要求: 1)成卷油毡应卷紧、卷齐,防止端面里进外出。 2)油毡表面涂盖沥青应均匀,经涂盖的麻布应无孔眼、皱褶及其他外观缺陷。 3)为防止成卷油毡存放时挤压,应加硬质卷芯。 (3)每卷面积为(10±0.3)m²

(5)沥青防水卷材的施工材料要求——铝箔面石油沥青防水卷材见表5—23。

表 5—23   沥青防水卷材的施工材料要求——铝箔面石油沥青防水卷材

项目	内 容
适用范围	适用于以玻纤毡为胎基,浸涂石油沥青,其上表面用压纹铝箔,下表面采用细砂或聚乙烯膜作为隔离材料的防水卷材
特点	铝箔面石油沥青防水卷材幅宽为 1 000 mm,每卷卷材的面积偏差不超过标称面积的 1%,其厚度根据不同标号可分为:30 号铝箔面卷材的厚度不小于 2.4 mm;40 号铝箔面卷材的厚度不小于3.2 mm。其卷重应符合表 5—24 的要求
外观要求	(1)成卷卷材应卷紧卷齐,卷筒两端厚度差不得超过 5 mm,端里面进外出不超过 10 mm。 (2)成卷卷材在(10~45)℃任一产品温度下展开,在距卷芯 1 000 mm,长度外不应有 10 mm 以上的裂纹或黏结。 (3)胎基应浸透,不应有未被浸渍的条纹,铝箔应与涂盖材料黏结牢固,不允许有分层和气泡现象,铝箔表面应花纹整齐,无污迹、折皱、裂纹等缺陷,铝箔应为轧制铝,不得采用塑料镀铝膜。 (4)在卷材覆铝箔的一面沿纵向留(70~100)mm 无铝箔的搭接边,在搭接边上可撒细砂或覆聚乙烯膜。 (5)卷材表面平整,不允许有孔洞、缺边和裂口。 (6)每卷卷材接头不多于一处,其中较短的一段不应少于 2 500 mm,接头应剪切整齐,并加长 150 mm

表5-24 铝箔面油毡的卷重 （单位：kg/m³）

标号	30号	40号
单位面积质量，≥	2.85	3.85

(6)高聚物改性沥青防水卷材的施工材料要求——SBR改性沥青防水卷材见表5-25。

表5-25 高聚物改性沥青防水卷材的施工材料要求——SBR改性沥青防水卷材

项目	内　　容
含义	SBR改性沥青防水卷材系采用玻纤毡或者聚酯无纺布为胎体，浸涂SBR改性沥青，上表面撒布矿物粒、片料或覆盖聚乙烯膜，下表面撒布细砂或覆盖聚乙烯膜所制成的可卷曲片状防水材料
特点	(1)SBR改性沥青防水卷材按可溶物含量和物理性能分为一等品和合格品两个等级，其品种规格：依据卷材使用的胎体分为玻纤毡胎SBR改性沥青防水卷材和聚酯无纺布胎SBR改性沥青防水卷材两个品种，卷材幅宽为1 000 mm一种规格。 (2)SBR改性沥青防水卷材以10 m²卷材的标称质量作为卷材的标号。玻纤毡胎的卷材分为25号、35号和45号3种标号；聚酯无纺布胎的卷材分为35号、45号和55号3种标号。 (3)SBR改性沥青防水卷材的适用范围，除适用于一般工业与民用建筑工程防水外，尤其适用于高层建筑的屋面和地下工程的防水防潮以及桥梁、停车场、游泳池、隧道、蓄水池等建筑工程的防水。其中35号及其以下的品种适用于多叠层防水；45号及其以上的品种适用于单层防水或高级建筑工程多叠层防水中的面层，并可采用热熔法施工。 SBR改性沥青防水卷材的面积、卷材质量、厚度及外观与SBS改性沥青防水卷材中相应部分相同

(7)高聚物改性沥青防水卷材的施工材料要求——PVC改性煤焦油砂面防水卷材见表5-26。

表5-26 高聚物改性沥青防水卷材的施工材料要求——PVC改性煤焦油砂面防水卷材

项目	内　　容
含义	PVC是塑料聚氯乙烯的代号。PVC改性煤焦油砂面卷材是以玻纤毡为胎体，两面涂覆PVC改性的煤焦油，并在油毡的上表面撒以各种彩砂粒料，下表面粘贴PVC薄膜做隔离材料，经加工制成的一种防水卷材
特点	(1)低温性能好，有一定的伸长率。 (2)具有良好的耐热性，可冷粘、热粘施工。 (3)卷材表面有各种彩砂，色彩多，能美化环境
用途	PVC改性煤焦油砂面防水卷材适用于各种工业与民用建筑的外露和带保护层的屋面、地下、室内防潮等防水工程

(8)PVC 改性煤焦油砂面防水卷材的规格及技术要求见表 5－27。

表 5－27　PVC 改性煤焦油砂面防水卷材的规格及技术要求

项目	技术要求
外观	成卷卷材宜卷紧、卷齐，卷筒两端厚度差不得超过 15 mm，端面里进外出不得超过 10 mm。 　　卷材适用环境温度为－10℃～40℃，在此温度范围内，应易于展开，无粘卷现象。 　　卷材面应平整，无孔洞、裂纹、皱褶、楞伤等，布砂均匀，不得有漏布脱砂现象
边直度	与直线相距不大于 20 mm
平面度	超出平面不大于 5 mm
质量	每卷不少于 26.5 kg
长度	每卷为(10±0.15)m，每百卷允许有接头卷 2 卷
幅宽	卷材幅宽为 1 m

(9)高聚物改性沥青防水卷材的施工材料要求——再生胶改性沥青防水卷材见表 5－28。

表 5－28　高聚物改性沥青防水卷材的施工材料要求——再生胶改性沥青防水卷材

项目	内　　容
含义	再生胶改性沥青防水卷材是再生橡胶粉中掺入适量石油沥青和化学助剂，进行高温高压处理后，再掺入一定数量的填充料，经压延而制成的一种无胎基防水材料。其延伸率大，低温柔韧性好，耐腐蚀性强，耐水性好，耐热稳定性好，可单层冷施工，价格低廉
特点	(1)耐高、低温性能好，能在－20℃～80℃之间正常使用。 　　(2)伸长率大，能适应基层局部变形的需要。 　　(3)自重轻，抗老化性能好，耐腐蚀性强。 　　(4)使用寿命长(10～15 年)，是纸胎油毡的 2～3 倍，而价格与纸胎油毡相近。显然，使用这种卷材，可降低防水层的维修费用。 　　(5)施工简单，无污染。可采用冷粘法施工
用途	再生胶改性沥青防水卷材，适用于屋面及地下接缝和满铺防水层，尤其适用于有保护层的屋面或基层沉降较大的建筑物变形缝处的防水

(10)再生胶改性沥青防水卷材的规格及技术要求见表 5－29。

表 5－29　再生胶改性沥青防水卷材的规格及技术要求

项目	技术要求
外观	成卷卷材应卷紧，两端平齐。 　　表面无孔洞、皱褶或刻痕等缺陷。 　　每 1 m² 卷材上，直径为 3～5 mm 的疙瘩不得超过 3 个，直径为 3～5 mm 的气泡或因气泡破裂而造成的痕迹不得超过 3 个。

续上表

项目	技术要求
外观	每卷卷材接头不得超过一个,较短的一段不得小于 3 m,并加长 150 mm 备作搭接。 撒布材料均匀,卷材铺开后不应有黏结现象
长度(m)	20±0.3
厚度(mm)	1.4±0.2
幅度(mm)	1 000±10
每卷面积(m^2)	20±0.3
每卷质量(kg)	34±2

(11)高聚物改性沥青防水卷材的施工材料要求——废橡胶粉改性沥青防水卷材见表5—30。

表 5—30　高聚物改性沥青防水卷材的施工材料要求——废橡胶粉改性沥青防水卷材

项目	内　容
含义	废橡胶粉改性沥青防水卷材是用 350 g/m^2 的油毡原纸作胎体,用废橡胶粉改性沥青做涂覆层,用滑石粉做撒布料,用传统沥青油毡的生产工艺制成的一种防水卷材
特点	废橡胶粉改性沥青防水卷材抗拉强度、低温柔韧性都比纸胎油毡有明显提高,适用于寒冷地区的一般建筑防水工程
用途	使用于寒冷地区的屋面防水工程。通常情况下叠层使用

(12)废橡胶粉改性沥青防水卷材的规格及技术要求见表5—31。

表 5—31　废橡胶粉改性沥青防水卷材的规格及技术要求

项目	技术要求
外观	在−10℃～45℃的条件下,卷材应易于展开,无黏结现象。其余的外观要求同纸胎油毡
每卷质量(kg)	不小于 28.5
每卷面积(m^2)	20±0.3

(13)合成高分子防水卷材的材料要求——三元乙丙橡胶防水卷材见表5—32。

表 5—32　合成高分子防水卷材的材料要求——三元乙丙橡胶防水卷材

项目	内　容
含义	三元乙丙橡胶防水卷材是以乙烯、丙烯和双环戊二烯 3 种单体共聚合成的三元乙丙橡胶为主体,掺入适量的丁基橡胶、硫化剂、促进剂、软化剂、补强剂和填充剂等,经过配料、密炼、拉片、过滤、挤出(或压延)成型、硫化、检验、分卷、包装等工序,加工制成的高档防水材料

续上表

项目	内　　　容
特点	(1)耐老化性能高,使用寿命长。三元乙丙橡胶分子结构中的主链上没有双键,而其他类型的橡胶或塑料等高分子材料的结构中主链上有双键,因此,当三元乙丙橡胶受到臭氧、紫外线、湿热的作用时主链不易发生断裂,这是它的耐老化性能高的根本原因。一般情况下,三元乙丙橡胶防水卷材的使用寿命长达 40 年。 (2)拉伸强度高、延伸率大。三元乙丙橡胶防水卷材的拉伸强度高、断裂延伸率相当于石油沥青纸胎油毡伸长率的 300 倍。因此,它的抗裂性能好,能适应防水基层的伸缩或局部开裂变形的需要。 (3)耐高温、低温性能好。三元乙丙橡胶防水卷材在低温 -40℃~-48℃ 时仍不脆裂,在高温 80℃~120℃(加热 5 h)时仍不起泡、不黏结。因此,它具有很好的耐高、低温性能,可在严寒和酷热的环境下长期使用。 (4)施工简单方便。三元乙丙橡胶防水卷材可以采用单层冷黏结施工,改变了传统的多层"二毡三油一砂"、"三毡四油一砂"、热施工的沥青油毡防水做法,简化了施工程序,提高了劳动效率
用途	三元乙丙橡胶防水卷材属于高档防水材料,适用于工业与民用建筑屋面做单层外露防水,也适用于有保护层的屋面、地下室、游泳池、隧道与市政工程防水;与其他防水材料组成复合防水层,可用于防水等级为 Ⅰ、Ⅱ 级的屋面、地下室或屋顶、楼层游泳池、喷水池的防水工程

(14)三元乙丙橡胶防水卷材的规格见表5—33。

表5—33　　三元乙丙橡胶防水卷材的规格

厚度		宽度		长度	
规格(mm)	允许偏差(%)	规格(mm)	允许偏差(mm)	规格(mm)	允许偏差(mm)
1.0,1.2	+15	1 000	不允许 出现负值	2 000	不允许 出现负值
1.5,2.0	-10	1 200			

(15)三元乙丙橡胶防水卷材表面允许缺陷见表5—34。

表5—34　　三元乙丙橡胶防水卷材表面允许缺陷

缺陷名称	一级品	二级品
杂质、砂眼	深度不得超过标准板厚的 5%,每个面积不得超过 3 mm²,每卷不超过 2 处	深度不得超过标准板厚的 10%,每个面积不超过 8 mm²,每卷不超过 12 处
起泡	深度不得超过标准板厚的 5%,每个面积不得超过 4 mm²,每卷不超过 2 处	深度不得超过标准板厚的 10%,每个面积不得超过 10 mm²。不得有透光,每卷不超过 5 处
每卷接头	不允许	每卷中最短的片材长度不得小于 5 m,接头不超过 2 处

(16)合成高分子防水卷材的材料要求——丁基橡胶防水卷材见表5—35。

表5—35 合成高分子防水卷材的材料要求——丁基橡胶防水卷材

项目	内 容
含义	丁基橡胶防水卷材是以合成丁基橡胶为主要原料,加入防老化剂、促进剂、填充料等,经反复混炼后压延而成的一种中高档高分子防水卷材
特点	丁基橡胶防水卷材具有较好的延伸率和耐高低温性能,采用冷粘法施工极为方便
用途	丁基橡胶防水卷材适用于屋面、墙面、地下室的防水

(17)丁基橡胶防水卷材的规格及技术要求见表5—36。

表5—36 丁基橡胶防水卷材的规格及技术要求

项目	技术要求
外观	成卷卷材应卷紧、卷齐,两端平齐。 表面无孔洞、皱褶或刻痕等缺陷。 疙瘩的直径与数量应符合企业标准中规定的要求,但不允许正反面同一位置上并存疙瘩。 卷材铺开后不应有黏结现象
长度(m)	12±0.3
厚度(mm)	1.1±0.1,1.4±0.1
宽度(mm)	890±10
等级	合格品

(18)合成高分子防水卷材的材料要求——氯硫化聚乙烯防水卷材见表5—37。

表5—37 合成高分子防水卷材的材料要求——氯硫化聚乙烯防水卷材

项目	内 容
含义	氯硫化聚乙烯防水卷材(简称CSP)是以氯硫化聚乙烯橡胶为主要原料,掺入适量的软化剂、稳定剂、硫化剂、促进剂、防老化剂、着色剂、填充剂等,经配料、塑炼、混炼、压延或挤出成型、硫化、冷却、检验、分卷、包装等工序加工制成的一种防水卷材
特点	(1)抗老化性能高,使用寿命长。氯硫化聚乙烯橡胶的分子结构呈不含双键的高度饱和状态,用它的主料制成的防水卷材在耐臭氧、耐紫外线、耐气候老化等方面有良好的性能。 (2)延伸率大,弹性好。氯硫化聚乙烯防水卷材的延伸率大,弹性好,能适应防水基层伸缩或开裂变形的需要。 (3)难燃烧性。氯硫化聚乙烯本身的含氯量高达29%～43%,因此,具有很好的难燃烧性,在燃烧过程中,随着火源的离开,防水层火苗可自行熄灭。 (4)卷材色彩多样。氯硫化聚乙烯和加入的助剂均为浅色材料。因此,可根据用户需要生产不易褪色的防水卷材,达到美化环境的目的。

续上表

项 目	内 容
特点	(5)耐高低温性能好。氯硫化聚乙烯防水卷材可在-25℃~90℃范围内长期使用,并能保持较好的柔韧性。 (6)抗腐蚀性好。氯硫化聚乙烯防水卷材对酸、碱、盐等化合物都能保持稳定,抗腐蚀性好。 (7)施工简单、方便。氯硫化聚乙烯防水卷材采用冷粘法施工,污染小
用途	氯硫化聚乙烯防水卷材适用于有腐蚀性介质影响的部位做防腐及防水的处理,也适用于做屋面工程的单层外露防水及有保护层的屋面、地下室、蓄水池和涵洞等建筑工程的防水

(19)氯硫化聚乙烯防水卷材的规格及技术要求见表5-38。

表5-38 氯硫化聚乙烯防水卷材的规格及技术要求

项 目	技术要求
外观	成卷卷材应卷紧、卷齐,两端平齐。 表面无孔洞、皱褶或刻痕等缺陷。 每平方米卷材上,直径为3~5 mm的疙瘩不得超过5个,不允许卷材正反面同一位置并存疙瘩。 隔离材料要铺贴均匀平整。 卷材铺开后不应有黏结现象
长度(m)	10±0.15
宽度(mm)	1 000±10
厚度(mm)	2.0±0.2

(20)合成高分子防水卷材的材料要求——聚氯乙烯防水卷材见表5-39。

表5-39 合成高分子防水卷材的材料要求——氯聚乙烯防水卷材

项 目	内 容
含义	聚氯乙烯(PVC)防水卷材是以聚氯乙烯树脂为主要原料,加入适量的改性剂、增塑剂、抗氧化剂和紫外线吸收剂,经过捏和、混炼、造粒、挤出压延、冷却、分卷、包装等工序,制成的一种高档防水卷材
规格	(1)公称长度规格为:15 m、20 m、25 m。 (2)公称厚度规格为:1.00 m、2.00 m。 (3)厚度规格为:1.20 m、1.50 m、1.80 m、2.00 m。 (4)其他规格可由供需双方商定

续上表

项目	内　　容
尺寸偏差	(1)聚氯乙烯防水卷材的长度、宽度应不小于规格值的 99.5％。 (2)聚氯乙烯防水卷材的厚度不应小于 1.20 mm,厚度允许偏差和最小单值见表 5—40
用途	聚氯乙烯防水卷材适用于中高档建筑物屋面、地下室、浴池及水库、水坝、水渠等工程的防水防渗

表 5—40　聚氯乙烯防水卷材的厚度允许偏差和最小单值

厚度(mm)	允许偏差(％)	最小单值(mm)
1.20		1.05
1.50	−5 +10	1.35
1.80		1.65
2.00		1.85

(21)合成高分子防水卷材的材料要求——三元乙丙橡胶－聚乙烯共混防水卷材见表 5—41。

表 5—41　合成高分子防水卷材的材料要求——三元乙丙橡胶－聚乙烯共混防水卷材

项目	内　　容
含义	三元乙丙橡胶－聚乙烯共混(TPO)防水卷材是三元乙丙橡胶和聚乙烯等原料,按一定比例配合,经机械共混和动态硫化制成的一种防水材料
特点	(1)综合性能高,原材料利用率高。这种热塑性弹性体橡胶共混材料,具有橡胶和塑料的综合性能,加热后呈塑性,在温度为−30℃～80℃时,呈橡胶状弹性。施工中无需硫化,下脚料可重复使用,提高了原材料的利用率。 (2)耐老化性能好,使用寿命长。共混材料中的三元乙丙橡胶,具有良好的耐臭氧和耐老化性能,使用寿命长。 (3)低温下柔韧性好。在−30℃气温条件下,TPO 防水卷材仍具有一定柔韧性,故可在低温下进行冷粘施工
用途	三元乙丙橡胶－聚乙烯共混防水卷材适用于做屋面工程的单层外露防水层,也可用于有保护层的屋面、地下室、蓄水池等建筑工程的防水

(22)三元乙丙橡胶－聚乙烯共混防水卷材规格见表 5—42。

表 5—42　三元乙丙橡胶－聚乙烯共混防水卷材规格

厚度(mm)	宽度(mm)	长度(m)	面积(m²)
1.0	915	22.0	
1.2	1 000	20.0	20±0.3
1.5	1 200	16.5	

(23)合成高分子防水卷材的外观质量要求见表5-43。

表5-43　合成高分子防水卷材的外观质量要求

项目	质量要求
折痕	每卷不超过2处,总长度不超过20 mm
杂质	大于0.5 mm颗粒不允许,每1 m^2不超过9 mm^2
胶块	每卷不超过6处,每处面积不大于4 mm^2

(24)防水卷材胶结材料的要求——沥青胶见表5-44。

表5-44　防水卷材胶结材料的要求——沥青胶

项目	内　容
含义	沥青胶又名沥青玛琋脂,系在沥青中加入填充料,如滑石粉、云母粉、石棉粉、粉煤灰等配制而成。是沥青油毡和改性沥青类防水卷材的黏结材料,主要应用于卷材与基层、卷材与卷材之间的黏结,亦可用于水落口、管道根部、女儿墙等易渗部位细部构造处做附加增强嵌缝密封处理
类型	沥青胶可分为冷热两种。前者称冷沥青胶或冷玛琋脂,后者则称热沥青胶或热玛琋脂。两者又均有石油沥青胶及煤沥青胶之分。石油沥青胶适用于粘贴石油沥青类卷材,煤沥青胶则适用于粘贴煤沥青类卷材
标号	沥青胶的标号及适用范围。沥青胶的标号(即耐热度)应根据屋面坡度、当地历年室外极端最高气温来选定
沥青胶的配制	配制石油沥青胶结材料用的沥青,可采用10号、30号的建筑石油沥青和60号甲、60号乙的道路石油沥青或其熔合物;也可采用55号的普通石油沥青(高蜡沥青)掺配10号、30号的建筑石油沥青的熔合物或单独采用55号的普通石油沥青;配制焦油沥青胶结材料用的沥青,应采用中温焦油沥青与焦油的熔合物。 为增强沥青胶结材料的抗老化性能,并改善其耐热度、柔韧性和黏结力,可在沥青中加入适量的填充料。采用粉状填充料(滑石粉等)时,其掺入量一般为10%～25%;采用纤维状填充料(石棉粉等)时为5%～10%。填充料的含水率不宜大于3%。粉状填充料应全部通过0.21 mm(900孔/cm^2)孔径的筛子,其中大于0.085 mm(4 900孔/cm^2)的颗粒不应超过15%。 (1)石油沥青玛琋脂的配合比。每种沥青的配合量,宜按下列公式计算: $$B_g = \left(\frac{t-t_2}{t_1-t_2}\right) \times 100$$ $$B_d = 100 - B_g$$ 式中　B_g——熔合物中高软化点石油沥青含量(%); 　　　B_d——熔合物中低软化点石油沥青含量(%); 　　　t——沥青玛琋脂熔合物所需的软化点(℃); 　　　t_1——高软化点石油沥青的软化点(℃); 　　　t_2——低软化点石油沥青的软化点(℃)。

续上表

项目	内　　容
沥青胶的配制	（2）沥青的脱蜡处理。沥青中含有一定的石蜡,含量愈多,其黏结性和耐热性愈差。普通石油沥青中的含蜡量较高,但软化点与达到流动状态的温度差值却很小,当温度加到软化点时,沥青已接近流动状态,因此,施工后容易产生流淌现象,所以在建筑防水工程中,一般不宜直接采用或单独使用多蜡沥青,如果不加处理使用,将会发生黏结不牢、流淌、易老化等缺点,必须采用一定的技术处理,去掉所含的蜡,改善其性能后才能使用
沥青胶（玛琋脂）的选用	沥青胶不仅是黏结屋面卷材防水层的黏结材料,而且是卷材防水层中的主要防水材料。因此正确选用沥青胶,对于保证防水层的质量相当重要。如沥青胶的耐热度和柔韧性选择不当,夏天,会发生卷材下滑流淌的事故,甚至使卷材屋面全部瓦解;冬天,则由于沥青胶变脆,使屋面卷材在机械作用下发生破坏、开裂,失去防水性能。由于沥青胶的质量不好,施工后的卷材防水层抗气温变化性能差,耐久性不高,因此经常需要返工修理,影响使用,造成浪费。 当前,屋面工程中主要应用石油沥青油毡,大多直接采用纯石油沥青作黏结料,不采用掺有填充料的沥青胶。虽然纯石油沥青胶一般能满足技术要求,制作简单,不需要加工,使用的油锅容易清理,易于控制施工质量的均匀性,从而加快施工速度,但其耐热度和韧性略差,沥青用量大,成本高。掺填充料沥青胶的耐热度和韧性较好、沥青用量较少,成本低、材料节省,但加工复杂,油锅难于清理,施工质量达到均匀较困难。所以,在施工中需要根据条件选择合适的胶黏剂。但涂刷面层的保护层时,不得采用纯沥青作胶结料。使用焦油沥青卷材时,最好使用掺有填充料的焦油沥青胶,才能保证质量。材料的选择,应当根据材料来源、技术经济指标、技术条件、工期进度等具体情况确定

（25）沥青胶的适用范围见表5－45。

表5－45　沥青胶的适用范围

屋面坡度	历年极端最高气温	沥青玛琋脂标号
2%～3%	小于38℃	S-60
	38℃～41℃	S-65
	41℃～45℃	S-70
3%～15%	小于38℃	S-65
	38℃～41℃	S-70
	41℃～45℃	S-75
15%～25%	小于38℃	S-75
	38℃～41℃	S-80
	41℃～45℃	S-85

注:1. 卷材防水层上有块体保护层或整体刚性保护层时,沥青玛琋脂标号可按表5－45降低5号。

2. 屋面受其他热源影响（如高温车间等）或屋面坡度超过25%时,应将沥青玛琋脂的标号适当提高。

(26)沥青胶的质量要求见表5—46。

表5—46 沥青胶的质量要求

指标名称 \ 标号	S-60	S-65	S-70	S-75	S-80	S-85
耐热度	用 2 mm 厚的沥青玛琋脂黏合两张沥青油纸,于不低于下列温度(℃)中,1：1坡度上停放 5 h 的沥青玛琋脂不应流淌,油纸不应滑动					
	60	65	70	75	80	85
柔韧性	涂在沥青油纸上的 2 mm 厚的沥青玛琋脂层,在18℃±2℃时,围绕下列直径(mm)的圆棒,用 2 s 的时间以均衡速度弯成半周,沥青玛琋脂不应有裂纹					
	10	15	15	20	25	30
黏结力	用手将两张粘贴在一起的油纸慢慢地一次撕开,从油纸和沥青玛琋脂的粘贴面的任何一面的撕开部分,应不大于粘贴面积的 1/2					

(27)多蜡沥青的处理方法见表5—47。

表5—47 多蜡沥青的处理方法

名称	说明
氯盐处理法	在进行处理时,先将高蜡沥青放入锅内加热熔化至沥青脱水,温度一般控制在 220℃～240℃。脱水后的沥青在 260℃～280℃温度及不断搅拌下,加入预先称好的粉状氯盐,这时出现大量的气泡,表示氯盐和沥青的化学反应在进行,然后保温 0.5～1 h 左右,泡沫消失后即可使用。 常用的氯盐有 $AlCl_3$、$FeCl_2$、$ZnCl_2$ 等,其活性顺序为 $AlCl_3 > FeCl_2 > ZnCl_2$
吹氧法	将沥青脱水后,加热至 260℃～270℃,吹入空气,使蜡分氧化和蒸发,吹氧时间一般为 2～6 h
减压蒸提法	系在加热的石油沥青(300℃)中通入高压水蒸汽(350℃),使熔点和沸点较低的石蜡和油质分子与水蒸气的分子相互发生作用,随着蒸汽从沥青里分馏出来。该法的缺点是脱蜡处理后的沥青,性能得到改善,但软化点降低,必须重新经过氧化处理,以提高其软化点
溶剂脱蜡法	系工业上常采用的方法。用选择性的溶剂,如液态丙烷、甲乙酮等溶解油蜡质,冷却使蜡质结晶析出过滤后所得的疏松蜡质再进一步精制,丙烷或甲乙酮等回收使用
混合处理法	在多蜡沥青中掺入一定比例的 10 号石油沥青或天然沥青,混合熔化搅拌均匀,以增加沥青质含量,相对减少石蜡含量。一般掺配比例为: 多蜡沥青：10 号建筑石油沥青＝1：0.3 或 1：1(质量比)

(28)防水卷材胶结材料的要求——冷底子油见表5—48。

表 5-48　防水卷材胶结材料的要求——冷底子油

项目	内　容
含义	冷底子油是涂刷在水泥砂浆或混凝土基层以及金属表面上作打底之用的一种基层处理剂。其作用可使基层表面与玛琋脂、涂料、油膏等中间具有一层胶质薄膜,提高胶结性能
组成和用途	冷底子油是由 30 号或 10 号的建筑石油沥青或软化点为50℃~70℃的焦油沥青加入溶剂制成的溶液。溶剂有快挥发性溶剂(如汽油、苯等)与慢挥发性溶剂(如轻柴油、蒽油和煤油等)之分。在采用快挥发性溶剂时,应用 30 号的建筑石油沥青或低软化点的焦油沥青。但在焦油沥青冷底子油中,只能使用蒽油或苯。 　　使用冷底子油的合适时间,可在基层基本干燥后进行或者在水泥砂浆凝结后初具强度时随即进行。 　　当水泥砂浆找平层基本干燥时,大部分游离水已蒸发,内部形成许多孔隙,冷底子油可以渗入水泥砂浆的毛细孔隙中去,以加强与基层的黏结。而且由于水泥砂浆已有一定强度,较光滑平整,冷底子油易于涂刷得薄而均匀,能保证卷材防水层与基层间有良好的黏结力,因而应在基层基本干燥后涂刷冷底子油。涂刷时一定要均匀,而且愈薄愈好,但不得有空白、麻点和气泡。切忌涂刷过厚,否则在炎热天气易造成卷材滑动
冷底子油的配制	(1)冷底子油使用沥青稀释剂种类。30 号或 10 号的建筑石油沥青或软化点为50℃~70℃的焦油沥青使用稀释剂为轻柴油、蒽油、煤油、汽油或苯等,但在焦油沥青中只能使用蒽油或苯。在采用易挥发性溶剂时,应用 50 号建筑石油沥青或低软化点的焦油沥青。 　　(2)冷底子油一般配合比(重量百分比)。铺贴石油沥青防水卷材时应预先在找平层上涂刷沥青冷底子油,其配合成分见表 5-49

表 5-49　冷底子油配合比参考表

种类	10 号或 30 号石油沥青	溶剂	
		轻柴油或煤油	汽油
慢挥发性	40%	60%	—
快挥发性	50%	50%	—
速干性	30%	—	70%

(29)沥青冷底子油的配制方法见表 5-50。

表 5-50　沥青冷底子油的配制方法

配制方法	操作要点
第一种方法	将沥青加热熔化,使其脱水不再起泡为止。再将熔好的沥青倒入桶中(按配合量),放置背离火源风向 25 m 以上,待其冷却。如加入快挥发性溶剂,沥青温度一般不超过110℃;如加入慢挥发性溶剂,温度一般不超过 140℃;达到上述温度后。将沥青慢慢成细流状注入一定量(配合量)的溶剂中,并不停地搅拌,直至沥青加完后,溶解均匀为止

续上表

配制方法	操作要点
第二种方法	与上述一样,熔化沥青,倒入桶或壶中(按配合量),待其冷却至 110℃～140℃ 温度后,将溶剂按配合量要求的数量分批注入沥青溶液中。开始每次 2～3 L,以后每次 5 L 左右,边加边不停地搅拌,直至加完,溶解均匀为止
第三种方法	将沥青打成 5～10 mm 大小的碎块,按质量比加入一定配合量的溶液中,不停地搅拌,直至全部溶解均匀

注:1. 在施工中,如用量较少,可用第三种方法,此法沥青中的杂质与水分没有除掉,质量较差。

2. 用第一、第二种方法调制时,应很好掌握温度,并注意防火。

(30)合成高分子防水卷材配制胶黏剂见表 5—51。

表 5—51 合成高分子防水卷材配制胶黏剂

序号	卷材名称	卷材与基层胶黏剂	卷材与卷材胶黏剂
1	三元乙丙橡胶防水卷材	CX—404 胶黏剂	丁基胶黏剂
2	LYX—603 氯化聚乙烯防水卷材	LYX—603—3(3 号胶)	LYX—603—2(2 号胶)
3	氯化聚乙烯—橡胶共混防水卷材	CX—404 或 409 胶	氯丁系胶黏剂
4	氯丁橡胶防水卷材	氯丁胶黏剂	氯丁胶黏剂
5	聚氯乙烯防水卷材	FL 型胶黏剂	—
6	复合增强 PVC 防水卷材	GY—88 型乙烯共聚物改性胶	PA—2 型胶黏剂
7	TGPVC 防水卷材(带聚氨酯底衬)	1b—I 型胶黏剂	TG—Ⅱ 型胶黏剂
8	氯磺化聚乙烯防水卷材	配套胶黏剂	配套胶黏剂
9	三元丁橡胶防水卷材	CH—1 型胶黏剂	CH—1 型胶黏剂
10	丁基橡胶防水卷材	氯丁胶黏剂	氯丁胶黏剂
11	硫化型橡胶防水卷材	氯丁胶黏剂	封口胶加固化剂(列克纳)5%～10%
12	高分子橡塑防水卷材	R—1 基层胶黏剂	R—1 卷材胶黏剂

(31)防水卷材现场抽样复检项目见表 5—52。

表5—52 防水卷材现场抽样复检项目

序号	材料名称	现场抽样数量	外观质量检验	物理性能检验
1	沥青防水卷材	大于1 000卷抽5卷,每500~1 000卷抽4卷,100~499卷抽3卷,100卷以下抽2卷,进行规格尺寸和外观质量检验。在外观质量检验合格的卷材中,任取一卷做物理性能检验	孔洞、硌伤、露胎、涂盖不匀、折纹、皱褶、裂纹、裂口、缺边,每卷卷材的接头	纵向拉力,耐热度,柔度,不透水性
2	高聚物改性沥青防水卷材		孔洞、缺边、裂口,边缘不整齐,胎体露白、未浸透,撒布材料粒度、颜色,每卷卷材的接头	拉力,最大拉力时延伸率,耐热度,低温柔度,不透水性
3	合成高分子防水卷材		折痕,杂质,胶块,凹痕,每卷卷材的接头	断裂拉伸强度,扯断伸长率,低温弯折,不透水性
4	石油沥青	同一批至少抽1次	—	针入度,延度,软化点
5	沥青玛瑞脂	每工作班至少抽1次	—	耐热度,柔韧性,黏结力

(32)防水卷材运输与贮存要求见表5—53。

表5—53 防水卷材运输与贮存要求

项目	沥青防水卷材	高聚物改性沥青防水卷材	合成高分子防水卷材
基本要求	不同品种、不同标号、不同等级的卷材不得混杂在一起,必须分类运输与保管		
贮存	(1)应贮存在阴凉通风的室内,远离火源;避免日晒、雨淋,注意通风、防潮、防止粘连; (2)卷材宜在环境温度不高于45℃下直立堆放,其高度不超过两层;不得倾斜或横压放置; (3)产品存放的质量保证期为1年。 注:玻璃布沥青油毡应横卧同向堆成三角形保管。堆放的层数不得高于10层,并应在室温40℃以下保管	(1)卷材宜在环境温度不高于50℃下直立堆放,堆积高度不超过两层;横放时高度不超过1 m。防止卷材沾染油污和砂土; (2)严禁接近火源;应避免与化学介质及有机溶剂等有害物质接触; (3)产品存放的质量保证期为1年。 注:自黏结油毡采用硬纸箱包装,其堆积高度不超过5层。另外,聚乙烯膜卷材应模卧同向堆放,堆积高度不超过5层	(1)卷材应在环境温度为0℃~35℃,相对湿度为50%~80%的库房内贮存; (2)卷材宜直立堆放,堆积高度不超过二层;横放时高度不超过1 m防止卷材沾染油污和砂土; (3)严禁接近火源;禁止与化学介质及有机溶剂等有害物质接触; (4)产品存放的质量保证期为1年。 注:氯化聚乙烯卷材应平放,堆积高度为5个卷材高度

项目	沥青防水卷材	高聚物改性沥青防水卷材	合成高分子防水卷材
运输	(1)当用轮船或铁路运输时，卷材必须立放，其高度不得超过两层；允许在两层上再平放1层； (2)短途运输时，卷材平放不要高于4层，并不得倾斜或横压，必要时加盖苦布； (3)装卸时须人工传递，轻拿轻放，不得从车上往下扔摔，确保卷材两端完好无损	(1)装运时与保管的堆积的方法相同； (2)其他事项同沥青防水卷材	

三、施工机械要求

(1)高聚物改性沥青防水卷材屋面防水层的施工机械要求见表5—54。

表5—54　高聚物改性沥青防水卷材屋面防水层的施工机械要求

项目	内　容
主要机具	施工主要机具：喷灯或可燃气体火焰加热器、剪刀、长把刷、滚动刷、自动热风焊接机、高压吹风机、电动搅拌器、钢卷尺、铁抹子、扫帚、小白线等
施工现场必备工具	施工现场必须准备灭火工具，操作人员必须配带口罩、手套、工作服等劳保用品

(2)合成高分子防水卷材屋面防水层施工机具见表5—55。

表5—55　合成高分子防水卷材屋面防水层施工机具

机具名称	规格	用途
高压吹风机	—	清理基层用
扫帚	普通	清理基层用
小平铲	小型	清理基层用
电动搅拌器	300 W	搅拌胶黏剂等用
滚动刷	$\phi60\times300$ mm	涂布胶黏剂用
铁桶	20 L	装胶黏剂用
热风焊接机或热风焊枪	1 000～2 000 W	焊接卷材接缝用
压子	小型	压实卷材接缝用
手持压辊	$\phi40\times50$ mm	压实卷材用
铁辊	300 mm 长 30 kg 重，外包橡胶	压实黏结层用

续上表

机具名称	规格	用途
剪刀	普通	剪裁卷材用
皮卷尺	50 m	度量尺寸用
钢卷尺	2 m	度量尺寸用
铁管	$\phi80\times1\,500$ mm	铺贴卷材用
小线绳	—	弹基准线用
彩色粉	—	弹基准线用
粉笔	—	做标记用
安全带	—	施工安全保护用品
防毒用品		防火器材

四、施工工艺解析

(1)高聚物改性沥青防水卷材屋面防水层施工的适用范围及作业条件见表5—56。

表5—56 高聚物改性沥青防水卷材屋面防水层施工的适用范围及作业条件

项目	内 容
适用范围	适用于采用高聚物改性沥青防水卷材铺贴屋面防水层工程施工
作业条件	(1)屋面防水层施工前,应认真审核图纸做好技术交底。防水层施工前,应由总包单位、防水施工单位、监理单位(或建设单位)及有关人员共同进行检查验收。 (2)防水层施工应由经资质审查合格的防水专业队伍进行施工。作业人员应持有当地建设行政主管部门颁发的上岗证和从事本职业的健康证明。 (3)铺贴防水层的基层表面,应将尘土、杂物彻底清扫干净;表面残留的灰浆硬块及突出部分应清除干净,不得有空鼓、开裂及起砂、脱皮等缺陷。设备预埋件已安装好,基层坡度应符合设计要求。 (4)伸出屋面的管道、设备或预埋件等,应在防水层施工前安设完毕。屋面防水层施工完毕且经监理单位验收合格后,严禁在其上凿孔、打洞或重物冲击。 (5)防水层严禁在雨天、雪天和五级风及其以上时施工。高聚物改性沥青防水卷材采用冷粘法施工时环境气温不得低于5℃,热熔法施工时环境气温不得低于−10℃。 (6)基层坡度应符合设计要求,在坡度大于25%的屋面上施工时,应采取固定措施、固定点应密封严密。 (7)基层表面应保持干燥,并要平整、牢固,阴阳角转角处应做成圆弧或钝角。干燥程度的简易检查方法,是将1 m² 卷材平坦地干铺在找平层上,静置3～4 h后掀开检查,找平层与卷材上未见水印即可铺设。 (8)防水所用的卷材、胶黏剂、基层处理剂等,均属易燃物品,存放和操作应远离火源,并在通风、干燥的室内存放,防止发生意外

（2）高聚物改性沥青防水卷材屋面防水层的施工工艺见表5－57。

表5－57　高聚物改性沥青防水卷材屋面防水层的施工工艺

项目	内　容
清理基层	施工前将验收合格基层表面的尘土、杂物清理干净
涂刷基层处理剂	高聚物改性沥青防水卷材可选用与其配套基层处理剂。使用前在清理好的基层表面，用长把滚刷均匀涂布于基层上，常温经过4 h后，开始铺贴卷材
附加层施工	附加层施工，女儿墙、水落口、管根、檐口、阴阳角等细部先做附加层，一般用热熔法使用改性沥青卷材施工，必须粘贴牢固
热熔铺贴卷材	按弹好标准线的位置，在卷材的一端用火焰加热器将卷材涂盖层熔融，随即固定在基层表面，用火焰加热器对准卷材卷和基层表面的夹角，喷嘴距离交界处300 mm左右，边熔融涂盖层边跟随熔融范围缓慢地滚铺改性沥青卷材，卷材下面的空气应排尽，并辊压黏结牢固，不得空鼓；卷材的塔接应符合《屋面工程技术规范》(GB 50345－2004)的规定。接缝处用热风焊枪沿缝焊接牢固，或采用焊枪、喷灯的火焰熔焊粘牢，边缘部位必须溢出热熔的改性沥青胶。随即刮封接口，防止出现张嘴和翘边
卷材铺贴方向	卷材铺贴方向应符合下列规定： (1)屋面坡度小于3％时，卷材宜平行屋脊铺贴。 (2)屋面坡度在3％～15℃时或屋面受震动时，卷材可平行或垂直屋脊铺贴。 (3)上下层卷材不得相互垂直铺贴。 (4)屋面坡度大于15％或屋面受震动时，沥青防水卷材应垂直屋脊铺贴，高聚物改性沥青防水卷材和合成高分子防水卷材可平行或垂直屋脊铺贴
卷材末端收头	在卷材铺贴完后，应采用橡胶沥青胶黏剂或专用密封材料将末端黏结封严，防止张嘴翘边，造成渗漏隐患
蓄水试验	屋面防水层完工后，应作蓄水或淋水试验。有女儿墙的平屋面做蓄水试验，蓄水24 h无渗漏为合格。坡屋面可做淋水试验，一般淋水2 h无渗漏为合格
屋面防水保护层	屋面防水保护层分为着色剂涂料、地砖铺贴、浇筑细石混凝土、或使用带有矿物粒(片)料，细砂等保护层的卷材。 (1)着色剂涂刷：此种做法适用于非上人屋面。首先将防水层表面清擦干净，并要保证表面干燥，着色剂色调应柔和，颜色不能过重，用涂料辊子将着色涂料均匀涂刷在防水层表面且不少于两遍，涂刷后颜色应均匀，无漏刷、透底、掉色等缺陷。 (2)矿物片粘贴：此种做法适用于非上人屋面。首先将防水层表面清擦干净，并保证表面干燥，均匀涂刷胶黏剂，将用水冲洗过且晾干后的矿物片均匀撒在防水层表面，并进行适当压实，待矿物片清扫干净，有露出防水层处进行补粘。要求施工完毕后，保护层表面黏结牢固，厚度均匀一致，无透底、漏粘。 (3)地砖铺贴：此种做法适用于上人屋面。在防水层表面铺设隔离层后，再铺摊水泥砂浆进行地砖铺贴，铺贴过程中应注意屋面的排水坡向及坡度，水落口处不得积水；也可采用干砂卧砖铺贴地砖其效果较好。 (4)在卷材防水层上铺设隔离层后，可浇筑细石混凝土保护层，并留设分格缝，其纵横间距不宜大于6 m

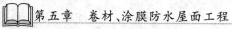

续上表

项目	内　　容
成品保护	(1)已铺贴好的卷材防水层,应及时采取保护措施,不得损坏,以免造成隐患。 (2)穿过屋面的管根,不得损伤变位。 (3)变形缝、水落口等处施工中临时堵塞的废纸、麻绳、塑料布等,完工后应及时清理干净,以保持排水畅通。 (4)防水层施工完成后,应及时做好保护层。 (5)施工时不得污染墙面等部位
应注意的质量问题	(1)屋面不平整:找平层不平顺,造成积水,找平层施工时应拉线找坡。做到坡度符合要求,平整无积水。 (2)空鼓:卷材防水层空鼓,发生在找平层与卷材之间,且多在卷材的接缝处,其原因是找平层的含水率过大;空气排除不彻底,卷材没有粘贴牢固。施工中应控制基层含水率,并应把住各道工序的操作。 (3)渗漏:渗水、漏水发生在穿过屋面管根、水落口、伸缩缝和卷材搭接处等部位。伸缩缝未断开,产生防水层撕裂;其他部位由于粘贴不牢、卷材松动或衬垫材料不严、有空隙等;接槎处漏水原因是甩出的卷材未保护好,出现损伤和撕裂,或基层清理不干净,卷材搭接长度不够等。施工中应加强检查,严格执行工艺规程认真操作。 (4)屋面防水施工中应严格按照建筑工程施工安全操作规程规定做好安全防护,避免发生安全事故。 (5)屋面防水施工中用于溶解基层处理剂的有机溶剂属易燃品应有专人妥善保管,特别是有机溶剂应采取有效措施防止中毒并应做好施工现场各工种间的协调及消防安全工作

(3)合成高分子防水卷材屋面防水层——三元乙丙卷材的施工工艺见表5—58。

表5—58　合成高分子防水卷材屋面防水层——三元乙丙卷材的施工工艺

项目	内　　容
基层清理	施工防水层前将已验收合格的基层表面清扫干净。不得有灰尘、杂物等影响防水层质量的缺陷
涂刷基层处理剂	(1)配制底胶:将聚氨酯材料按甲:乙=1:3的比例配合搅拌均匀;配制成底胶后,即可进行涂刷。 (2)涂刷底胶(相当于冷底子油):将配制好的底胶用长把滚刷均匀涂刷在大面积基层上,厚薄要一致,不得有漏刷和白点现象;阴阳角管根等部位可用毛刷涂刷;在常温情况下,干燥4 h以上,手感不粘时,即可进行下道工序
复杂部位附加层	(1)增补剂配制:将聚氨酯材料按甲:乙组分以1:1.5的比例配合搅拌均匀,即可进行涂刷。配制量视需要确定,不宜一次配制过多,防止多余部分固化。 (2)按上述方法配制后,用毛刷在阴角、水落口、排汽孔根部等部位,涂刷均匀,作为细部附加层,厚度以1.5 mm为宜,待其固化24 h后,即可进行下道工序

项 目	内 容
铺贴卷材防水层	(1)铺贴前在未涂胶的基层表面排好尺寸,弹出基准线,为铺卷材创造条件。卷材铺贴方向应符合下列规定:屋面坡度小于 3% 时,卷材宜平行屋脊铺贴;屋面坡度在 3% 以上卷材可平行或垂直屋脊铺贴;上下层卷材不得相互垂直铺贴。 (2)铺贴卷材时,先将卷材摊开在平整、干净的基层上,用长把滚刷蘸 CX-404(或其他合成高分子胶黏剂)胶均匀涂刷在卷材表面,在卷材接头部位应空出 100 mm 不涂胶,涂胶厚度要均匀,不得有漏底或凝聚块存在。当胶黏剂静置 10~20 min,干燥至指触不粘时,用原来卷卷材的纸筒再卷起来,卷时要求端头平整,不得卷成竹笋状,并要防止进入砂粒、尘土和杂物。 (3)基层涂布胶黏剂:已涂的基层底胶干燥后,在其表面涂刷 CX-404 胶,涂刷要用力适当,不要在一处反复涂刷,防止粘起底胶,形成凝聚块,影响铺贴质量。复杂部位可用毛刷均匀涂刷,用力要均匀,涂胶后指触不粘时,开始铺贴卷材。 (4)铺贴时从流水坡度的下坡开始,按先远后近的顺序进行,使卷材长向与流水坡度垂直,搭接顺流水方向。将已涂刷好胶黏剂预先卷好的卷材,穿入 φ30 mm、长 1.5 m 铁管,由二人抬起,将卷材一端粘接固定,然后沿弹好的基准线向另一端铺贴;操作时卷材不要拉的太紧,每隔 1 m 左右向基准线靠贴一下,依次顺序对准线边铺贴。但是无论采取哪种方法均不得拉伸卷材,也要防止出现皱折。铺贴卷材时要减少阴阳角的接头,铺贴平面与立面相连接的卷材,应由下向上进行,使卷材紧贴阴阳角,不得有空鼓等现象。 (5)排出空气,每铺完一张卷材,应立即用干净的长把滚刷从卷材的一端开始在卷材的横方向顺序用力滚压一遍,以便将空气彻底排出。 (6)为使卷材粘贴牢固,用 30 kg 重、300 mm 长的外包橡皮的铁辊滚压一遍,滚压粘牢
接缝处理	(1)在未涂刷 CX-404 胶的长、短边 100 处,每隔 1 m 左右用 CX-404 胶涂一下,待其基本干燥后,将接缝翻开临时固定。 (2)卷材接缝用丁基胶黏剂黏结,先将 A、B 两份按 1∶1 的比例(重量比)配合搅拌均匀,用毛刷均匀涂刷在翻开接缝的接缝表面,待其干燥 30 min 后(常温 15 min 左右),即可进行黏合,从一端开始用手一边压合一边挤出空气;粘好的搭接处,不允许有皱折、气泡等缺陷,然后用手持压辊滚压一遍;然后沿卷材边缘用专用密封膏封闭
卷材末端接头	(1)为使卷材末端收头黏结牢固,防止翘边和渗水漏水,应将卷材收头裁整齐后塞入预留凹槽,钉压固定后用聚氨酯密封膏等密封材料封闭严密,再涂刷一层聚氨酯涂膜防水材料。如图 5—4 所示。 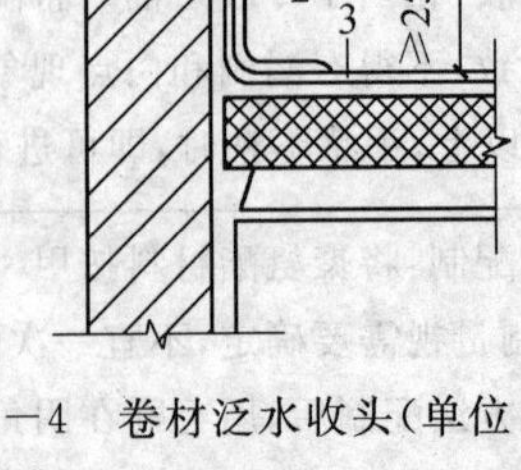 图 5—4 卷材泛水收头(单位:mm) 1—密封材料;2—附加层;3—防水层;4—水泥钉;5—防水处理

续上表

项目	内　　容
卷材末端接头	(2)防水层铺贴不得在雨天、雪天、大风天施工
蓄水试验	屋面防水层完工后,应作蓄水试验。有女儿墙的平屋面做蓄水试验,蓄水24 h无渗漏为合格。坡屋面可做淋水试验,一般淋水2 h无渗漏为合格
保护层	参照高聚物改性沥青防水卷材屋面保护层做法

(4)合成高分子防水卷材屋面防水层——聚氯乙烯防水卷材的施工工艺见表5-59。

表5-59　合成高分子防水卷材屋面防水层——聚氯乙烯防水卷材的施工工艺

项目	内　　容
基层清理	基层必须干净、干燥,表面不得有酥松、蜂窝、麻面、积灰或污垢
附加层铺设	在天沟、檐沟、檐口、水落口、泛水、变形缝和伸出屋面管道等特殊结构部位可采用增设一层卷材或带胎体增强材料的防水涂膜作为附加层,附加层的铺设符合以下规定: (1)铺设天沟、檐沟部位的附加层超出沟沿至少100 mm,宜用满粘,但与屋面交接处的附加层宜空铺,空铺宽度为200 mm。 (2)铺设分格缝,结构缝时附加层宽度不低于200 mm宜用满粘或单边空铺。 (3)立面与平面、立面与立面交接处应满粘附加层,并且宽度不低于500 mm。 (4)其他细部构造的附加层铺设超出结构轮廓不低于100 mm。 (5)涂膜附加层在干净、干燥基层上涂布至少3遍涂料,未结膜严禁上人或继续施工
放线	在基层上用粉线包弹出基准线,卷材搭接宽度和允许偏差在现场弹出尺寸粉线作为控制依据,然后展开卷材。按铺贴位置对不规则的防水部位进行适当剪裁。大面卷材铺贴时不得拉紧卷材,成自然平整状对准弹好的基线
卷材的铺贴	由屋面的最低标高处向屋脊方向进行卷材的铺贴施工。卷材先铺贴平面,后铺贴泛水立面,平面铺贴时预留出铺贴泛水立面的卷材。铺贴高低跨屋面的卷材,先铺高跨屋面,后铺低跨屋面;在同一平面上铺贴卷材时,先铺离上料点较远的部位,后铺较近的部位
焊接搭接缝	卷材与卷材的搭接采用热风焊接机进行热焊接,焊缝型式可为单焊缝亦可为双焊缝。个别不能使用热风焊接机的部位采用手工热镀铁进行焊接。卷材接缝焊接应牢固。焊接前将焊缝表面的油污、尘土、水滴等附着物擦拭干净。卷材应铺放平整,顺直、接缝尺寸准确,焊接时先进行预焊,后进行施焊,焊嘴与焊接方向呈45°角,热风吹熔PVC卷材焊接面至熔融状态,边施焊边用压辊压实,焊缝边缘有呈亮色熔浆溢出。施焊时注意气温和焊枪温度及速度,使焊缝平整,结合牢固,不能出现漏焊、跳焊、焊焦或焊接不牢现象。手持式焊枪温度控制在200℃～300℃之间,既不能过高也不能过低。使用自行式焊接机时,调节温度、速度等参数使其达到最佳焊接效果。先焊长边搭接,后焊短边接缝。卷材的搭接宽度:长边、短边搭接均不小于60 mm,有效焊接宽度不小于25 mm

续上表

项目	内　　容
卷材收头密封固定	卷材距周边 800 mm 范围内的卷材铺至混凝土檐口或立面的卷材收头应裁齐后压入凹槽,并用压条或带热片钉子固定,最大钉距不应大于 900 mm,凹槽内用密封材料嵌填封严。卷材与基层粘接时把卷材折起,从折叠处分别在基层和 PVC 防水卷材表面用胶辊或毛刷涂刷一层胶黏剂,待胶黏剂干燥不粘手时(溶剂接近完全挥发状态),使欲黏结面合拢,压辊压实
机械固定法施工	采用机械固定法施工时,固定件应与结构层固定牢固,固定件间距应根据使用环境和条件确定,并不应大于 600 mm
淋水或蓄水试验	屋面防水层完工经检查确已达到标准时,应进行淋水或蓄水检验。淋水检验不少于 2 h,有条件的屋面蓄水 24 h 检验
防护工作	高聚物改性沥青防水卷材,严禁在雨天、雪天施工;五级风及其以上时不得施工;环境气温低于 5℃时不宜施工。施工中途下雨、下雪,应做好已铺卷材周边的防护工作。热熔法施工环境气温不宜低于 −10℃
成品保护	参见"高聚物改性沥青防水卷材屋面防水层施工"的相关内容
应注意的质量问题	参见"高聚物改性沥青防水卷材屋面防水层施工"的相关内容

第四节　涂膜防水层

一、验收条文

(1)涂膜厚度选用要求见表 5—60。

表 5—60　涂膜厚度选用要求

屋面防水等级	设防道数	高聚物改性沥青防水涂料	合成高分子防水涂料
Ⅰ级	三道或三道以上设防	—	不应小于 1.5 mm
Ⅱ级	二道设防	不应小于 3 mm	不应小于 1.5 mm
Ⅲ级	一道设防	不应小于 3 mm	不应小于 2 mm
Ⅳ级	一道设防	不应小于 2 mm	—

(2)涂膜防水层施工质量验收标准见表 5—61。

表 5—61　涂膜防水层施工质量验收规范

项目	内　　容
主控项目	(1)防水涂料和胎体增强材料必须符合设计要求。 检验方法:检查出厂合格证、质量检验报告和现场抽样复验报告。 (2)涂膜防水层不得有渗漏或积水现象。

续上表

项目	内　容
主控项目	检验方法:雨后或淋水、蓄水检验。 (3)涂膜防水层在天沟、檐沟、檐口、水落口、泛水、变形缝和伸出屋面管道的防水构造,必须符合设计要求。 检验方法:观察检查和检查隐蔽工程验收记录
一般项目	(1)涂膜防水层的平均厚度应符合设计要求,最小厚度不应小于设计厚度的80%。 检验方法:针测法或取样量测。 (2)涂膜防水层与基层应黏结牢固,表面平整,涂刷均匀,无流淌、皱折、鼓泡、露胎体和翘边等缺陷。 检验方法:观察检查。 (3)涂膜防水层上的撒布材料或浅色涂料保护层应铺撒或涂刷均匀,黏结牢固;水泥砂浆、块材或细石混凝土保护层与涂膜防水层间应设置隔离层;刚性保护层的分格缝留置应符合设计要求。 检验方法:观察检查

二、施工材料要求

(1)涂膜防水层的施工材料要求——沥青基防水涂料见表5-62。

表5-62　涂膜防水层的施工材料要求——沥青基防水涂料

项目	内　容
乳化沥青	乳化沥青不仅单独可以作为建筑中防水、防潮产品,也是各类水性基沥青防水涂料中的基料,因此了乳化沥青的防水原理与配制方法至关重要。 水是极性分子,沥青是非极性分子,两者互不相溶,因此必须借助乳化剂的作用,才能使沥青颗粒分散在水中。 (1)乳化剂的配制。皂液乳化剂是由洗衣粉、肥皂、烧碱和水配制而成。皂液乳化剂的配合比(质量分数)为: 肥皂:洗衣粉:烧碱:水=1.1:0.9:0.4:97.6; 制备时先将肥皂、洗衣粉、烧碱用热水溶解,搅拌均匀成乳化剂,并保温60℃～80℃备用。 (2)乳化沥青的配制。皂液乳化沥青的配合比(质量分数)为: 10号石油沥青:60号石油沥青:皂液乳化剂=3:7:10或6:4:10; 将混合沥青在200℃以下熔化脱水,并保温160℃～180℃待用。 配制时,先用肥皂或洗衣粉的水溶液倒入乳化机中循环清洗,检查机械各部件,待一切正常后开始乳化。这时首先将60℃～80℃的皂液乳化剂倒入乳化机中,开动机器,喷射1～2 s后,即以均匀速度将160℃～180℃的热沥青在1 min左右时间内加入乳化机中,加沥青时压力表控制在0.5～0.8 MPa,混合后继续乳化3 min左右,即制备成乳化沥青

续上表

项目	内　容
水性石棉沥青	水性石棉沥青防水涂料是将熔化沥青加到石棉与水组成的悬浮液中,经强力搅拌而制成。 　　水性石棉沥青防水涂料于 20 世纪 50 年代在前苏联等国家就大量应用。它与膨润土乳化沥青、石灰膏乳化沥青同属水性沥青基厚质防水涂料。由于这类材料掺有矿物质填料,故其贮存稳定性、耐水性、耐裂性、耐气候性等较一般乳化沥青要好,且可在潮湿而无积水的基层上涂布,无毒、无味,操作简便,成本较低,因此可用于一般的工业与民用建筑的防水工程上,尤其适用于各类基层的旧屋面返修工程

(2)涂膜防水层的施工材料要求——高聚物改性沥青防水涂料质量要求见表 5—63。

表 5—63　涂膜防水层的施工材料要求——高聚物改性沥青防水涂料质量要求

项目		质量要求	
		水乳型	溶剂型
固体含量(%)		≥43	≥48
耐热性(80℃,5 h)		无流淌、起泡、滑动	
低温柔性(℃,2 h)		−10,绕 ϕ20 mm 圆棒无裂纹	−15,绕 ϕ10 mm 圆棒无裂纹
不透水性	压力(MPa)	≥0.1	≥0.2
	保持时间(min)	≥30	≥30
延伸性(mm)		≥4.5	—
抗裂性(mm)		—	基层裂缝 0.3 mm,涂膜无裂纹

(3)水乳型沥青防水涂料的物理力学性能见表 5—64。

表 5—64　水乳型沥青防水涂料的物理力学性能

项目	L	H
固体含量(%),≥	45	
耐热度(℃)	80±2	110±2
	无流淌、滑动、滴落	
不透水性	0.10 MPa,30 min 无渗水	
黏结强度(MPa),≥	0.30	
表干时间(h),≤	8	
实干时间(h),≤	24	

续上表

项目		L	H
低温柔度①(℃)	标准条件	−15	0
	碱处理	−10	5
	热处理		
	紫外线处理		
断裂伸长率(%),≥	标准条件	600	
	碱处理		
	热处理		
	紫外线处理		

①供需双方可以商定温度更低的低温柔度指标。

(4)溶剂型橡胶沥青防水涂料的物理性能见表5—65。

表5—65 溶剂型橡胶沥青防水涂料的物理性能

项目		技术指标	
		一等品	合格品
固体含量(%),≥		48	
抗裂性	基层裂缝(mm)	0.3	0.2
	涂膜状态	无裂纹	
低温柔性,ϕ10 mm,2 h		−15℃	−10℃
		无裂纹	
黏结性(MPa),≥		0.20	
耐热性(80℃,5 h)		无流淌、鼓泡、滑动	
不透水性,0.2 MPa,30 min		不渗水	

(5)SBS弹性沥青防水胶的技术性能见表5—66。

表5—66 SBS弹性沥青防水胶的技术性能

序号	项目	技术性能
1	黏结力(与水泥砂浆)	>0.3 MPa
2	抗裂性	涂膜厚0.3~0.4 mm,基层裂缝1 mm,涂膜不裂
3	不透水性	动水压0.1 MPa,恒压30 min,不透水
4	低温柔性	−20℃绕ϕ3 mm棒,涂膜无裂纹
5	耐热性	80℃试件垂直放置不流淌

序号	项目	技术性能
6	耐碱性	20℃在饱和 Ca(OH)₂ 溶液浸泡 15 d 无变化
7	耐酸性	20℃在 10％H₂SO₄ 溶液中浸泡 15 d 无变化

（6）合成高分子防水涂料——聚氨酯防水涂料的物理力学性能见表 5－67、5－68。

表 5－67　单组分聚氨酯防水涂料的物理力学性能

项目		I	Ⅱ
拉伸强度(MPa),≥		1.90	2.45
断裂伸长率(%),≥		550	450
撕裂强度(N/mm),≥		12	14
低温弯折性(℃),≤		-40	
不透水性 0.3 MPa,30 min		不透水	
固体含量(%),≥		80	
表干时间(h),≤		12	
实干时间(h),≤		24	
加热伸缩率(%)	≤	1.0	
	≥	-4.0	
潮湿基面黏结强度①(MPa),≥		0.50	
定伸时老化	加热老化	无裂纹及变形	
	人工气候老化②	无裂纹及变形	
热处理	拉伸强度保持率(%)	80～150	
	断裂伸长率(%),≥	500	400
	低温弯折性(℃),≤	-35	
碱处理	拉伸强度保持率(%)	60～150	
	断裂伸长率(%),≥	500	400
	低温弯折性(℃),≤	-35	
酸处理	拉伸强度保持率(%)	80～150	
	断裂伸长率(%),≥	500	400
	低温弯折性(℃),≤	-35	

续上表

项目		I	II
人工气候老化②	拉伸强度保持率(%)	80～150	
	断裂伸长率(%),≥	500	400
	低温弯折性(℃),≤	－35	

①仅用于地下工程潮湿基面时要求。

②仅用于外露使用的产品。

表 5-68 多组分聚氨酯防水涂料的物理力学性能

项　　目		I	II
拉伸强度(MPa),≥		1.90	2.45
断裂伸长率(%),≥		450	450
撕裂强度(N/mm),≥		12	14
低温弯折性(℃),≤		－35	
不透水性(0.3 MPa,30 min)		不透水	
固体含量(%),≥		92	—
表干时间(h),≤		8	—
实干时间(h),≤		24	—
加热伸缩率(%)	≤	1.0	
	≥	－4.0	
潮湿基面黏结强度①(MPa),≥		0.50	
定伸时老化	加热老化	无裂纹及变形	
	人工气候老化②	无裂纹及变形	
热处理	拉伸强度保持率(%)	80～150	
	断裂伸长率(%),≥	400	
	低温弯折性(℃),≤	－30	
碱处理	拉伸强度保持率(%)	60～150	
	断裂伸长率(%),≥	400	
	低温弯折性(℃),≤	－30	
酸处理	拉伸强度保持率(%)	80～150	
	断裂伸长率(%),≥	400	
	低温弯折性(℃),≤	－30	

续上表

项　目		Ⅰ	Ⅱ
人工气候老化②	拉伸强度保持率(%)	80~150	
	断裂伸长率(%),≥	400	
	低温弯折性(℃),≤	−30	

注:同表5−67表注。

(7)丙烯酸脂防水涂料的物理性能见表5−69。

表5−69　丙烯酸脂防水涂料的物理性能

试验项目		指标	
		Ⅰ	Ⅱ
拉伸强度(MPa),≥		1.0	1.5
断裂延伸率(%),≥		300	
低温柔性,绕 ϕ10 mm,棒弯180°		−10℃,无裂纹	−20℃,无裂纹
不透水性(0.3 MPa,30 min)		不透水	
固体含量(%),≥		65	
干燥时间(h)	表干时间,≤	4	
	实干时间,≤	8	
处理后的拉伸强保持率(%)	加热处理,≥	80	
	碱处理,≥	60	
	酸处理,≥	40	
	人工气候老化处理①,≥	—	80~50
处理后的断裂延伸率(%)	加热处理,≥	200	
	碱处理,≥		
	酸处理,≥		
	人工气候老化处理①,≥	—	200
加热伸缩率(%)	伸长,≤	1.0	
	缩短,≤	1.0	

①仅用于外露使用产品。

(8)合成高分子防水涂料的施工材料要求——硅橡胶防水涂料见表5−70。

表5−70　合成高分子防水涂料的施工材料要求——硅橡胶防水涂料

项目	内　容
含义	硅橡胶防水涂料是以硅橡胶乳液及其他乳液的复合物为主要基料,掺入无机填料及各种助剂配制而成

项目	内　容
特点	硅橡胶防水涂料有良好的渗透性、防水性、成膜性、弹性、黏结性和耐高低温性能,适应基层变形能力强,成膜速度快,可在潮湿基面上施工,无毒、无味、不燃,可配制成各种颜色,但价格较高。可用于防水等级较高的屋面、地下、大墙板缝及人防工程等。产品应用带盖的铁桶或塑料桶包装,并注明品种类型,以免使用时混淆

(9)硅橡胶防水涂料的物理性能见表5—71。

表5—71　硅橡胶防水涂料的物理性能

项　　目		指标
抗渗性	背水面0.3~0.5 MPa恒压一周	无变化
	迎水面1.1~1.5 MPa恒压一周	无变化
渗透性(mm)	—	可渗入基底0.3左右
抗裂性(mm)	涂膜厚0.4~0.5 mm时基层开裂宽度	4.5~6.0
伸长率(%)	—	640~1 000
低温柔性	-30℃	合格
扯断强度(MPa)	—	2.2
黏结强度(MPa)	—	0.57
直角撕裂强度(N/cm)	—	81
耐碱性	饱和Ca(OH)$_2$和0.1%NaOH混合液室温浸泡15 d	不起鼓,不脱落
耐热性	100℃×6 h	不起鼓,不脱落
耐老化性	人工老化168 h	合格
固体含量(%)	—	1号>41,2号>66

(10)合成高分子防水涂料的施工材料要求——聚氯乙烯(PVC)防水涂料见表5—72。

表5—72　合成高分子防水涂料的施工材料要求——聚氯乙烯(PVC)防水涂料

项目	内　容
含义	聚氯乙烯(PVC)防水涂料亦称PVC防水冷胶料,系以多种化工原料混炼而成的,它具有优良的弹塑性,能适应基层的一般开裂或变形,黏结延伸率较大,能牢固地与基层黏结成一体,其抗老化性优于热施工塑料油膏和沥青油毡
用途	聚氯乙烯(PVC)防水涂料通常采用多层涂抹,冷施工,适用于下列工程: (1)工业与民用建筑楼地面、地下工程的防水、防渗、防潮; (2)水利工程的渡槽、贮水池、蓄水屋面、水沟、天沟等的防水、防腐; (3)建筑物的伸缩缝、钢筋混凝土屋面板缝、水落管接口处等的嵌缝、防水、止水; (4)粘贴耐酸瓷砖及化工车间屋面、地面的防腐蚀工程

(11)聚氯乙烯(PVC)弹性防水涂料的物理力学性能见表5—73。

表5—73   聚氯乙烯(PVC)弹性防水涂料的物理力学性能

项 目		技术指标	
		801	802
密度(g/cm³)		规定值±0.1	
耐热性(80℃×5 h)		无流淌、起泡和滑动	
低温柔性(φ20 mm)		−10℃	−20℃
		无裂纹	
断裂伸长率(%),≥	无处理	350	
	加热处理	280	
	紫外线处理	280	
	碱处理	280	
恢复率(%),≥		70	
不透水性(0.1 MPa,30 min)		不透水	
黏结强度(MPa),≥		0.20	

(12)无机防水涂料——"确保时"防水涂料见表5—74。

表5—74   无机防水涂料——"确保时"防水涂料

项目	内 容
含义	"确保时"防水涂料,亦称"COPROX"高效防水涂料,是引进美国"COPROXCON-CENTRATE"的专利原料,配以国产白水泥和石英砂等材料而制成,它包括确保时防水胶和防水粉两种,是水泥基系丙烯酸防水涂料
技术性能	"确保时"防水涂料的技术性能见表5—75
适用范围	"确保时"防水胶,主要用于外墙和屋面。对于各种水泥砖石建筑物表面,以及沥青、氯丁橡胶、镀锌铁板、铝材石膏轻质材料与制品等均有良好的黏结性

表5—75   "确保时"防水涂料技术性能

项次	项目		性能指标
1	外观		粉状,白色、灰色或其他颜色
2	抗压强度(MPa)	净浆	25
		砂浆	22
3	抗折强度(MPa)	净浆	6
		砂浆	5

续上表

项次	项目		性能指标
4	黏结力(MPa)		≥1.7
5	遮盖力(N/m³)		≤3
6	耐碱性(10%NaOH 溶液,浸泡 7～15 d)		无变化
7	耐热性(100℃沸水,5 h)		无变化
8	低温抗裂(℃)		－40
9	抗冻强度 (MPa)	净浆	0.5
		砂浆	>1.5
10	冻融循环(－13℃～300℃,50 个循环)		无变化
11	凝结时间(终凝)(h)		<6

(13)无机防水涂料——"防水宝"防水粉见表 5－76。

表 5－76　无机防水涂料——"防水宝"防水粉

项目	内　容
含义	"防水宝"是一种固体粉末状建筑用刚性无机防水材料,无毒、无味、不燃、耐化学腐蚀。该产品具有黏结力好、强度高、抗冻抗渗性好等优异功能,防水宝系列包括Ⅰ型和Ⅱ型
技术性能	"防水宝"技术性能见表 5－77
特点	(1)Ⅰ型"防水宝"。Ⅰ型"防水宝"属水硬性无机胶凝材料,母料为白色粉末,需与石英粉以及硅酸盐水泥按一定比例混合后方可使用。它无毒、无味,在湿润表面施工,无论是迎水面或背水面均会收到良好的抗渗堵漏效果,而且施工操作简便,防水层耐燃耐化学腐蚀。 (2)Ⅱ型"防水宝"。Ⅱ型"防水宝"系固体粉状无机防水材料,它具有干固快、强度高、抗渗性好,黏结力强等优点,而且无毒、无味、加水调和即可使用。在湿润的表面上涂抹 1～2 mm涂层,即可收到抗渗堵漏效果,无论迎水面或背水面均可使用,而且也具有耐燃,耐化学腐蚀等功能。 该材料还有一个显著的特点是能在大面积渗漏的施工面上施工,达到很快止水的效果
适用范围	(1)Ⅰ型"防水宝"。适用于房屋楼宇、墙体屋面、厨房、浴室、坑道、隧道、人防工程、地铁、地库;自来水池、游泳池、养殖池、密封污水处理系统等的防水、防潮、防渗漏。若与白水泥或彩色水泥混合,同时可兼作表面装饰。 (2)Ⅱ型"防水宝"。适用于一切新旧建筑物的屋面、地下室、蓄水池以及隧道等的防水、防潮、防渗漏,还用来粘贴瓷砖、陶瓷锦砖等

表 5—77 "防水宝"的技术性能指标

项目	性能指标	
	I型"防水宝"	II型"防水宝"
凝结时间	初凝＞40 min 终凝＜6 h	初凝 90 min 终凝 125 min （加入速凝剂可调至任何凝结时间）
强度(净浆)(MPa)	7 d 耐压 18.0～20.5 7 d 抗折 4.5～5.3	7 d 耐压 46.7～54.4 7 d 抗折 5.7～7.2
黏结强度(MPa)	7 d 1.8～2.1	7 d 1.8～2.0
冻融	13℃～30℃ 50 个循环无变化	-20℃～30℃ 50 个循环无变化
渗透强度(MPa)	涂层:0.5～0.98 mm,保持 1 h 不透水 试块:(砂浆)1.5 mm,保持 1 h 不透水	涂层:0.5～1.1 mm,保持 1 h 不透水 试块:(砂浆)2.5～3.0 mm,保持 1 h 不透水
抗硫酸盐腐蚀	$K=0.81$	$K=1.11$

(14)无机防水涂料——"克渗漏"防水涂料见表 5—78。

表 5—78 无机防水涂料——"克渗漏"防水涂料

项目	内　容
含义	"克渗漏"防水涂料是用国产原材料配制而成的一种刚性无机防水涂料。本品呈白色粉状,具有黏结力强、抗冻、抗老化、耐碱、防水防潮等功能
特点	"克渗漏"防水涂料涂于混凝土和砂浆表面,仅一薄层,即与其形成牢固整体,防渗、防潮效果良好,涂层寿命经久耐用。施工简便,工效高便于清洗,无毒、无味、无污染、安全可靠,可在潮湿基面上进行施工,能缩短工期。维修容易,可直接找到漏点
适用范围	本品可广泛用于地上、地下民用建筑及军事设施,如各种楼房的内外墙、地面、屋面、地下室、地下仓库、地铁、防空洞、坑道、隧道、水池、水塔、游泳池、污水池、电缆沟等

(15)常用溶剂性能及特点见表 5—79。

表 5—79 常用溶剂性能及特点

项目	内　容
乙醇	乙醇也称酒精,乙醇的分子式为 CH_3CH_2OH,是一种挥发速度较快、易燃的醇类溶剂。溶于水、甲醇、乙醚等。工业酒精中通常含有一定量的甲醇。它是聚乙烯醇缩丁醛的溶剂,也是硝酸纤维素混合溶剂的组分之一

项目	内　容
丙二醇乙醚	丙二醇乙醚的分子式为 $CH_5OCH_2CH(CH_3)OH$，是醇醚类溶剂中的一个品种。醇醚溶剂的特点是溶解力强，挥发速度慢，在涂料中加入一定量的醇醚类溶剂能控制涂料溶剂系统的挥发速度，改善涂膜的流平性。其毒性一般小于乙二醇类溶剂，被广泛用作涂料溶剂及水性涂料的成膜助剂
二甲苯	二甲苯的分子式为 $C_6H_4(CH_3)_2$，属芳香族烃类溶剂，它有 3 种异构体，即邻二甲苯、间二甲苯和对二甲苯。常用的是 3 种异构体的混合物，称作混合二甲苯，其中以邻间二甲苯的含量较多。工业用二甲苯还含有甲苯和乙苯，是一种无色、透明易挥发的溶剂，有芳香气味，有毒。不溶于水，溶于乙醇或乙醚
200 号溶剂汽油	200 号溶剂汽油是一种含有 15% 以下芳香烃的脂肪烃混合物，其挥发速度较慢，能溶解大多数的天然树脂、油基树脂和中油度、长油度醇酸树脂，因而 200 号溶剂汽油广泛地用作这些树脂基料的溶剂和稀释剂。它也可用作清洗溶剂和脱脂溶剂
丁醇	丁醇的分子式为 C_4H_9OH，有 4 种异构体，主要是正丁醇和异丁醇。此两种丁醇都属于挥发较慢的溶剂，主要用作油性和合成树脂（特别是氨基树脂和丙烯酸树脂）涂料的溶剂，也是硝酸纤维素涂料中的组成溶剂
丙酮	丙酮的分子式为 CH_3COCH_3，是最简单的饱和酮，为无色易挥发和易燃的溶剂，有微香气味。丙酮能与水、甲醇、乙醇、乙醚等混溶。丙酮的蒸汽与空气的混合物也是可爆炸性气体。丙酮是一种蒸发速度很快的强溶剂
甲基异丁基酮	甲基异丁基酮分子式为 $CH_3COCH_2CH(CH_3)_2$，其性能、用途与甲乙酮相似，但蒸发速度稍慢一些。由于甲乙酮和甲基异丁基酮在我国的价格较高，使用还不太广泛，主要与其他溶剂一起组成各种涂料的混合溶剂，调整混合溶剂的溶解力和蒸发速度，以改善涂料的性能
醋酸丁酯	醋酸丁酯的分子式为 $CH_3COOC_4H_9$，醋酸丁酯又称乙酸丁酯或丁基溶纤剂，是一种有微香的可燃性气体，微溶于水，溶于乙醇、乙醚和苯等，其蒸汽和空气能形成爆炸性混合物。醋酸丁酯是一种挥发速度适中，通用性较广的溶剂。它的溶解力也很强，但比酮类溶剂要差一些。醋酸丁酯以前主要用于硝酸纤维素涂料，但目前已广泛用作合成树脂涂料如丙烯酸酯涂料、聚氨酯涂料等的溶剂

(16)常用溶剂的选用要求见表 5—80。

表 5—80　常用溶剂的选用要求

项目	内　容
溶解能力	一般选用对成膜物质溶解能力强的溶剂，这样可提高涂料的匀质性，降低涂料粘度

项目	内　　容
安全性	主要指溶剂的毒性和可燃性,应选择毒性小,闪点低的溶剂
挥发速度	如果溶剂的挥发速度太快,易导致涂料的流平性不好,相反会造成涂膜流挂或干燥太慢,因此要选用挥发速度适宜的产品

(17)防水涂料现场抽样复检项目见表5-81。

表 5-81　防水涂料现场抽样复检项目

高聚物改性沥青防水涂料	每10 t 为一批,不足10 t 按一批抽样	包装完好无损,且标明涂料名称、生产日期、生产厂名、产品有效期;无沉淀、凝胶、分层	固体含量,耐热度,柔性,不透水性	防水涂料的物理性能检验,全部指标达到标准规定时,即为合格。其中若有一项指标达不到要求,允许在受检产品中加倍取样进行该项复检,复检结果如仍不合格,则判定该产品为不合格
合成高分子防水涂料		包装完好无损,且标明涂料名称、生产日期、生产厂名、产品有效期	固体含量,拉伸强度,断裂延伸率,柔性,不透水性	

三、施工机械要求

涂膜防水层的施工主要机具见表5-82。

表 5-82　涂膜防水层的施工主要机具

名称	用途
电动搅拌器	混合甲、乙料用
拌料桶	混合甲、乙料用
小型油漆桶	装混合料用
橡皮刮板	刷涂用
塑料刮板	刷涂用
50 kg 磅秤	配料秤量用
油漆刷	刮涂用
滚动刷	刮涂用
小抹子	修补基层用
油工铲刀	清理基层
锤子、凿子、钢丝刷	清理基层
扫帚	清理基层

四、施工工艺解析

（1）聚合物水泥涂膜屋面防水层施工的适用范围及作业条件见表5-83。

表5-83　聚合物水泥涂膜屋面防水层施工的适用范围及作业条件

项目	内　　容
适用范围	适用于工业与民用建筑坡屋面、非暴露型屋面涂刷聚合物水泥涂膜防水层的施工
作业条件	（1）屋面防水层施工前，应认真审核图纸做好技术交底。各道工序应建立自检、交接检和专职人员检查的"三检"制度，并有完整的检查记录。防水层施工前，应经监理单位（或建设单位）检查验收。 （2）防水层施工应由经资质审查合格的防水专业队伍进行施工。作业人员应持有当地建设行政主管部门颁发的上岗证。 （3）防水材料应有产品合格证书和性能检测报告，材料的品种、规格、性能等应符合现行国家产品标准和设计要求，并经抽样复试合格。 （4）涂刷防水层的基层表面，应将尘土、杂物彻底清理干净；表面残留的灰浆硬块及突出部分应清除干净，不得有空鼓、开裂及起砂、脱皮等缺陷。 （5）伸出屋面的管道、设备或预埋件等，应在防水层施工前安设完毕。屋面防水层完工后，不得在其上凿孔打洞或重物冲击。 （6）防水涂料严禁在雨天、雪天和五级风及其以上施工。溶剂型防水涂料施工时环境气温不得低于-5℃～35℃，水乳型防水涂料施工的环境气温宜为5℃～35℃。 （7）基层坡度应符合设计要求。 （8）基层表面的干燥程度，应视所选用的涂料特性而定，当采用溶剂型防水涂料时，基层应干燥，采用水乳型防水涂料时，可在潮湿而无明水的基层上施工

（2）聚合物水泥涂膜屋面防水层的施工工艺见表5-84。

表5-84　聚合物水泥涂膜屋面防水层的施工工艺

项目	内　　容
清理基层	先以铲刀扫帚等工具将基层表面的突出物、砂浆疙瘩等异物铲除，并将尘土杂物彻底清扫干净。对凹凸不平处，应用高强度等级水泥砂浆修补顺平。对阴阳角、管根、地漏和水落口等部位更应认真清理
涂料的调配	（1）涂膜防水材料的配制：按照生产厂家指定的比例分别称取适量的液料和粉料，配料时把粉料慢慢倒入液料中并充分搅拌，搅拌时间不少于10 min至无气泡为止。搅拌时不得加水或混入上次搅拌的残液及其他杂质。配好的涂料必须在厂家规定的时间内用完。 （2）聚合物水泥防水涂料各涂层配合比应符合表5-85的要求
涂膜施工	（1）涂刷底层涂料，将已搅拌好的底层涂料，用长板刷或圆形滚刷滚动涂刷，涂刷要横竖交叉进行，达到均匀、厚度一致，不漏底，待涂层干燥后，再进行下道工序。

项 目	内 容
涂膜施工	（2）细部附加层增强处理，对预制天沟、檐沟与屋面交界处，应增加一层涂有聚合物水泥防水涂料的胎体增强材料作为附加层。宽度不小于 300 mm。檐口处、压顶下收头处应多遍涂刷封严或用密封材料封严。泛水处的防水层，可直接刷至女儿墙的压顶下，收头处应多遍涂刷封严。水落口周围 $R=500$ mm 范围内，坡度不应小于 5%，并应用该涂料或密封材料密封，其厚度不应小于 2 mm，水落口周围与基层接触处，应留宽 20 mm、深 20 mm 凹槽，并嵌填密封材料。伸出屋面管道与找平层间应留凹槽，槽内应嵌填密封材料，防水层收头应用密封材料封严。 （3）涂刷下层涂料须待底层涂料干燥后方可涂刷。 （4）涂刷中层涂料须待下层涂料干燥后方可涂刷。 （5）涂刷面层涂料，待中层涂料干燥后，用滚刷均匀涂刷。 可多刷一遍或几遍，直至达到设计规定的涂膜厚度。 （6）每层涂刷完约 4 h 后涂料可固结成膜，此后可进行下一层涂刷。为消除屋面因温度变化产生胀缩，应在涂刷第二层涂膜后铺无纺布同时涂刷第三层涂膜。无纺布的搭接宽度应不小于 100 mm。屋面防水涂料的涂刷不得少于 5 遍，涂膜厚度不应小于 1.5 mm。 （7）聚合物水泥防水涂料与卷材复合使用时，涂膜防水层宜放在下面；涂膜与刚性防水材料复合使用时，刚性防水层放在上面，涂膜放在下面
蓄水试验	防水层完工后，应作蓄水试验，蓄水 24 h 无渗漏为合格。坡屋面可做淋水试验，淋水 2 h 无渗漏为合格
保护层	涂膜防水作为屋面面层时，不宜采用着色剂保护层。一般应铺面砖等刚性保护层
成品保护	（1）已涂刷好的防水层，应及时采取保护措施，不得损坏，以免造成隐患。 （2）穿过屋面的管根，不得损伤变位。 （3）变形缝、水落口等处施工中临时堵塞的废纸、麻绳、塑料布等，完工后应及时清理干净，保证其排水畅通。 （4）防水层施工完成后，应及时做好保护层。 （5）施工时不得污染墙面等部位
应注意的质量问题	（1）涂膜防水层与基层应黏结牢固，表面平整，涂刷均匀，无流淌、皱折、脱皮、起鼓、裂缝、鼓泡、露胎体和翘边等缺陷。 （2）每层涂刷必须定量取料。配好的料应在 2 h 内用完。 （3）屋面防水施工中应严格按照有关规定做好安全防护，避免发生安全事故

表 5—85　聚合物水泥防水涂料各涂层配合比

涂层类别	重量配合比
底层涂料	液料：粉料：水＝10：（7～10）：14

续上表

涂层类别	重量配合比
下层涂料	液料∶粉料∶水＝10∶(7～10)∶(0～2)
中层涂料	液料∶粉料∶水＝10∶(7～10)∶(0～2)
面层涂料	液料∶粉料∶水＝10∶(7～10)∶(0～2)

（3）高聚物改性沥青防水涂膜的施工工艺见表5－86。

表5－86　高聚物改性沥青防水涂膜的施工工艺

项　目	内　容
基层处理	将屋面清扫干净，不得有浮灰、杂物、油污等，表面如有裂缝或凹坑，应用防水胶与滑石粉拌成的腻子修补，使之平滑
涂刷基层处理剂	基层处理剂可以隔断基层潮气，防止涂膜起鼓、脱落，增强涂膜与基层的黏结。基层处理剂可用掺0.2%～0.5%乳化剂的水溶液或软化水将涂料稀释，其用量比例一般为防水涂料∶乳化剂水溶液(或软水)＝1∶(0.5～1)。对于溶剂型防水涂料，可用相应的溶剂稀释后使用；也可用沥青溶液(即冷底子油)作为基层处理剂，基层处理剂应涂刷均匀，无露底，无堆积。涂刷时，应用刷子用力薄涂，使涂料尽量刷进基层表面的毛细孔中
铺贴附加层	对一头(防水收头)、二缝(变形缝、分割缝)、三口(水落口、出入口、檐口)及四根(女儿墙根、设备根、管道根、烟囱根)等部位，均加做一布二油附加层，使粘贴密实，然后再与大面同时做防水层涂刷
刷第一遍涂料	涂料涂布应分条或按顺序进行。分条进行时，每条宽度应与胎体增强材料宽度一致，以免操作人员踩踏刚涂好的涂层。涂刷应均匀，涂刷不得过厚或堆积，避免露底或漏刷。人工涂布一般采用蘸刷法。涂布时先涂立面，后涂平面。涂刷时不能将气泡裹进涂层中，如遇起泡应立即用针刺消除
铺贴第一层胎体布，刷第二遍涂料	第一遍涂料经2～4 h表干(不沾手)后即可铺贴第一层胎体布，同时刷第二遍涂料。 铺设胎体增强材料时，屋面坡度小于15%时，应平行于屋脊铺设；屋面坡度大于15%时，应垂直于屋脊铺设。胎体长边搭接宽度不应小于50 mm，短边搭接宽度不应小于70 mm，收口处要贴牢，防止胎体露边、翘边等缺陷，排除气泡，并使涂料浸透布纹，防止起鼓等现象。铺设胎体增强材料时应铺平，不得有皱折，但也不宜拉得过紧。 胎体增强材料的铺设可采用湿铺法或干铺法。 (1)湿铺法就是边倒料、边涂刷、边铺贴的操作方法。施工时，在已干燥的涂层上，将涂料仔细刷匀，然后将成卷的胎体增强材料平放，推滚铺贴于刚刷上涂料的屋面上，用滚刷滚压一遍，务必使全部布眼浸满涂料，使上下两层涂料能良好结合，铺贴胎体增强材料时，应将布幅两边每隔1.5～2.0m间距各剪15 mm的小口，以利铺贴平整。铺贴好的胎体增强材料不得有皱折、翘边、空鼓等现象，不得有露白现象。 (2)干铺法就是在上道涂层干燥后，边干铺胎体增强材料，边均匀满刮一道涂料。使涂料进入网眼渗透到已固化的涂膜上。采用干铺法铺贴的胎体增强材料如表面有部分露白时，即表明涂料用量不足，就应立即补刷

续上表

项目	内　容
刷第三遍涂料	上遍涂料实干后(12~14 h)即可涂刷第三遍涂料,要求及作法同涂刷第一遍涂料
刷第四遍涂料	上遍涂料表干后即可刷第四遍涂胶料,同时铺第二层胎体布。铺第二层胎体布时,上下层不得相互垂直铺设,搭接缝应错开,其间距不应小于幅宽的1/3
涂刷第五遍涂料	上遍胶料实干后,即可涂刷第五遍涂料
淋水或蓄水检验	第五涂遍胶料实干后,厚度达到设计要求。可进行蓄水试验。方法是临时封闭水落口,然后蓄水,蓄水深度按设计要求,时间不少于24 h。无女儿墙的屋面可做淋水试验,试验时间不少于2 h,如无渗漏,即认为合格,如发现渗漏,应及时修补,再做蓄水或淋水试验,直至不漏为止
涂第六遍涂料	经蓄水试验不漏后,可打开水落口放水。干燥后再刷第六遍涂料
施工注意事项	(1)涂刷基层处理剂时要用力薄涂,涂刷后续涂料时应按规定的每遍涂料的厚度(控制材料用量)均匀、仔细地涂刷。各层涂层之间的涂刷方向相互垂直,以提高防水层的整体性和均匀性。涂层间的接槎,在涂刷时每遍应退槎50~100 mm,接槎时也应超过50~100 mm,避免在接槎处发生渗漏。 (2)涂刷防水层前,应进行涂层厚度控制试验,即根据设计要求的涂膜厚度及涂料材性等事先试验,确定每遍涂料涂刷的厚度以及防水层需要涂刷的遍数。每遍涂料涂层厚度以0.5 mm为宜。 (3)在涂刷厚度及用量试验的同时,也应测定每遍涂层实干的间隔时间。防水涂料的干燥时间(表干和实干)因材料的种类、气候的干湿程度等因素的不同而不同,必须根据实验确定涂料干燥时间。 (4)施工前要将涂料搅拌均匀。双组分或多组分涂料要根据用量进行配料搅拌。采用双组分涂料,每次配制数量应根据每次涂刷面积计算确定,混合后材料存放时间不得超过规定可使用时间,不应一次搅拌过多使涂料发生凝聚或固化而无法使用,夏天施工尤为注意。每组分涂料在配料前必须先搅拌均匀。搅拌时应先将主剂投入搅拌器内,然后放入固化剂,并立即开始搅拌,搅拌时间一般为3~5 min。要注意将材料充分搅拌均匀。主剂和固化剂的混合应严格按厂家配合比制备,偏差不得大于±5%。不同组分的容器、搅拌棒及取料勺等不得混用,以免产生凝胶。单组分涂料,使用前必须充分搅拌,消除因沉淀而产生的不匀质现象。未完的涂料应加盖封严,桶内有少量结膜现象,应清除或过滤后使用。 (5)施工完成后,应有自然养护时间,一般不少于7 d。在养护期间不得上人行走或在其上操作,禁止在上面堆积物料,避免尖锐物碰撞。 (6)施工人员必须穿软底鞋在屋面操作,施工过程中穿戴好劳动防护用品,屋面施工应有有效的安全防护措施

(4)聚氨酯防水涂膜的施工工艺见表5—87。

表 5—87 聚氨酯防水涂膜的施工工艺

项目	内　容
基层处理	(1)清理基层表面的尘土、砂粒、砂浆硬块等杂物,并吹(扫)净浮尘。凹凸不平处,应修补。 (2)涂刷基层处理剂:大面积涂刷防水膜前,应做基层处理剂
甲乙组分混合	其配料方法是将聚氨酯甲、乙组分和二甲苯按产品说明书配比及投料顺序配合、搅拌至均匀,配制量视需要确定,用多少配制多少。附加层施工时的涂料也是用此法配制的
大面防水涂布	(1)第一遍涂膜施工:在基层处理剂基本干燥固化后(即为表干不粘手),用塑料刮板或橡皮刮板均匀涂刷第一遍涂膜,厚度为 0.8~1.0 mm,涂量约为 1 kg/m²。涂刷应厚薄均匀一致,不得有漏刷、起泡等缺陷,若遇起泡,采用针刺消泡。 (2)第二遍涂膜施工:待第一遍涂膜固化,实干时间约为 24 h 涂刷第二遍涂膜。涂刷方向与第一遍垂直,涂刷量略少于第一遍,厚度为 0.5~0.8 mm,用量约为 0.7 kg/m²,要求涂刷均匀,不得漏涂、起泡。 (3)待第二遍涂膜实干后,涂刷第三遍涂膜,直至达到设计规定的厚度
淋水或蓄水检验	第五遍涂料实干后,进行淋水或蓄水检验。条件允许时,有女儿墙的屋面蓄水检验方法是临时封闭水落口,然后用胶管向屋面注水,蓄水高度至泛水高度,时间不少于 24 h。无女儿墙的屋面可做淋水试验,试验时间不少于 2 h,如无渗漏,即认为合格,如发现渗漏,应及时修补
保护层、隔离层施工	(1)采用撒布材料保护层时,筛去粉料、杂质等,在涂刷最后一层涂料时,边涂边撒布,撒布均匀、不露底、不堆积。待涂膜干燥后,将多余的或黏结不牢的粒料清扫干净。 (2)采用浅色涂料保护层时,涂膜固化后进行,均匀涂刷,使保护层与防水层黏结牢固,不得损伤防水层。 (3)采用水泥砂浆,细石混凝土或板块保护层时,最后一遍涂层固化实干后,做淋水或蓄水检验。合格后,设置隔离层,隔离层可采用干铺塑料膜、土工布或卷材,也可采用铺抹低强度等级的砂浆。在隔离层上施工水泥砂浆、细石混凝土或板块保护层,厚度 20 mm 以上。操作时要轻推慢抹,防止损伤防水层
安全措施	(1)聚氨酯甲、乙组分及固化剂、稀释剂等均为易燃有毒物品,储存时应放在通风干燥且远离火源的仓库内,施工现场严禁烟火。操作时应严加注意,防止中毒。 (2)施工人员应配戴防护手套,防止聚氨酯材料沾污皮肤,一旦沾污皮肤,应及时用乙酸乙酯清洗。

(5)聚合物乳液建筑防水涂膜的施工工艺见表 5—88。

表 5—88 聚合物乳液建筑防水涂膜的施工工艺

项目	内　容
基层处理	将屋面基层清扫干净,不得有浮灰、杂物或油污,表面如有质量缺陷应进行修补

续上表

项目	内　　容
涂刷基层处理剂	用软化水(或冷开水)按 1∶1 比例(防水涂料∶软化水)将涂料稀释,薄层用力涂刷基层,使涂料尽量涂进基层毛细孔中,不得漏涂
附加层施工	檐沟、天沟、落水口、出入口、烟囱、出气孔、阴阳角等部位,应做一布三涂附加层,成膜厚度不少于 1 mm,收头处用涂料或密封材料封严
分层涂布防水涂料与铺贴胎体增强材料	(1)刷第一遍涂料。要求表面均匀,涂刷不得过厚或堆积,不得露底或漏刷。涂布时先涂立面,后涂平面。涂刷时不能将气泡裹进涂层中,如遇气泡应立即用针刺消除。 (2)铺贴第一层胎体布,刷第二遍涂料。第一遍涂料经 2~4 h,表干不粘手后即可铺贴第一层胎体布,同时刷第二遍涂料。涂料涂布应分条或按顺序进行。分条进行时,每条宽度应与胎体增强材料宽度一致,以免操作人员踩踏刚涂好的涂层。 (3)刷第三遍涂料。上遍涂料实干后(约 12~14 h)即可涂刷第三遍涂料,要求及作法同涂刷第一遍涂料。 (4)刷第四遍涂料,同时铺第二层胎体布。上遍涂料表干后即可刷第四遍涂料,同时铺第二层胎体布。铺第二层胎体布时,上下层不得相互垂直铺设,搭接缝应错开,其间距不应小于幅宽的 1/3。具体作法同铺第一层胎体布方法。 (5)涂刷第五遍涂料。上遍涂料实干后,即可涂刷第五遍涂料,此时的涂层厚度应达到防水层的设计厚度。 (6)涂刷第六遍涂料。淋水或蓄水检验合格后,清扫屋面,待涂层干燥后再涂刷第六遍涂料
淋水或蓄水试验	第五遍涂料实干后,进行淋水或蓄水检验。条件允许时,有女儿墙的屋面蓄水检验方法是临时封闭水落口,然后用胶管向屋面注水,蓄水高度至泛水高度,时间不少于 24 h。无女儿墙的屋面可做淋水试验,试验时间不少于 2 h,如无渗漏,即认为合格,如发现渗漏,应及时修补
保护层施工	经蓄水试验合格后,涂膜干燥后按设计要求施工保护层
施工注意事项	(1)涂料涂布时,涂刷致密是保证质量的关键,涂刷基层处理剂时要用力薄涂,涂刷后续涂料时应按规定的涂膜厚度(控制材料用量)均匀、仔细地分层涂刷。各层涂层之间的涂刷方向相互垂直,涂层间的接槎,在涂刷时每遍应退槎 50~100 mm,接槎时也应超过 50~100 mm。 (2)涂刷防水层前,应进行涂层厚度控制试验,即根据设计要求的涂膜厚度确定每平方米涂料用量,确定每层涂层的厚度用量以及涂刷遍数。每层涂层厚度以 0.3~0.5 mm 为宜。 (3)在涂刷厚度及用量试验的同时,应测定每层涂层实干的间隔时间。防水涂料的干燥时间(表干和实干)因材料的种类、气候的干湿热程度等因素的不同而不同,必须根据实验确定。 (4)材料使用前应用机械搅拌均匀,如有少量结膜或结块时应过滤后使用。 (5)施工人员应穿软底鞋在屋面操作,严禁在防水层上堆积物料,要避免尖锐物碰撞

（6）聚合物水泥防水涂膜的施工工艺见表5-89。

表5-89 聚合物水泥防水涂膜的施工工艺

项目	内　容
涂层结构	针对不同的防水工程，相应选择 P1、P2、P3 三种方法的一种或几种组合进行施工。这3种方法涂层结构示意如图5-5～图5-7所示。 P1 工法总用料量 2.1 kg/m²，适用范围：等级较低和一般建筑物的防水。配合比（有机液料：无机粉料：水）及各层用量如下： 打底层 10：7：14　0.3 kg/m² → 下层 10：7：（0～2）　0.9 kg/m² → 上层 10：7：（0～2）　0.9 kg/m² P2 工法总用料量 3.0 kg/m²，适用范围：等级较高和重要建筑物的防水。配合比及各层用量如下： 打底层 10：7：14　0.3 kg/m² → 下层 10：7：（0～2）　0.9 kg/m² → 中层 10：7：（0～2）　0.9 kg/m² → 上层 10：7：（0～2）　0.9 kg/m² P3 工法总用料量 3.0 kg/m²，适用范围：重要建筑物的防水和建筑物异形部位的防水（如女儿墙、雨水口、阴阳角等）。配合比及各层用量如下： 打底层 10：7：14　0.3 kg/m² → 下层 10：7：（0～2）　0.9 kg/m² → 无纺布按需要裁剪 → 中层 10：7：（0～2）　0.9 kg/m² → 上层 10：7：（0～2）　0.9 kg/m² 无纺布的材质：聚酯，单位重量为 35～60 g/m²，厚度为 0.25～0.45 mm。若涂层厚度不够，可加涂一层或数层
配料	如果需要加水，先在液料中加水，用搅拌器边搅拌，后徐徐加入粉料，充分搅拌均匀，直到料中不含团粒为止（搅拌时间约为 3 min 左右）。 打底层涂料的重量配比为液料：粉：水＝10：7：14；下层、中层涂料的重量配比为液料：粉：水＝10：7：（0～2）；上层涂料可加颜料以形成彩色层，彩色层涂料的重量配比为液料：粉：颜料：水＝10：7：（0.5～1）：（0～2）。在规定的加水范围内，斜面、顶面或立面施工应不加或少加水
涂刷	用辊子或刷子涂刷，根据选择的工法，按照 打底层 → 下层 → 无纺布 → 中层 → 上层 的次序逐层完成。各层之间的时间间隔以前一层涂膜干固不粘为准（在温度为20℃的露天条件下，不上人施工约需 3 h，上人施工约需 5 h）。现场温度低、湿度大、通风差，干固时间长些；反之短些。 1）涂料（尤其是打底料）有沉淀时随时搅拌均匀，每次蘸料时，先在料桶底部搅动几下，以免沉淀。 2）涂刷要均匀，要求多滚刷几次，使涂层与基层之间不留气泡，黏结牢固。 3）涂层必须按规定用量取料，不能过厚或过薄，若最后防水层厚度不够，可加涂一层或数层

续上表

项 目	内　　容
混合后涂料的可用时间	在液料∶粉料∶水＝10∶7∶2,环境温度为20℃的露天条件下,涂料可用时间约3 h。现场环境温度低,可用时间长些;反之短些。涂料过时稠硬后,不可加水再用
干固时间	在液料∶粉料∶水＝10∶7∶2,环境温度为20℃的露天条件下,涂层干固时间约3 h
涂层颜色	聚合物水泥防水涂料的本色为半透明乳白色,加入占液料重量5％～10％的颜料,可制成各种彩色涂层,颜料应选用中性的无机颜料,一般选用氧化铁系列,选用其他颜料须先经试验后方可使用
保护层施工	经蓄水试验合格后,涂膜干燥符合设计要求后施工保护层

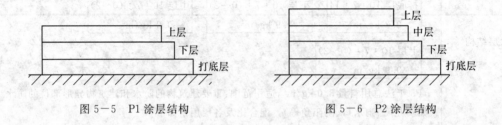

图 5-5　P1 涂层结构　　　　　　　　　　图 5-6　P2 涂层结构

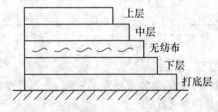

图 5-7　P3 涂层结构

第六章　刚性防水屋面工程

第一节　细石混凝土防水层

一、验收条文

细石混凝土防水层施工质量验收标准见表 6-1。

表 6-1　细石混凝土防水层施工质量验收标准

项目	内　　容
主控项目	(1)细石混凝土的原材料及配合比必须符合设计要求。 检验方法:检查出厂合格证、质量检验报告、计量措施和现场抽样复验报告。 (2)细石混凝土防水层不得有渗漏或积水现象。 检验方法:雨后或淋水、蓄水检验。 (3)细石混凝土防水层在天沟、檐沟、檐口、水落口、泛水、变形缝和伸出屋面管道的防水构造,必须符合设计要求。 检验方法:观察检查和检查隐蔽工程验收记录
一般项目	(1)细石混凝土防水层应表面平整、压实抹光,不得有裂缝、起壳、起砂等缺陷。 检验方法:观察检查。 (2)细石混凝土防水层的厚度和钢筋位置应符合设计要求。 检验方法:观察和尺量检查。 (3)细石混凝土分格缝的位置和间距应符合设计要求。 检验方法:观察和尺量检查。 (4)细石混凝土防水层表面平整度的允许偏差为 5 mm。 检验方法:用 2 m 靠尺和楔形塞尺检查

二、施工材料要求

(1)水泥的含义及种类见表 6-2。

表 6-2　水泥的含义及种类

项目	内　　容
含义	水泥是一种与水拌和成塑性浆体并能胶结砂、石等适当材料,在空气中、潮湿环境中以及水中硬化保持并增长强度的粉状水硬性胶凝材料

项目	内　容
种类	按混合材料的品种和掺量分为硅酸盐水泥、普通硅酸盐水泥、矿渣硅酸盐水泥、火山灰质硅酸盐水泥、粉煤灰硅酸盐水泥和复合硅酸盐水泥

(2)砂中有害物质限量见表6—3。

表6—3　砂中有害物质限量

类别	Ⅰ	Ⅱ	Ⅲ
云母(按质量计)(%)	≤1.0	≤2.0	
轻物质(按质量计)(%)	≤1.0		
有机物	合格		
硫化物及硫酸盐(按SO₃质量计)(%)	≤0.5		
氯化物(以氯离子质量计)(%)	≤0.01	≤0.02	≤0.06
贝壳(按质量计)(%)①	≤3.0	≤5.0	≤8.0

①该指标仅适用于海砂,其他砂种不作要求。

(3)石子的颗粒级配及其有害物质限量分别见表6—4、表6—5。

表6—4　碎石、卵石的颗粒级配

公称粒级 (mm)		累计筛余(%)											
		方孔筛(mm)											
		2.36	4.75	9.50	16.0	19.0	26.5	31.5	37.5	53.0	63.0	75.0	90
连续粒级	5~16	95~100	85~100	30~60	0~10	0	—	—	—	—	—	—	—
	5~20	95~100	90~100	40~80	—	0~10	0	—	—	—	—	—	—
	5~25	95~100	90~100	—	30~70	—	0~5	0	—	—	—	—	—
	5~31.5	95~100	90~100	70~90	—	15~45	—	0~5	0	—	—	—	—
	5~40	—	95~100	70~90	—	30~65	—	—	0~5	0	—	—	—

续上表

公称粒级 (mm)		累计筛余(%)											
		方孔筛(mm)											
		2.36	4.75	9.50	16.0	19.0	26.5	31.5	37.5	53.0	63.0	75.0	90
单粒粒级	5~10	95~100	80~100	0~15	0	—	—	—	—	—	—	—	—
	10~16	—	95~100	80~100	0~15	—	—	—	—	—	—	—	—
	10~20	—	95~100	85~100	—	0~15	0	—	—	—	—	—	—
	16~25	—	—	95~100	55~70	25~40	0~10	—	—	—	—	—	—
	16~31.5	—	—	95~100	85~100	—	—	0~10	—	—	—	—	—
	20~40	—	—	95~100	55~70	80~100	—	—	0~10	0	—	—	—
	40~80	—	—	—	—	95~100	—	—	70~100	—	30~60	0~10	0

表 6—5　卵石、碎石的有害物质限量

类别	I	II	III
有机物	合格	合格	合格
硫化物及硫酸盐(按 SO_3 质量计)(%)	≤0.5	≤1.0	≤1.0

(4)混凝土拌和用水质量要求见表 6—6。

表 6—6　混凝土拌和用水质量要求

项目	预应力混凝土	钢筋混凝土	素混凝土
pH 值	≥5.0	≥4.5	≥4.5
不溶物(mg/L)	≤2 000	≤2 000	≤5 000
可溶物(mg/L)	≤2 000	≤5 000	≤10 000
Cl^-(mg/L)	≤500	≤1 000	≤3 500
SO_4^{2-}(mg/L)	≤600	≤2 000	≤2 700
碱含量(mg/L)	≤1 500	≤1 500	≤1 500

注:碱含量按 $Na_2O+0.658K_2O$ 计算来表示。采用非碱活性骨料时,可不检验碱含量。

(5)常用的外加剂品种、性能及掺量范围见表6—7～表6—10。

表6—7　　常见膨胀剂主要品种

名称	掺量	主要成分
明矾石膨胀剂	15%～20%	天然明矾石、无水石膏或二水石膏
CSA 膨胀剂	8%～10%	无水铝酸钙、无水石膏、游离石灰、β－C₂S
U 型膨胀剂	10%～14%	C_4A_3S、明矾石、石膏
石灰膨胀剂	3%～5%	生石灰
FS 膨胀剂	6%～10%	—
TEA 膨胀剂	8%～12%	膨润土

表6—8　　常用防水剂主要品种

名称		一般掺量	主要性能、用途
氯化物金属盐类防水剂		2.5%～5%（占水泥重,下同)	提高密实性、堵塞毛细孔,切断渗水通道,降低泌水率,具有早强增强作用,用于防水混凝土
金属皂类防水剂	水溶性	混凝土:0.5%～2%砂浆:1.5%～5%	形成憎水吸附层,生成不溶于水的硬脂酸皂填充孔隙,防水抗渗;可溶性金属皂类有引气和缓凝作用,用于防水、防潮工程
	油溶性	5%	
无机铝盐防水剂		3%～5%	产生促进水泥构件密实的复盐,填充混凝土和水泥砂浆在水化过程中形成的孔隙及毛细通道
有机硅防水剂		混凝土:0.05%～0.2%砂浆:0.02%～0.2%	形成防水膜包围材料颗粒表面。具有憎水防潮、抗渗、抗风化、耐污染性能,可用于防水砂浆、防水混凝土,以及建筑物外立面的防水处理

表6—9　　常用引气剂主要品种

名称	一般掺量	主要性能、用途
PC－2引气剂	0.6‰（占水泥重,下同)	具有引气、减水作用。适用于有防冻、防渗要求的混凝土工程,含气量3%～8%,强度降低
CON－A引气减水剂	0.5‰～1.0‰	具有引气、减水、增强作用。适用于有防冻、防渗耐碱要求的混凝土工程,含气量8%
烷基苯磺酸钠引气剂	0.5‰～1.0‰	改善混凝土和易性,提高抗冻性。适用于有抗冻、抗渗要求的混凝土工程,含气量3.7%～4.4%
OP 乳化剂	5.0‰～6.0‰	改善混凝土和易性,提高抗冻性。适用于防水混凝土工程,含气量4%,减水7%

续上表

名称	一般掺量	主要性能、用途
烷基苯磺酸钠（AS）	0.8‰～1.0‰	具有引气作用,适用于防冻、防渗要求的水工混凝土工程,含气量4%左右

表6—10　常用减水剂主要品种

名称		一般掺量	主要性能、用途
木质素磺酸盐减水剂（M型减水剂）		0.2%～0.3%（占水泥重,下同）	普通减水剂,有增塑及引气作用;缓凝作用,推迟水化热峰出现;减水10%～15%或增加强度10%～20%。适用于一般防水混凝土,尤其是大体积混凝土和夏季施工。缺点是混凝土强度发展慢
萘系减水剂	NNO	0.5%～1.0%	高效减水剂,显著改善和易性;提高抗渗性;减水12%～25%,提高强度15%～30%,MF、JN有引气作用,抗冻性、抗渗性较NNO好,适用于防水混凝土工程,尤其适用于冬季气温低时施工。缺点是加引气气泡较大,需高频振动排汽
	MF	0.2%～1.0%	
	JN	0.3%～1.0%	
	FDN	0.2%～1.0%	
	UNF	0.3%～1.0%	
树脂系减水剂（SM减水剂）		0.5%～1.5%	高效减水剂,显著改善和易性;提高密实度;早强、非引气作用;减水20%～30%,增加强度30%～60%。适用于防水混凝土,尤其是要求早强高强混凝土

(6)配筋和聚丙烯抗裂纤维的规格见表6—11。

表6—11　配筋和聚丙烯抗裂纤维的规格

项目	内容
配筋	配置直径为4～6 mm、间距为100～200 mm的双向钢筋网片,可采用乙级冷拔低碳钢丝,性能符合标准要求。钢筋网片应在分格缝处断开,其保护层厚度不小于10 mm
聚丙烯抗裂纤维	聚丙烯抗裂纤维为短切聚丙烯纤维,纤维直径0.48 μm,长度10～19 mm,抗拉强度276 MPa,掺入细石混凝土中,抵抗混凝土的收缩应力,减少细石混凝土的开裂。掺量一般为每1 m³细石混凝土中掺入0.7～1.2 kg

(7)普通防水混凝土见表6—12。

表6—12　普通防水混凝土

项目	内容
含义	普通防水混凝土是以调整配合比的方法来提高自身密实性和抗渗性要求的一种混凝土。其主要材料是水泥(胶凝材料)、砂(细集料)、石子(粗集料)和水,根据结构所需强

项目	内　　容
含义	度和抗渗等级配制,而以控制水灰比、砂率、水泥用量的方法来提高混凝土的密实性和抗渗性,使混凝土中石子的骨架作用减弱,水泥砂浆除起填充、润滑和黏结作用外,还在粗集料周围形成具有一定厚度的良好的砂浆包裹层,将粗集料充分隔开,使之保持一定距离,从而切断普通混凝土容易形成的毛细孔通路,提高混凝土的密实性和抗渗性,以达到防水的目的
用途	普通防水混凝土不依赖其他附加防水措施,因而施工简便,材料来源广泛,价格低廉。其抗渗性能最高可达 3.0 MPa。可适用于一般工业与民用建筑及公共建筑的地下防水工程。配制混凝土的技术要求见表 6－13
配合比	普通防水混凝土配合比一般采用绝对体积法设计。配合比的设计原则是,提高砂浆不透水性,增大石子拨开系数(即砂浆体积与石子空隙体积之比),在混凝土粗集料周边形成足够数量和良好质量的砂浆包裹层,并使粗集料彼此隔离,有效地阻隔粗集料互相连通的渗水孔网。具体步骤如下。 (1)首先满足抗渗性要求,同时考虑抗压强度、施工和易性和经济性等方面要求。必要时还应满足抗侵蚀性、抗冻性或其他特殊要求。 (2)根据工程要求,由混凝土的抗渗性、耐久性、使用条件及材源情况确定水泥品种。由混凝土强度决定水泥强度等级,但水泥强度等级不宜低于 42.5 级,水泥用量不小于320 kg/m³。 (3)依据工程要求的抗渗性和施工和易性及强度要求,确定水胶比。设计时可参照表6－14。 (4)根据结构条件(如结构截面大小、钢筋布置的稀密等)和施工方法(运输、浇捣方法等)综合考虑用水量。可参照表 6－15 选择坍落度,再根据选定的坍落度通过试抹来确定混凝土的用水量。 (5)在防水混凝土砂率及最小水泥用量均已确定的情况下,还应对灰砂比进行验证。此时灰砂比对抗渗性的影响更为直接,它可直接反应水泥砂浆的数量以及水泥包裹砂粒的情况。灰砂比以(1∶2)～(1∶2.5)为宜

表 6－13　配制普通防水混凝土技术要求

项目	技术要求
水灰比	0.5～0.6
坍落度	不大于 550 mm,如掺外加剂或采用泵送混凝土时不受此限
水泥用量	不小于 320 kg/m³
含砂率	不小于 35%。对于厚度较小、钢筋稠密、埋设件较多等不易浇筑施工的工程,可提高到 40%
灰砂比	(1∶2)～(1∶2.5)
集料	粗集料最大粒径小于 40 mm,采用中砂或细砂。粗集料的级配为:(5～20)∶(20～40)=(30∶70)～(70∶30)

表 6—14　抗渗混凝土水胶比

设计抗渗等级	最大水胶比	
	C20~C30	>C30
P6	0.60	0.55
P8~P12	0.55	0.50
>P12	0.50	0.45

表 6—15　普通防水混凝土坍落度的选择

结构种类	坍落度(mm)
厚度≥25 cm 的结构	20~30
厚度<25 cm 或钢筋稠密的结构	30~50
厚度大的少筋结构	<30
大体积混凝土或立墙	沿高度逐渐减小坍落度

(8)减水剂防水混凝土见表 6—16。

表 6—16　减水剂防水混凝土

项目	内　容
含义	在混凝土拌和物中掺入适量的不同类型减水剂,以提高其抗渗性能为目的的防水混凝土称为减水剂防水混凝土
防水原理	减水剂防水混凝土的防水原理是,减水剂对水泥具有强烈的分散作用,它借助于极性吸附作用,大大降低了水泥颗粒之间的吸引力,有效地阻碍和破坏了水泥颗粒间的凝絮作用,并释放出凝絮体中的水,从而提高了混凝土的和易性。在满足施工和易性的条件下,可以大大降低拌和用水量,使硬化后混凝土内部孔结构的分散情况得以改变,孔径和总孔隙率均显著减小,毛细孔更加细小、分散和均匀,混凝土的密实性、抗渗性从而得到提高。同时,减水剂可使水泥水化热峰值推迟出现,这就减少或避免了混凝土在取得一定强度前因温度应力而开裂,从而提高了混凝土的防水效果
用途	减水剂防水混凝土拌和物流动性好,最高抗渗压力大于 2.2 MPa。适用于钢筋密集或捣固困难的薄壁型防水构筑物,也适用于对混凝土凝结时间(促凝或缓凝)和流动性有特殊要求的防水混凝土工程,如泵送混凝土工程等

(9)氯化铁防水混凝土见表 6—17。

表 6—17　氯化铁防水混凝土

项目	内　容
含义	在混凝土拌和物中加入少量的氯化铁防水剂拌制而成的一种具有高抗渗性和密实性的材料,称为氯化铁防水混凝土

续上表

项目	内　容
防水原理	氯化铁防水混凝土的防水原理是，氯化铁防水剂掺入混凝土后，能与水泥水化产生的氢氧化钙反应，生成氢氧化铁、氢氧化亚铁、氢氧化铝胶体，渗入混凝土孔隙中，增加其密实性，降低泌水率；生成的氯化钙对水泥熟料矿物起加速水化的激化作用；同时还能生成水氯硅酸钙、氯铝酸钙和硫铝酸钙晶体，产生体积膨胀，进一步挤密水泥及砂石间的空隙，增加混凝土的密实性与抗渗性。所以氯化铁防水剂有时也称密实剂
用途	氯化铁防水混凝土最高抗渗压力大于 3.8 MPa，且在早期即有相当高的抗渗能力，故对施工后要求很快承受水压的工程有实用价值，适用于水中结构的无筋、少筋厚大的防水混凝土、一般地下防水工程以及砂浆修补抹面等。另外，此种混凝土对碱、盐、油有较高的抗腐蚀性，故可用于配制防油混凝土。但在接触直流电源或预应力混凝土及重要的薄壁结构上则不宜使用

(10)氯化铁防水混凝土的抗渗性能见表 6—18。

表 6—18　　氯化铁防水混凝土的抗渗性能

水泥品种	混凝土配合比			水灰比	固体防水剂掺量(%)	龄期(d)	抗渗性		抗压强度(MPa)
	水泥	砂	碎石				压力(MPa)	渗水高度(mm)	
普通水泥强度等级32.5级	1	2.95	3.5	0.62	0	52	1.5	20～30 65～110	22.5
	1	2.95	3.5	0.62	0.01	52	4.0		33.3
	1	2.95	3.5	0.60	0.02	28	>1.5		19.9
	1	1.90	2.66	0.46	0.02	28	>3.2		50.0
矿渣水泥强度等级32.5级	1	2.5	4.7	0.6	0	14	0.4	—	12.8
	1	2.5	4.7	0.45	0.015	14	1.2		
矿渣水泥强度等级42.5级	1	2	3.5	0.45	0	7	0.6	—	21.6
	1	2	3.5	0.45	0.03	7	>3.8		29.3
	1	1.61	2.83	0.45	0.03	28	>4.0		

(11)氯化铁防水混凝土配制要求见表 6—19。

表 6—19　　氯化铁防水混凝土配制

项目	技术要求
水灰比	不大于 0.55
水泥用量(kg/m³)	不小于 310
坍落度(mm)	30～50

续上表

项目	技术要求
防水剂掺量	以水泥重量的 3% 为宜,掺量过多对钢筋锈蚀及混凝土干缩有不良影响;如果采用氯化铁砂浆抹面,掺量可增至 3%~5%

(12)引气剂防水混凝土见表 6—20。

表 6—20　引气剂防水混凝土

项目	内　容
含义	引气剂防水混凝土是在混凝土拌和物中掺入微量引气剂配制而成。其防水原理是,由于引气剂是一种有憎水作用的表面活性物质,可以显著降低混凝土拌和水的表面张力,通过搅拌在混凝土中产生大量微小、均匀的气泡,从而改善拌和物的和易性,减少沉降泌水及分层离析,最终在混凝土的结构组成中产生密闭的气泡。在含气量为 5% 的 1 m³ 混凝土中,直径为 50~200 μm 的气泡数量可高达数百亿个,约每隔 0.1~0.3 mm 就有一个气泡存在。这些密闭、稳定和均匀的微小气泡的阻隔,使毛细孔变得细小、曲折、分散,减少了渗水通道。引气剂还可增加黏滞性,弥补混凝土结构的缺陷,从而提高了混凝土的密实性、抗渗性以及对冷热、干缩、冻融交替的抵抗能力
用途	引气剂防水混凝土有较好的抗冻性,其最高抗渗压力可达 2.5~4.0 MPa。适用于北方高寒地区抗冻性要求较高的防水工程及一般防水工程,但不适用于抗压强度大于 20 MPa 或耐磨性要求较高的防水工程
配制要求	(1)引气剂掺量。根据试验,引气剂掺量以使混凝土获得 3%~6% 的含气量为宜。 (2)水灰比。适宜水灰比为 0.5~0.6 左右。引气剂掺量、水灰比与抗渗性关系见表6—21。 (3)混凝土的配制要求见表 6—22

表 6—21　引气剂防水混凝土的水灰比、引气剂掺量与抗渗性关系

水灰比	0.4~0.5	0.55	0.6
引气剂掺量	0.1‰~0.5‰	0.05‰~0.3‰	0.05‰~0.1‰
抗渗等级	≥P12	≥P8	≥P5

表 6—22　引气剂防水混凝土的配制要求

项目	要求
引气剂掺量	以使混凝土获得 3%~6% 的含气量为宜,松香酸钠掺量为 0.01%~0.03%,松香热聚物掺量约为 0.01%
含气量	以 3%~5% 为宜,此时拌和物表观密度降低不得超过 6%,混凝土强度降低值不得超过 25%

续上表

项目	要求
坍落度(mm)	30～50
水泥用量(kg/m³)	≥250,一般为280～300,当耐久性要求较高时,可适当增加用量
水灰比	≤0.65,以0.5～0.6为宜,当抗冻性耐久性要求高时,可适当降低水灰比
砂率(%)	28～35
灰砂比	(1:2)～(1:2.5)
粗集料级配(mm)	(10～20)mm:(20～40)mm=(30:70)～(70:30)或自然级配,粗集料最大粒径≤40 mm

(13)三乙醇胺防水混凝土见表6-23。

表6-23　三乙醇胺防水混凝土

项目	内　容
含义	在混凝土拌和物中掺入适量的三乙醇胺,以提高混凝土抗渗性能为目标配制的混凝土称为三乙醇胺防水混凝土。三乙醇胺既能提高混凝土的抗渗性,并具有早强、增强作用,因此又称它为早强防水剂,尤其适用于需要早强的防水工程
防水原理	三乙醇胺防水混凝土的防水原理是,三乙醇胺具有加速水泥水化的催化作用,使水泥在早期生成较多的水化物,蒸发游离水结合为结晶水,相应地减少了由于游离水蒸发遗留的毛细孔通路和孔隙,从而提高了混凝土的抗渗性。当三乙醇胺和氧化钠、亚硝酸钠等无机盐复合时,三乙醇胺除促进水泥本身水化外,还能在无机盐与水泥反应中起催化作用,所生成的氯铝酸盐和亚硝酸铝等化合物会发生体积膨胀,能堵塞混凝土内部的孔隙和切断毛细孔通路,增大了混凝土的密实性,进而更有利于抗渗性和早期强度的提高
用途	三乙醇胺防水混凝土由于具有早期强度高、抗渗性能好的特点,适用于工期紧迫、要求早强及抗渗性较高的防水工程及一般防水工程

(14)膨胀剂和膨胀水泥防水混凝土见表6-24。

表6-24　膨胀剂和膨胀水泥防水混凝土

项目	内　容
含义	膨胀剂是指在混凝土拌制过程中为水泥、水拌和后经水化反应生成钙矾石或氢氧化钙,使混凝土产生膨胀的外加剂。以膨胀剂加水泥或以膨胀水泥为胶结料配制而成的防水混凝土,统称为膨胀防水混凝土,属补偿收缩混凝土范畴
防水原理	膨胀防水混凝土的防水原理:收缩是水泥混凝土固有的缺陷之一,轻则可引起混凝土的裂缝,导致渗水甚至透水,重则不利安全,诱发事故。前述外加剂防水混凝土的基本防水原理,不外乎是以生成某种胶凝物体,减少或者堵塞混凝土在硬化过程中产生的毛细孔缝,降低孔隙率来达到防水的目的。但是它们都不能补偿混凝土和水泥砂浆的收缩,

续上表

项目	内　容
防水原理	无法防止因收缩而产生的裂缝。而膨胀剂(或膨胀水泥)加入到混凝土拌和物中,加水后生成大量膨胀结晶化合物——钙矾石(3CaO·Al$_2$O$_3$·3CaSO$_4$·3H$_2$O),在约束条件下膨胀能转化为压应力,可大致抵消混凝土收缩时产生的拉应力,从而防止或减少混凝土的收缩开裂,并使混凝土密实度提高,起到防水和抗渗作用
用途	膨胀防水混凝土由于密实性与抗裂性好,可适用于屋面与地下防水工程、山洞、钢筋混凝土油罐、主要工程的后浇缝以及修补工程等
配制要求	(1)配合比设计与普通防水混凝土相同,最低水泥用量不低于 300 kg/m³,水泥品种以强度等级 52.5 级普通水泥、强度等级 42.5 级矿渣水泥为宜。 (2)膨胀剂的掺量必须严格掌握,并注意膨胀剂掺量的计算方法。UEA 的掺量为内掺法,即替换水泥率计算,复合膨胀剂也为内掺法;而明矾石膨胀剂的规定掺量为 15%~17%,为外掺法。 (3)严格控制各种材料用量,不得任意增减。对膨胀剂应事先稀释成较小浓度的溶液后,再加入搅拌机内搅拌。 (4)膨胀剂防水混凝土的配合比必须经过试验确定。

(15)普通防水砂浆见表 6-25。

表 6-25　普通防水砂浆

项目	内　容
含义	普通防水砂浆是用水泥浆、素灰(即稠度较小的水泥浆)和水泥砂浆交替抹压密实构成的防水层
组成材料和配制要求	(1)水泥。常用的有普通水泥、矿渣水泥和火灰质水泥;也可根据工程需要,选用快硬水泥、膨胀水泥、抗硫酸盐水泥等;当受侵蚀性介质作用时,所用水泥应按设计要求选定。所有品种水泥强度等级不低于 32.5 级。 (2)砂。优选采用粗砂,其粒径应在 1~3 mm 之间,大于 3 mm 的砂子在使用前应筛除。含泥量不大于 3%,含硫化物和硫酸盐量不大于 1%。 (3)水。饮用水或一般天然水均可使用。 (4)水泥浆与水泥砂浆配合比参见表 6-26

表 6-26　水泥浆与水泥砂浆配合比

材料名称	配合比	稠度(cm)	水灰比	配制方法
水泥浆(素灰)	水泥和水拌和	7	0.55~0.6	将水泥放于容器中然后加水搅拌
水泥砂浆	水泥:砂=1:2.5	7~8	0.6~0.65	宜用机械搅拌,将水泥与砂干拌到色泽一致时,再加水搅拌 1~2 min

(16)外加剂防水砂浆见表6—27。

表6—27　外加剂防水砂浆

项目	内　　容
无机盐方式剂防水砂浆	无机盐防水剂防水砂浆是在普通水泥砂浆中掺入各种无机防水剂拌制而成。目前在工程应用中较为成熟、防水性能与经济效益较好的有氯化物金属盐类防水剂和金属皂类防水剂两大类。 掺无机盐防水剂的防水砂浆,在防水工程中使用时一般要抹两道防水砂浆、一道防水净浆,其参考配合比如下。 (1)当用氯化物金属盐类防水剂时,防水砂浆的配合比(体积分数)为:防水剂∶水∶水泥∶砂=1∶5∶8∶3;防水净浆配合比(体积分数)为:防水剂∶水∶水泥=1∶5∶8。以上防水剂按质量分数计,约占水泥重量的3%～7%。 (2)当用金属皂类防水剂时,防水砂浆的配合比(体积分数)为:水泥∶砂=1∶2,防水剂用量为水泥重量的1.5%～5%。 (3)当用氯化铁防水剂时,防水剂掺量一般为水泥重量的3%～5%。防水砂浆的配合比(质量分数)为: 1)氯化铁水泥素浆。水泥∶水∶氯化铁防水剂=1∶(0.35～0.39)∶0.03; 2)氯化铁防水砂浆(底层砂浆)。水泥∶水∶砂∶防水剂=1∶(0.45～0.52)∶2∶0.03; 氯化铁防水砂浆(面层砂浆)。水泥∶水∶砂∶防水剂=1∶(0.5～0.55)∶2.5∶0.03
U型抗裂防水剂防水砂浆	U型抗裂防水剂(UWA)是继U型混凝土膨胀剂(UEA)后,专用于防水砂浆的外加剂。与UEA相比,UWA的早期强度较高,适用于防水混凝土的抹面,也适用于潮湿和渗漏水工程的抹面和修补。由于它不仅有较好的抗渗性,还有一定的抗裂性,因此在防水工程上有着良好的应用前景。 UWA防水剂均按水泥重量的10%与水泥砂浆拌和,其质量分数如下: 水泥∶砂∶水∶UWA防水剂=1∶(2.0～2.5)∶(0.4～0.5)∶0.10,砂浆稠度为7～8 cm

(17)聚合物水泥砂浆的参考配合比见表6—28。

表6—28　聚合物水泥砂浆的参考配合比

用途	参考配合比(质量分数)			涂层厚度(mm)
	水泥	砂	聚合物	
防水材料	1	2～3	0.3～0.5	5～20
地板材料	1	3	0.3～0.5	10～15
防腐材料	1	2～3	0.4～0.6	10～15
黏结材料	1	0～3	0.2～0.5	—
新旧混凝土或砂浆接缝材料	1	0～1	0.2以上	—
修补裂缝材料	1	0～3	0.2以上	—

(18)有机硅防水砂浆见表6－29。

表6－29　　有机硅防水砂浆

项目	内　　容
防水剂的技术性能	有机硅防水剂的主要成分是甲基硅醇钠或高氟硅醇钠为基材,在水和二氧化碳作用下,生成网状甲基硅树脂防水膜,具有憎水性;渗入基层后可堵塞砂浆孔隙,提高抗渗性
砂浆配合比	先将有机硅防水剂与水混合均匀成为硅水,然后再与砂浆搅拌均匀。其配合比见表6－30

表6－30　　有机硅防水砂浆配合比

名称	砂浆配合比	硅水	配制方法
结合层	水泥：硅水=1：0.6	防水剂：水=1：7	水泥放于容器中再加水搅拌
底层砂浆	水泥：中砂：硅水=1：2：(0.5～0.6)	防水剂：水=1：8	宜用机械搅拌。将水泥与砂干拌到色泽一致时,再加水搅拌1～2 min
面层砂浆	水泥：中砂：硅水=1：2.5：(0.5～0.6)	防水剂：水=1：(8～9)	

(19)氯丁胶乳防水砂浆见表6－31。

表6－31　　氯丁胶乳防水砂浆

项目	内　　容
含义	阳离子氯丁胶乳是水溶性物质,掺入砂浆中能逐步完成交联过程,使橡胶、砂粒、水泥三者之间相互形成一个完整橡胶集料网络,封闭砂浆孔隙,阻止水分浸入。 阳离子氯丁胶乳防水砂浆参考配方见表6－32
复合助剂的选择	稳定剂的选择应根据乳液的pH值确定。一般说来,中性或弱碱性溶液应采用阳离子型。常用的稳定剂有OP型乳化剂、均染剂102、农乳600等。 消泡剂要有较好的分散性、破泡性、抑泡性及耐碱性。同时消泡剂的针对性很强,要慎重选用。往往在一种体系中能消泡,而在另一种体系中反而有助泡作用。几种消泡剂复合使用会取得较好效果。 常用的消泡剂有以下几类:长链醇类,包括异丁烯醇、3－辛醇;脂肪酸酯、硬脂酸异戊醇等;磷酸三丁酯及有机硅类等
配制工艺	根据配方,先将阳离子氯丁胶乳装入桶内,然后加入稳定剂、消泡剂及一定量的水,混合搅拌均匀,即成混合乳液。另外,按配方将水泥和砂干拌均匀后,再将上述混合乳液加入,用人工或机械搅拌均匀,即可使用

表6－32　　阳离子氯丁胶乳防水砂浆参考配比(重量比)

原料名称	砂浆配方	砂浆配方	净浆配方
普通硅酸盐水泥	100	100	100
中砂(粒径3 mm以下)	200～250	100～300	—

原料名称	砂浆配方	砂浆配方	净浆配方
阳离子氯丁胶乳	20~50	25~50	30~40
复合助剂	13~14	适量	适量
水	适量	适量	适量

三、施工机械要求

细石混凝土防水层的施工主要机具：手推车、平板振捣器、电动抹光机、刮杠、铁锹、木抹子、铁抹子、凿子、锤子、钢尺、水准仪、钢筋切断器。

四、施工工艺解析

(1)细石混凝土防水层施工的适用范围及作业条件见表6—33。

表6—33   细石混凝土防水层施工的适用范围及作业条件

项目	内　　容
适用范围	适用于细石混凝土刚性防水层的施工。 刚性防水层屋面主要适用于结构刚性较大,地质条件较好,防水等级Ⅲ级的屋面;也可用作Ⅰ、Ⅱ级屋面多道防水设防中的一道防水层。不适用于设有松散材料保温层的屋面和坡度大于15%或受较大震动与冲击的建筑屋面
作业条件	(1)刚性防水屋面的结构层应施工及验收完毕。刚性防水屋面的结构层宜为整体现浇的钢筋混凝土,当屋面结构层采用装配式钢筋混凝土板时,应用细石混凝土灌缝,其强度等级不应小于C20,灌缝的细石混凝土宜掺微膨胀剂。当屋面板缝宽度大于40 mm或上窄下宽时,板缝内应设置构造钢筋,板端缝应进行密封处理。 (2)已进行了安全施工、质量标准、操作工艺、环境保护的交底工作。 (3)已施工完的找平层、隔汽层、保温层、隔离层办理完验收手续。伸出屋面的机房、水池等已按设计要求施工完毕。 (4)伸出屋面的水管、风管等已安装,并在四周预留缝隙,以便嵌缝;管根部位已用混凝土填塞密实,将管根固定。所有机具,设备经检查试运转符合有关规定。 (5)水泥、石子、砂、钢材、各种外加剂都已经检测并符合要求。 (6)施工气温在5℃~35℃规定范围内。避免在负温度或烈日暴晒下施工

(2)细石混凝土防水层的施工工艺见表6—34。

表6—34   细石混凝土防水层的施工工艺

项目	内　　容
基层处理、做找平层、找坡	(1)基层为整体现浇钢筋混凝土板或找平层时,应为结构找坡。屋面的坡度应符合设计要求,一般为2%~3%。

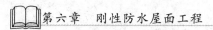

续上表

项目	内 容
基层处理、做找平层、找坡	(2)基层为装配式钢筋混凝土板时,板端缝应嵌填密封材料处理。 (3)基层应清理干净,表面应平整,局部缺陷应进行修补
做隔离层	(1)刚性防水屋面基层为保温层时,保温层可兼做隔离层,但保温层必须干燥。 (2)隔离层可用石灰黏土砂浆、纸筋灰、麻刀灰、卷材等。 (3)石灰黏土砂浆铺设时,基层清扫干净,洒水湿润后,将石灰膏∶砂∶黏土配合比为1∶2.4∶3.6,铺抹厚度为15～20 mm,表面压实平整,抹光干燥后再进行下道工序的施工。 (4)纸筋灰与麻刀灰做刚性防水层的隔离层时,纸筋灰与麻刀灰所用灰膏要彻底熟化,防止灰膏中未熟化颗粒将来发生膨胀,影响工程质量。铺设厚度10～15 mm,表面压光,待干燥后,上铺塑料布一层再绑扎钢筋浇筑细石混凝土。 (5)卷材做隔离层时,可在找平层上直接铺一层卷材,即可在其上浇筑细石混凝土刚性防水层
弹分格缝线、安装分格缝木条、支边模板	(1)弹分格线。分格缝弹线分块应按设计要求进行,如设计无明确要求时,应设在屋面板的支承端,屋面转折处,防水层与突出屋面结构的交接处,纵横分格不应大于 6 m。 (2)分格缝木条宜做成上口宽为 30 mm,下口宽为 20 mm,其厚度不应小于混凝土厚度的2/3,应提前制作好并泡在水中湿润 24 h 以上。 (3)分格缝木条应采用水泥素灰或水泥砂浆固定于弹线位置,要求尺寸和位置准确。 (4)为便于拆除,分格条也可采用聚苯板或定型聚氯乙烯塑料分格条,底部用砂浆固定于弹线位置
绑扎防水层钢筋网片	(1)把隔离层清扫干净,弹出分格缝墨线,将钢筋满铺在隔离层上,钢筋网片必须置于细石混凝土中部偏上的位置,但保护层厚度不应小于 10 mm。绑扎成型后,按照分格缝墨线处剪开并弯钩。 (2)采用绑扎接头时应有弯钩,其搭接长度不得小于 250 mm。绑扎火烧丝收口应向下弯,不得露出防水层表面。 (3)混凝土浇筑时,应有专人负责钢筋的成品保护,根据混凝土的浇筑速度进行修整。确保混凝土中的钢筋网片符合要求
浇筑细石混凝土防水层	(1)细石混凝土浇筑前,应将隔离层表面杂物清除干净,钢筋网片和分格缝木条放置好并固定牢固。 (2)浇筑混凝土按块进行,一个分格板块范围内的混凝土必须一次浇捣完成,不得留置施工缝。浇筑时先远后近,先高后低,先用平板锹和木杠基本找平,再用平板振捣器进行振捣,用木杠二次刮平。 (3)用木抹子或电动抹平机基本压平,收出水光,有一定强度后,用铁抹子或电动抹光机进行二次抹光,并修补表面缺陷。 (4)终凝前进行人工 3 次收光,取出分格条,再次修补缺棱掉角等缺陷,表面的平整度及光洁度在 2 m 范围内不大于 5 mm。

项　目	内　　　容
浇筑细石混凝土防水层	(5)细石混凝土终凝后,有一定强度(12～24 h)以后,进行养护,养护时间不少于14 d。养护方法可采用淋水湿润,也可采用喷涂养护剂、覆盖塑料薄膜或锯末等方法,必须保证细石混凝土处于充分的湿润状态。养护初期屋面不允许上人。 (6)细石混凝土养护期过后,将分格缝中杂物清理干净,干燥后用密封材料嵌填密实
分格缝密封材料嵌填	(1)嵌填密封材料前,基层应干净、干燥、表面平整、密实,不得有蜂窝麻面,起皮起砂现象。 (2)基层处理剂应配比准确,搅拌均匀,采用多组份基层处理剂时,应根据有效时间确定使用量。 (3)基层处理剂涂刷应均匀,不得漏涂,待基层处理剂表干后,应立即嵌填密封材料。 (4)采用热灌法施工时,应由下向上进行,纵横交叉处沿平行于屋脊的板缝宜先浇灌,同时在纵横交叉处沿平行于屋脊的两侧板缝各延伸浇灌 150 mm,并留成斜槎。 (5)当采用冷嵌法施工时,应先将少量密封材料批刮在缝槽两侧,再分次将密封材料填嵌在缝内,应用力压嵌密实,并与缝壁黏结牢固。嵌填时,密封材料与缝壁不得留有空隙,并防止裹入空气。接头应采用斜槎。 (6)当采用合成高分子密封材料嵌缝时,单组分密封材料可直接使用。多组分密封材料应根据规定的比例准确计量,拌和均匀,其拌和量、拌和时间和拌和温度应按该材料要求严格控制。 (7)高分子密封材料嵌缝方法可用挤出枪和腻子刀进行,嵌缝应饱满,由底部逐渐充满整个缝槽,严禁气泡和孔洞发生。 (8)一次嵌填或分次嵌填应根据密封材料的性质确定
细部构造	(1)刚性防水层与屋面女儿墙、出屋面的结构外墙、设备基础、管道等所有突出屋面的结构交接处均应断开,留出 30 mm 宽的缝隙,并用密封材料嵌填,泛水处应加设卷材或涂膜附加层,收头处应固定密封。 (2)水落口防水构造宜采用铸铁和 PVC 制品。水落口埋设标高应考虑该处防水设时增加的附加层和柔性密封层的厚度及排水坡度加大时的尺寸。 (3)反梁过水孔可采用防水涂料,密封材料防水,两端周围与混凝土接触处应留设凹槽,用密封材料封闭严密
成品保护	(1)隔离层成品保护。 1)隔离层施工完成后,不能随意上人践踏或码放材料物品。 2)必须通过隔离层区域的地方应铺设脚手板,避免将隔离层破坏。 3)绑扎钢筋网片时,钢筋应轻拿轻放,不得将底下的隔离层损坏。 (2)钢筋网片的成品保护。 1)钢筋网片成型后,应认真进行保护,不得污染钢筋或随意拖挂。 2)不能在钢筋网片上随意行走践踏推车或堆放物品,如必须作为运输通道时应铺设脚手板。 (3)刚性防水层的成品保护。刚性防水层完成后,应按规定派专人进行养护,养护期不少于 14 d,使混凝土表面经常保持湿润。养护期间不得随意上人踩踏、推车或堆放重物。

续上表

项目	内 容
成品保护	(4)分格缝修整时,不得用锤钎剔凿。嵌填完毕的密封材料应保护,不得碰损及污染,固化前不得踩踏,可采用卷材或木板保护
应注意的质量问题	(1)混凝土必须振捣密实,不得漏振,养护期内不能随意上人踩踏,更不能堆放材料器具。 (2)拼装式屋面板缝清理干净,吊模后洒水湿润,浇筑膨胀细石混凝土,并捣固密实。 (3)分格缝的嵌填认真地进行检查,柔性防水部分与刚性防水部分相接处必须确保工程质量

第二节 密封材料嵌缝

一、验收条文

密封材料嵌缝施工质量验收规范见表 6—35。

表 6—35 密封材料嵌缝施工质量验收规范

项目	内 容
主控项目	(1)密封材料的质量必须符合设计要求。 检验方法:检查产品出厂合格证、配合比和现场抽样复验报告。 (2)密封材料嵌填必须密实、连续、饱满,黏结牢固。无气泡、开裂、脱落等缺陷。 检验方法:观察检查
一般项目	(1)嵌填密封材料的基层应牢固、干净、干燥,表面应平整、密实。 检验方法:观察检查 (2)密封防水接缝宽度的允许偏差为±10%,接缝深度为宽度的 0.5~0.7 倍。 检验方法:尺量检查 (3)嵌填的密封材料表面应平滑,缝边应顺直,无凹凸不平现象。 检验方法:观察检查

二、施工材料要求

(1)《屋面工程质量验收规范》(GB 50207—2002)提出了对密封材料的质量要求,见表 6—36、表 6—37。

表 6—36 改性石油沥青密封材料质量要求

项目		性能要求	
		I	II
耐热度	温度(℃)	70	80
	下垂值(mm)	≤4.0	

续上表

项目		性能要求	
		Ⅰ	Ⅱ
低温柔性	温度(℃)	−20	−10
	黏结状态	无裂纹和剥离现象	
拉伸黏结性(%)		≥125	
浸水后拉伸黏结性(%)		≥125	
挥发性(%)		≤2.8	
施工度(mm)		≥22.0	≥20.0

注:改性石油沥青密封材料按耐热度和低温柔性分为Ⅰ类和Ⅱ类。

表6－37　　合成高分子密封材料质量要求

项目		质量要求	
		Ⅰ类	Ⅱ类
拉伸黏结性	黏结强度	≥0.2 MPa	≥0.02 MPa
	延伸率	≥200%	≥250%
柔性		−30℃,无裂纹	−20℃,无裂纹
拉伸－压缩循环性能	拉伸－压缩率	≥±20%	≥±10%
	黏结和内聚破坏面积	≤25%	

注:Ⅰ类指弹性体密封材料,Ⅱ类指塑性体密封材料。

(2)建筑防水沥青嵌缝油膏见表6－38。

表6－38　　建筑防水沥青嵌缝油膏

项目	内　　容
含义	建筑防水沥青嵌缝油膏是以石油沥青为基料,加入改性材料及填充料混合制成的冷用膏状材料
类型	目前常见的品种有沥青废橡胶防水油膏、桐油废橡胶沥青防水油膏等
特点	沥青嵌缝油膏有优良的黏结性与防水性,可以冷施工,操作简便,延伸性好,但回弹性差,有一定的耐候性及较好的耐久性,且价格低廉,可适用一般要求的屋面接缝密封防水、防水层的收头处理等。其物理性能见表6－39

表6－39　　建筑防水沥青嵌缝油膏的物理性能

指标名称		标号					
		701	702	703	801	802	803
耐热度	温度(℃)	70			80		
	下垂值(mm),不大于	·4					

续上表

指标名称		标号					
		701	702	703	801	802	803
黏结性(mm),不小于		15					
保油性	渗油幅度(mm),不大于	5					
	渗油张数(张),不多于	4					
挥发率(%),不大于		2.8					
施工度(mm),不小于		22					
低温柔性	温度(℃)	−10	−20	−30	−10	−20	−30
	黏结状况	合格					
浸水后的黏结性(mm),不小于		15					

(3)聚氯乙烯建筑防水接缝材料见表6—40。

表6—40　聚氯乙烯建筑防水接缝材料

项目	内　容
含义	聚氯乙烯建筑防水接缝材料是以聚氯乙烯树脂为基料,加入适量的改性材料及其他添加剂配制而成的密封材料
特点	(1)分类。聚氯乙烯建筑接缝材料按施工工艺分为:J型和G型。 1)J型,是指用热塑法施工的产品,又称聚氯乙烯胶泥。J型PVC接缝材料为均匀黏稠状物,无结块,无杂质。 2)G型,是指熔熔法施工的产品,又称塑料油膏。G型PVC接缝材料为黑色块状物,无焦渣等杂物,无流淌现象 (2)物理性能。聚氯乙烯建筑接缝材料的物理力学性能见表6—41

表6—41　聚氯乙烯建筑防水接缝材料物理性能

项目		技术要求	
		801	802
密度(g/cm³)①		规定值±0.1①	
下垂度(mm,80℃),≤		4	
低温柔性	温度(℃)	−10	−20
	柔性	无裂缝	
拉伸黏结性	最大抗拉强度(MPa)	0.02~0.15	
	最大延伸率(%),≥	300	
浸水拉伸率	最大抗拉强度(MPa)	0.02~0.15	
	最大延伸率(%),≥	250	

续上表

项目	技术要求	
	801	802
恢复率(%),≥	80	
挥发率(%)②,≥	3	

①规定值是指企业标准或产品说明书所规定的密度值。
②挥发率仅限于 G 型 PVC 接缝材料。

(4)改性苯乙烯焦油密封膏见表 6—42。

表 6—42　　改性苯乙烯焦油密封膏

项目	内　　容
含义	改性苯乙烯焦油密封膏是采用不干性苯乙烯焦油,经熬制除去低沸点熔剂后,加入硫化鱼油、滑石粉、石棉绒等混合制成的冷用密封膏
特点	这种材料黏结力强,防水性能好,耐热及耐候性好,在气温为 10℃ 时仍能保持柔软性,可用于一般要求的屋面接缝密封防水。其物理性能见表6—43

表 6—43　　改性苯乙烯焦油密封膏物理性能

项目名称	指标	项目名称	指标
收缩率	(20±5)℃,15 d,3.4%	硬化	(20±5)℃,15 d,24.6%
保油性	(20±5)℃,15 d,1 张	裂缝	合格
坍落度	(100±5)℃,2~2.5 mm	抗碱性	$Na(OH)_2$ 饱和溶液合格
粘附性	(20±5)℃,15 d,327%		

(5)丙烯酸脂建筑密封膏见表 6—44。

表 6—44　　丙烯酸脂建筑密封膏

项目	内　　容
含义	丙烯酸酯建筑密封膏是以丙烯酸酯乳液为胶黏剂,加入少量表面活性剂、增塑剂、改性剂以及填充料、颜料等配制而成,产品为单组分水乳型
特点	丙烯酸建筑密封膏具有良好的黏结性、延伸性、施工性、耐热性及抗大气老化性及优异的低温柔性,无毒、无溶剂污染,不燃,操作方便,并可与基层配色,调制成各种颜色。可适用于刚性屋面混凝土或金属板缝的密封;也适用于小尺寸混凝土墙板、钢塑门窗、玻璃、陶瓷、石膏板及塑料间的密封防水。其产品的物理力学性能见表 6—45

表 6—45 丙烯酸酯建筑密封膏物理力学性能

项目	技术指标		
	12.5E	12.5P	7.5P
密度(g/cm³)	规定值±0.1		
下垂度(mm)	≤3		
表干时间(h)	≤1		
挤出性(mL/min)	≥100		
弹性恢复率(%)	≥40	见表注	
定伸黏结性	无破坏	—	
浸水后定伸黏结性	无破坏	—	
冷拉—热压后黏结性	无破坏	—	
断裂伸长率(%)	—	≥100	
浸水后断裂伸长率(%)	—	≥100	
同一温度下拉伸—压缩循环后黏结性	无破坏		
低温柔性(℃)	—20	—5	
体积变化率(%)	≤30		

注:报告实测值。

(6)氯磺化聚乙烯建筑密封膏见表 6—46。

表 6—46 氯磺化聚乙烯建筑密封膏

项目	内 容
含义	氯磺化聚乙烯建筑密封膏是以氯磺化聚乙烯为主剂,加适量硫化剂、促进剂、软化剂、填充剂,经混炼、研磨等工序加工制成的膏状物质。产品为单组分
特点	氯磺化聚乙烯建筑密封膏有优良的弹性和黏结性,高的内聚力;耐臭氧、耐紫外线、耐候、耐湿热,耐老化性能突出,使用寿命长;在—2℃～100℃下仍保持柔韧性,可配制成各种颜色。适用于一般基层伸缩变形的需要,并可用于作相容卷材的搭接缝及收头密封;同时可用于装配式外墙板缝、混凝土变形缝和各种窗口、门框四周缝隙以及玻璃安装工程的嵌缝密封等。其物理性能见表 6—47

表 6—47 氯磺化聚乙烯建筑密封膏物理性能

项 目	指标
拉伸强度(MPa),≥	0.6
断裂伸长率(%),≥	150
撕裂强度(kN/m),≥	5

续上表

项　　目	指标
黏结强度（MPa），≥	0.4
耐热性 90℃×2 h 下垂值（mm），≤	2
低温柔性−30℃×1 h 绕 φ20 mm 金属圆棒	无裂纹

（7）聚氨酯建筑密封胶见表 6—48。

表 6—48　　聚氨酯建筑密封胶

项目	内　　容
含义	聚氨酯建筑密封胶是以异氰酸基（−NCO）为基料和含有活性氢化合物的固化剂组成的一种常温反应固化型弹性密封材料
类型	产品按包装形式分为单组分和双组分
特点	聚氨酯建筑密封胶具有弹性模量低，延伸率大、弹性高、黏结性好，耐低温、耐水、耐油、耐酸碱、耐疲劳及使用年限长等优点，且价格适中
要求	（1）外观。 1）产品应为细腻、均匀膏状物或黏稠液，不应有气泡。 2）产品的颜色与供需双方商定的样品相比，不得有明显差异。多组分产品各组分的颜色间应有明显差异。 （2）物理力学性能。聚氨酯建筑密封胶的物理力学性能见表 6—49

表 6—49　　聚氨酯建筑密封胶物理力学性能

试验项目		技术指标		
		20HM	25LM	20LM
密度（g/cm³）		规定值±0.1		
流动性	下垂度（N 型）（mm）	≤3		
	流平性（L 型）	光滑平整		
表干时间（h）		≤24		
挤出性①（mL/min）		≥80		
适用期②（h）		≥1		
弹性恢复率（%）		≥70		
拉伸模量（MPa）	23℃	>0.4 或		≤0.4 和
	−20℃	>0.6		≤0.6
定伸黏结性		无破坏		

续上表

试验项目	技术指标		
	20HM	25LM	20LM
浸水后定伸黏结性	无破坏		
冷拉—热压后的黏结性	无破坏		
质量损失率(%)	≤7		

①此项仅适用于单组分产品。

②此项仅适用于多组分产品,允许采用供需双方商定的其他指标值。

(8)聚硫建筑密封胶见表6—50。

表6—50 聚硫建筑密封胶

项目	内容
含义	聚硫建筑密封胶是由液态聚硫橡胶为主剂,与金属过氧化物等硫化反应,在常温下形成的弹性体密封胶
特点	聚硫建筑密封胶具有良好的耐候、耐油、耐湿热、耐水和耐低温性能,抗撕裂性强,黏结性好,不用溶剂,施工性好
要求	(1)外观。 1)产品应为均匀膏状物、无结皮结块,组分间颜色应有明显差别。 2)产品的颜色与供需双方商定的样品相比,不得有明显差异。 (2)物理力学性能。聚硫建筑密封胶的物理力学性能见表6—51

表6—51 聚硫建筑密封胶物理力学性能

项目		技术指标		
		20HM	25LM	20LM
密度(g/cm³)		规定值±0.1		
流动性	下垂度(N型)(mm)	≤3		
	流平性(L型)	光滑平整		
表干时间(h)		≤24		
适用期(h)		≥3		
弹性恢复率(%)		≥70		
拉伸模量(MPa)	23℃	>0.4 或		≤0.4 和
	-20℃	>0.6		≤0.6
定伸黏结性		无破坏		
浸水后定伸黏结性		无破坏		

190 防水工程

续上表

项目	技术指标		
	20HM	25LM	20LM
冷拉—热压后的黏结性	无破坏		
质量损失率(%)	≤5		

注:适用期允许采用供需双方商定的其他指标值。

(9)有机硅橡胶密封膏见表6—52。

表6—52 有机硅橡胶密封膏

项目	内容
含义	有机硅橡胶密封膏分单组分与双组分两种。单组分有机硅橡胶密封膏是由有机硅氧烷聚合物为主剂,加入硫化剂、硫化促进剂、增强填料和颜料等成分组成。双组分密封膏的主剂与单组分相同,但硫化剂及其机理不同。目前常用的是单组分,双组分密封膏使用较少
特点	有机硅橡胶密封膏具有优异的耐高低温性、柔韧性、耐疲劳性、黏结力强,延伸率大,耐腐蚀,耐老化,并能长期保持弹性,是一种高档的密封材料,但价格昂贵
用途	高模量主要用于建筑物的结构型密封部位,如大型玻璃幕墙、隔热玻璃粘接密封,建筑物门窗及框架周边密封;中模量除在大伸缩性处不能使用外,其他场合均可采用,如高等级屋面接缝密封防水;低模量主要适用于建筑物的非结构型密封部位,如预制混凝土墙板,水泥板、大理石板、花岗岩的外墙接缝,混凝土与金属框架的粘接,卫生间、高速公路的接缝防水密封。有机硅橡胶密封膏的分类、特点见表6—53

表6—53 有机硅橡胶密封膏种类和特点

种类		优点	缺点
单组分型	醋酸型	橡胶强度大,透明性好	由于生成醋酸有刺激臭味,对金属有腐蚀
	肟基型	基本无臭味	对铜等特殊金属有腐蚀
	醇型	无臭、无腐蚀性,对水泥砂浆黏结性好	固化稍慢
	氨基型	无腐蚀,对水泥砂浆黏结性好	有氨基臭味
	氨络物型	无腐蚀性	有氨络物臭味
	膏状型	不需打底,黏结力强,涂装后可用	同是溶剂型有收缩
双组分型		低模量,撕裂强度大,黏结性好	在高温或密封状态下固化不充分

三、施工机械要求

嵌填密封材料常用的施工机具见表6—54。

表 6—54 嵌填密封材料常用的施工机具

机 具 名 称	用 途
钢丝刷、平铲、扫帚、毛刷、吹风机	清理接缝部位基层用
棕毛刷、容器桶	涂刷基层处理剂
铁锅、铁桶或塑化炉	加热塑化密封材料
刮刀、腻子刀	嵌填密封材料
鸭嘴壶、灌缝车	嵌填密封材料
手动或电动挤出枪	嵌填密封材料
搅拌筒、电动搅拌器	搅拌多组分密封材料
磅秤、台秤	配制时计量用

四、施工工艺解析

密封材料嵌缝的施工工艺见表 6—55。

表 6—55 密封材料嵌缝的施工工艺

项目	内 容
接缝槽内清理、修理	接缝尺寸应符合设计要求后。一般缝宽为 5~30 mm,深度为宽度的 0.5~0.7 倍,若尺寸不符合设计要求,进行整修或采用聚合物砂浆修补。缝槽表面必须牢固、密实、平整,不得有蜂窝、麻面、起砂、起皮现象。基层应干净、干燥,基层上沾污的灰尘、砂粒、油污等均清扫干净
嵌填背衬材料	接缝处的密封材料底部应设置背衬材料,背衬材料宽度应比接缝宽度大 20%,嵌入深度应为密封材料的设计厚度。背衬材料应选择与密封材料不黏结或黏结力弱的材料;采用热灌法施工时,应选用耐热性好的背衬材料。 背衬材料的嵌入可使用专用压轮,压轮的深度应为密封材料的设计厚度,嵌入时背衬材料的搭接缝及其与缝壁间不得留有空隙
粘贴遮挡胶条	在接缝两侧防水层面上,顺缝边沿粘贴塑料(或其他)遮接条,既保证密封边缘齐整,也可防止涂刷基层处理剂或嵌填密封材料时污染防水层上表面
涂刷基层处理剂	密封防水处理连接部位的基层,应涂刷基层处理剂。基层处理剂应选用与密封材料材性相容的材料。如涂刷基层处理剂的时间超过 24 h,则应重新涂刷一次。 基层处理剂应配比准确,搅拌均匀。采用多组分基层处理剂时,应根据有效时间确定使用量。 基层处理剂的涂刷宜在铺放背衬材料后进行,涂刷应均匀,不得漏涂。待基层处理剂表干后,应立即嵌填密封材料

项目	内　　容
嵌填密封材料	（1）热灌法嵌填。 改性石油沥青密封材料采用热灌法灌缝应由下向上连续进行，一般先灌垂直屋脊的板缝，后灌平行屋脊的板缝，同时在纵横交叉处，在浇灌垂直屋脊板缝时，定沿平行屋脊缝两侧各延伸 150 mm，并留成斜槎。 （2）冷嵌法嵌填。 冷嵌法用腻子刀嵌填时，先用刀片将少量密封材料批刮到接缝两侧的黏结面上，然后再分次将密封材料填满整个接缝。 （3）合成高分子密封材料施工时应符合下列规定： 单组分密封材料可直接使用。多组分密封材料应根据规定的比例准确计量，拌和均匀。每次拌和量、拌和时间和拌和温度，应按所用密封材料的要求严格控制。 密封材料可使用挤出枪或腻子刀嵌填，嵌填应饱满，不得有气泡和孔洞。采用挤出枪嵌缝时，应根据接缝的宽度选用口径合适的挤出嘴，均匀挤出密封材料嵌填，并由底部逐渐充满整个接缝。一次嵌填或分次嵌填应根据密封材料的性能确定。采用腻子刀嵌填时，应先浆少量密封材料批刮在缝槽两侧，分次将密封材料嵌填在缝内，并防止裹入空气。接头应采用斜槎。密封材料嵌填后，应在表干前用腻子刀进行修整。 多组分密封材料拌和后，应在规定时间内用完，未混合的多组分密封材料和未用完的单组分密封材料应密封存放。嵌填的密封材料表干后，方可进行保护层施工
密封材料抹平光	密封材料嵌填结束后应将上表面抹平压光。然后揭去胶条养护

第七章　瓦屋面工程

第一节　平瓦屋面

一、验收条文

平瓦屋面施工质量验收标准见表7-1。

表7-1　平瓦屋面施工质量验收标准

项目	内　容
主控项目	(1)平瓦及其脊瓦的质量必须符合设计要求。 检验方法:观察检查和检查出厂合格证或质量检验报告。 (2)平瓦必须铺置牢固。地震设防地区或坡度大于50%的屋面。应采取固定加强措施。 检验方法:观察和手扳检查
一般项目	(1)挂瓦条应分档均匀,铺钉平整、牢固;瓦面平整,行列整齐,搭接紧密,檐口平直。 检验方法:观察检查。 (2)脊瓦应搭盖正确,间距均匀,封固严密;屋脊和斜脊应顺直,无起伏现象。 检验方法:观察或手扳检查。 (3)泛水做法应符合设计要求,顺直整齐,结合严密,无渗漏。 检验方法:观察检查和雨后或淋水检验

二、施工材料要求

平瓦种类繁多,主要为黏土平瓦、水泥平瓦,其他有各地就地取材生产的水泥炉渣平瓦、炉渣平瓦、煤矸石平瓦、硅酸盐平瓦等,其规格尺寸见表7-2。

表7-2　几种平瓦规格

项次	平瓦名称	规格(mm)	质量(kg/块)	每平方米数量(块)
1	黏土平瓦	(360~400)×(220~240)×(14~16)	3.1	18.9~15.0
2	黏土脊瓦	455×190×20	3.0	2.4
3	水泥平瓦	(385~400)×(235~250)×(15~16)	3.3	16.1~14.3

项次	平瓦名称	规格(mm)	质量(kg/块)	每平方米数量(块)
4	水泥脊瓦	455×170×15	3.3	2.4
5	炉渣平瓦	390×230×12	3.0	16.1
6	水泥炉渣平瓦	400×240×(13～15)	3.2	15.0
7	煤矸石平瓦	390×240×(14～15)	—	15.4
		350×250×20	—	16.7
8	硅酸盐平瓦	400×240×16	3.2	15.0

三、施工机械要求

平瓦屋面施工的主要机具见表 7—3。

表 7—3　平瓦屋面施工的主要机具

序号	机具名称	型号	序号	机具名称	型号
1	砂浆搅拌机	J750	6	墨斗	—
2	垂直运输工具	—	7	钉锤	—
3	运输小车	—	8	灰铲	—
4	铁锹	—	9	螺丝刀	—
5	钢卷尺	—	10	套筒扳手	—

四、施工工艺解析

(1)平瓦屋面施工的适用范围及作业条件见表 7—4。

表 7--4　平瓦屋面施工的适用范围及作业条件

项目	内　　容
适用范围	适用于防水等级为Ⅱ、Ⅲ级以及坡度不小于 20% 的平瓦屋面的施工
作业条件	(1)已施工完的结构层、找平层、隔汽层、保温层、隔离层均应办理完验收手续。 (2)弹好水平控制线,找好坡度及标高。 (3)穿过屋面结构层管根部位,应用豆石混凝土填塞密实,将管根固定。 (4)雨期施工时,应尽量安排在晴天施工

(2)平瓦屋面的施工工艺见表 7—5。

表 7—5　平瓦屋面的施工工艺

项目	内　容
施工放线	放线不仅要弹出屋脊线及檐口线、水沟线,还要根据屋面瓦的特点和屋面的实际尺寸,通过计算,得出屋面瓦所需的实际用量,并弹出每行瓦及每列瓦的位置线,便于瓦片的铺设
三线标齐	为保证屋面达到三线标齐(水平、垂直、对角线),应在屋脊第一排瓦和屋脊处最后一排瓦施工前进行预铺瓦,大面积屋面利用平瓦扣接的 3 mm 调整范围来调节瓦片
铺设瓦片	坡度大于 50%的屋面铺设瓦片时,需用铜丝穿过瓦孔系于钢钉或加强连接筋上,钢钉或加强连接筋在浇筑屋面混凝土时预留;或用相当长度的钢钉直接固定于屋面混凝土中。对于普通屋面檐口第一排瓦、山墙处瓦片以及屋脊处的瓦片必须全部固定,其余可间隔梅花状固定,当坡度大于 50%时,必须全部固定,檐口及屋脊处砂浆必须饱满。平瓦檐口做法如图 7—1 所示 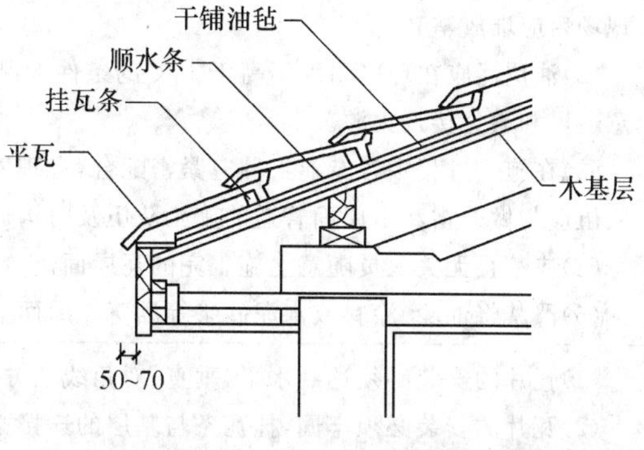 <p align="center">图 7—1　平瓦檐口做法(单位:mm)</p>
挂(铺)瓦层	钢板网 1∶3 水泥砂浆或 C25 防水混凝土(P6)垫层,平均厚度 35 mm,随抹压实、找平,用双股 18 号镀锌钢丝将钢板网绑住,形成整网与预埋件在屋顶结构板上的 φ30 mm 透气管,还须用涂料将连接筋和网筋根部涂刷严密以防腐防渗。挂瓦时,先挂脊瓦两侧的第一排瓦、变坡折线两侧的第一排瓦及檐部的第一排瓦,均须用双股 18 号镀锌钢丝绑扎在挂瓦条上或连接筋(水泥卧瓦做法)上。脊部用麻刀灰或玻纤灰卧脊瓦
排水沟部位瓦片铺设	排水沟部位的瓦片用手提切割机裁切,应切割整齐,底部空隙用砂浆封堵密实、抹平,水沟瓦可外露,也可用彩色的聚合水泥砂浆找补、封实。平瓦伸入天沟、檐沟的长度不应小于 50～70 mm。排水沟应预先在地面上制作,铺入后应包住挂瓦条,并用钢钉固定,屋檐处铝板(或其他板材)应向下折叠,以防止雨水倒灌。平瓦屋面檐沟做法如图 7—2所示

项目	内　容
排水沟部位 瓦片铺设	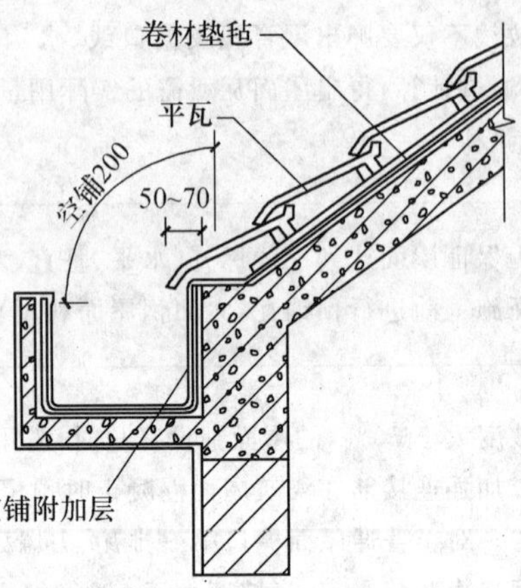 图7—2　平瓦屋面檐沟做法(单位:mm)
成品保护	(1)各种瓦运输堆放应避免多次倒运,运输时应轻拿轻放,不得抛扔、碰撞,进入施工现场后应堆放整齐。 (2)油毡瓦应在环境温度不高于45℃的条件下保管,应避免雨淋、日晒、受潮,并应注意通风和避免接近火源。 (3)在施工过程中各专业工种应紧密配合,合理安排工序,尤其是安装屋面瓦的施工队伍应与做避雷和出屋面管道的施工队伍及时沟通。 (4)应禁止无关人员随意上施工完的瓦屋面。 (5)严禁将油漆、涂料或水泥砂浆等洒落在屋面上,并防止重物撞击屋面
应注意的 质量问题	(1)瓦片的安装必须达到水平、垂直、对角线三方面对齐。 (2)瓦片的安装必须牢固,挂瓦条与基层的连接必须牢固。 (3)屋面不得有渗漏现象,对天沟、檐沟、泛水及出屋面的构造物交接处,必须采取可靠的构造措施,确保封闭严密

第二节　油毡瓦屋面

一、验收条文

油毡瓦屋面施工质量验收标准见表7—6。

表7—6　油毡瓦屋面施工质量验收标准

项目	内　容
主控项目	(1)油毡瓦的质量必须符合设计要求。 检验方法:检查出厂合格证和质量检验报告。 (2)油毡瓦所用固定钉必须钉平、钉牢,严禁钉帽外露油毡瓦表面。

续上表

项目	内 容
主控项目	检验方法:观察检查
一般项目	(1)油毡瓦的铺设方法应正确;油毡瓦之间的对缝,上下层不得重合。 检验方法:观察检查。 (2)油毡瓦应与基层紧贴,瓦面平整,檐口顺直。 检验方法:观察检查。 (3)泛水做法应符合设计要求,顺直整齐,结合严密,无渗漏。 检验方法:观察检查和雨后或淋水检验

二、施工材料要求

(1)油毡瓦的施工材料要求见表7—7。

表7—7 油毡瓦的施工材料要求

项目	内 容
含义	油毡瓦是以玻璃纤维毡为胎基,经浸涂石油沥青后,一面覆盖彩砂矿物粒料,另一面撒以隔离材料,经切割所制成的瓦片状屋面防水材料
规格	长1 000 mm,宽333 mm,厚2.8 mm,如图7—3所示。 图7—3 油毡瓦(单位:mm) 1—防粘纸;2—自黏结点
外观质量要求	(1)在10℃~45℃环境温度时应易于打开,不得产生脆裂和粘连。 (2)玻纤毡必须完全用沥青浸透和涂盖。 (3)油毡瓦不应有孔洞和边缘切割不齐、裂缝、断缝等缺陷。 (4)矿物料应黏结牢固、覆盖均匀、紧密。 (5)自黏结点距末端切槽的一端不大于190 mm,并与油毡瓦的防粘纸对齐
注意事项	油毡瓦应以21片为一包装捆;运输时应平放于车厢板上,高度不超过15捆,并用雨布遮盖,防止雨淋、日晒和受潮;存放时按不同颜色和不同等级的瓦,分别堆放于库内,库内温度不得高于45℃,库内保持干燥、通风,严禁接近火源,存放期不应超过1年

(2)油毡瓦物理性能指标见表7—8。

表 7—8　　油毡瓦物理性能指标

项目	优等品	合格品
可溶物含量(g/m²),≥	1 900	1 450
拉力(25℃±2℃纵向)(N),≥	340	300
耐热度(℃)	85±2	85±2
	受热 2 h 涂层无滑动和集中性气泡	
柔度(℃)	10	10
	绕半径 35 mm 圆棒或弯板无裂纹	

三、施工机械要求

油毡瓦的施工机具要求见表 7—9。

表 7—9　　油毡瓦的施工机具要求

项目	内　　容
清理基层工具	开刀、钢丝刷、扫帚、高压吹风机等
铺贴油毡瓦工具	卷尺、弹线盒、线绳、剪刀、油漆刷、刮板、料桶、锤子、火焰喷枪、方尺等
运输工具	—

四、施工工艺解析

油毡瓦的施工工艺见表 7—10。

表 7—10　　油毡瓦的施工工艺

项目	内　　容
基层处理	油毡瓦屋面坡度宜为 10%～85%。 油毡瓦的基层必须平整。铺设时在基层上应先铺一层沥青防水垫毡,从檐口往上用油毡钉铺钉,垫毡搭接宽度不应小于 50 mm
油毡瓦铺设	油毡瓦应自檐口向上铺设,第一层瓦应与檐口平行,切槽应向上指向屋脊,用油毡钉固定。第二层油毡瓦应与第一层叠合,但切槽应向下指向檐口。第三层油毡瓦应压在第二层上,并露出切槽。油毡瓦之间的对缝上下不应重合
铺设脊瓦	铺设脊瓦时,应将油毡瓦沿槽切开,分成四块作为脊瓦,并用两个油毡钉固定。脊瓦应顺主导风向搭接,并应搭盖住两坡面的油毡瓦接缝的 1/3。脊瓦与脊瓦的压盖面不小于脊瓦面积的 1/2
屋面与突出屋面结构的连接	屋面与突出屋面结构的连接处,油毡瓦应铺设在立面上,其高度不应小于 250 mm。在屋面与突出屋面的烟囱、管道等连接处,应先做垫层,待铺瓦后,再用聚合物改性沥青防水卷材做单层防水。在女儿墙泛水处,油毡瓦可沿基层与女儿墙的八字坡铺贴,并用镀锌薄钢板覆盖,钉入墙内;泛水口与墙间的缝隙应用密封材料封严

第三节　金属板材屋面

一、验收条文

金属板材屋面施工质量验收标准见表 7—11。

表 7—11　金属板材屋面施工质量验收标准

项目	内　容
主控项目	(1)金属板材与辅助材料的规格和质量,必须符合设计要求。 检验方法:检查出厂合格证和质量检验报告。 (2)金属板材的连接和密封处理必须符合设计要求。不得有渗漏现象。 检验方法:观察检查和雨后或淋水检验
一般项目	(1)金属板材屋面应安装平整,固定方法正确,密封完整;排水坡度应符合设计要求。 检验方法:观察和尺量检查。 (2)金属板材屋面的檐口线、泛水段应顺直,无起伏现象。 检验方法:观察检查

二、施工材料要求

金属板材屋面的施工材料要求见表 7—12。

表 7—12　金属板材屋面的施工材料要求

项目	内　容
金属压型夹芯板屋面施工	(1)金属压型夹芯板。 1)金属压型夹芯板板材应边缘整齐、表面光滑、外形规则,不得有扭翘、锈蚀等缺陷。 2)金属板材的规格及技术性能应符合图 7—4 和表 7—13 的要求。 (2)檩条及系杆:主要材质为 C 型或 Z 型冷轧镀锌型钢。型钢厚度、刚度必须符合设计要求。 (3)连接件及密封材料应符合表 7—14 的要求。 (4)金属板材堆放场地要平坦、坚实,便于排水,堆放要分层,每隔 3~5 m 处加放垫木。搬运时不得扳单层钢板处,机械运输时应有专用吊具包装
单层金属板材屋面施工	(1)金属屋面板:由彩色涂层钢板或铝镁锰合金板等经滚压成型制成,宽度主要有 600~900 mm,长度按设计要求制作,需满足运输要求,如现场加工,最长可达 48 m。金属板材的材质及涂层厚度必须符合设计要求,应有出厂合格证及检测报告。 (2)保温隔热材料:保温隔热材料的品种、导热系数、厚度、密度等应符合设计要求,应有出厂质量证明书和检测报告。 (3)檩条及系杆配件等:其材质应符合设计要求,有出厂质量证明书和检测报告。 (4)檩托:用于檩条与主体结构连接的钢板或钢构件,其材质应符合设计要求,并应有出厂质量证明书和检测报告

项目	内 容
单层金属板材 屋面施工	(5)紧固件:膨胀螺栓、铆钉、自攻螺钉、垫板、垫圈、螺帽等。 (6)密封条、密封胶

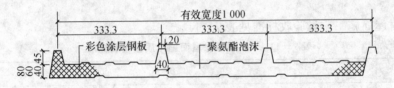

图7-4　金属夹芯板断面(单位:mm)

表7-13　·金属板材规格性能

项 目	规格和性能					
屋面板宽度(mm)	1 000					
屋面板每块长度(m)	≤12					
屋面板厚度(mm)	40		60		80	
板材厚度(mm)	0.5	0.6	0.5	0.6	0.5	0.6
适用温度范围(℃)	-50~120					
耐火极限(h)	0.6					
重量(kg/m²)	12	14	13	15	14	16
屋角板泛水板屋脊板厚度(mm)	0.6~0.7					

表7-14　连接件及密封材料的材料要求

材料名称	材料要求
自攻螺栓	6.3 mm、45 号钢镀锌、塑料帽
拉铆钉	铝质抽芯拉铆钉
压盖	不锈钢
密封垫圈	乙丙橡胶垫圈
密封膏	丙烯酸、硅酮密封膏

三、施工机械要求

金属板材屋面的施工机械要求见表7-15。

表7-15　金属板材屋面的施工机械要求

项目	内 容
金属压型夹芯 板屋面施工	施工主要机具:手动切割机、电动锁边机、电动扳手、定位扳手、电焊机、手提电钻、拉 铆枪、裁纸刀、云石锯、钳子、胶锤、钢丝线、紧线器、钢丝绳及吊装设备

续上表

项目	内 容
单层金属板材屋面施工	施工主要机具：金属屋面板压型机、电动弧形辊轧加工机、屋面底层钢承板压型机、电动锁边机、电动扳手、电焊机、手提电钻、拉铆枪、钳子、胶锤、钢丝线、紧线器及吊装设备等

四、施工工艺解析

(1)金属压型夹芯板屋面施工的适用范围及作业条件见表7—16。

表 7—16 金属压型夹芯板屋面施工的适用范围及作业条件

项目	内 容
适用范围	适用于工业与民用建筑金属压型夹芯板屋面施工。 金属压型夹芯板是由两层彩色涂层钢板、中间加硬质自熄性聚氨酯泡沫组成，通过滚轧、发泡、黏结一次成型。适用于防水等级为Ⅰ～Ⅲ级的屋面工程
作业条件	(1)金属压型夹芯板施工前，技术人员应审查并熟悉图纸，并对操作人员做好技术交底。 (2)金属板材及各种配件进场后，应仔细核对其详细尺寸、规格、数量与安装图纸是否一致。 (3)屋面钢结构已安装施工完毕、验收合格。 (4)用于安装屋面板的脚手架已安装完毕，并验收合格

(2)金属压型夹芯板屋面的施工工艺见表7—17。

表 7—17 金属压型夹芯板屋面的施工工艺

项目	内 容
测量放线	首先放出屋面轴线控制线，根据控制线在每个柱间钢梁上弹出用于焊接屋面檩托的控制线。认真校核主体结构偏差，确认对屋面次钢结构檩条的安装有无影响
安装檩条	(1)檩条的规格和间距应根据结构计算确定，金属压型夹芯板允许檩条间距应符合表7—9的要求。每块屋面板端应设置檩条支承外，中间也应设置一根或一根以上檩条，如图7—5所示。 (2)檩条安装时，使用吊装设备按柱间同一坡向，分次吊装。每次成捆吊至相应屋面梁上，水平平移檩条至安装位置，檩托板与另一根檩条采用套插螺栓连接
配板	(1)屋面坡度不应小于1/20，亦不应大于1/6；在腐蚀环境中屋面坡度不应小于1/12。 (2)铺板可采用切边铺法和不切边铺法，切边铺法应先根据板的排列切割板块搭接处金属板，并将夹芯泡沫清除干净。屋角板、包角板、泛水板均应先切割好

项目	内　容
铺钉金属板材	(1)金属板材应用专用吊具吊装,吊装时不得损伤金属板材。 (2)屋面板采取切边铺法时,上下两块板的板缝应对齐;不切边铺法时,上下两块板的板缝应错开一波。铺板应挂线铺设,使纵横对齐,长向(侧向)搭接,应顺年最大频率风向搭接,端部搭接应顺流水方向搭接,搭接长度不应小于 200 mm。屋面板铺设从一端开始;往另一端同时向屋脊方向进行,如图 7-6 所示。 (3)每块屋面板两端的支承处的板缝均应用 M6.3 自攻螺钉与檩条固定,中间支承处应每隔一个板缝用 M6.3 自攻螺钉与檩条固定。钻孔时,应垂直不偏斜将板与檩条一起钻穿;螺栓固定时,先垫好密封带,套上橡胶垫板和不锈钢压盖一起拧紧。 (4)铺板时两板长向搭接间应放置一条通长密封条,端头应放置二条密封条(包括屋脊板、泛水板、包角板等),密封条应连续不得间断。螺栓拧紧后,两板的搭接口处还应用丙烯酸或硅酮密封膏封严。 (5)两板铺设后,两板的侧向搭接处应用拉铆钉连接,所用铆钉均应用丙烯酸或硅酮密封膏封严,并用金属或塑料杯盖保护
细部构造	(1)金属板材屋面与立墙及突出屋面结构等交接处,均应做泛水处理。 (2)夹芯板纵向搭接、屋脊、檐沟、檐口、山墙包角等细部构造做法如图 7-7~图 7-11所示。 (3)天沟用金属板材制作时,伸入屋面板下的金属板材不应小于 100 mm;当有檐沟时屋面板的金属板材应伸入檐沟内,其长度不应小于 50 mm;檐口应用异型金属板材做堵头封檐板;山墙应用异型金属板材的包角板和固定支架封严。 (4)每块泛水板的长度不宜大于 2 m,泛水板的安装应顺直;泛水板与金属板的搭接宽度,应符合不同板型的要求
金属板材屋面的搭盖尺寸	金属板材屋面的搭盖尺寸应符合表 7-19 的要求
成品保护	(1)屋面材料吊运应先用尼龙带兜紧,然后用钢丝绳吊挂尼龙带或用吊具起吊。不允许钢丝绳直接捆扎而勒坏金属板材。对于较长的金属板材、檐沟板宜用铁扁担多点吊运,吊点的最大间距不得大于 5 m。 (2)屋面施工中尽量避免利器碰伤金属板材表面涂层,一旦划伤或有锈斑时,应采用相应涂料系列修补好。 (3)屋面施工完毕,应将残留在屋面及檐沟、天沟内的金属切屑、碎片、螺栓等杂物清理干净,不得散落在屋面上。 (4)在已铺好的屋面上行走必须穿软底鞋,不得直接在屋面上进行锤打和加工工作。 (5)在已铺屋面上作水平运输时,必须铺放临时脚手板作运输道,用胶轮手推车运送;严禁直接在屋面上拖运材料。 (6)屋面上应避免集中上人、堆料,以免局部变形过大,撕裂密封材料而造成渗漏。 (7)使用密封胶时,其残余胶液应清除擦净,以免污染屋面

项目	内　　容
应注意的质量问题	(1)屋面不得有渗漏水。 (2)钢板的彩色涂层要完整,不得有划伤或锈斑。 (3)螺栓或拉铆钉应拧紧,不得松弛。 (4)板间密封条应连续,螺栓、拉铆钉和搭接口均应用密封材料封严

表 7－18　　金属压型夹芯板允许檩条间距　　　　　　　　(单位:m)

板厚 (mm)	钢板厚 (mm)	荷载(kg/m²)														
		60			80			100			120			150		
		连续	简支	悬臂	连续	简支	悬臂	连续	简支	悬臂	连续	简支	悬臂	连续	简支	悬臂
40	0.5	4.0	3.4	0.9	3.5	3.0	0.8	3.1	2.7	0.7	2.8	2.4	0.6	2.3	2.0	0.5
40	0.6	4.6	4.1	1.1	4.2	3.6	0.9	3.7	3.2	0.8	3.3	2.9	0.7	2.9	2.5	0.6
60	0.5	4.9	4.2	1.1	4.2	3.6	0.9	3.7	3.2	0.8	3.4	2.9	0.7	2.9	2.5	0.6
60	0.6	5.7	4.9	1.3	5.0	4.3	1.1	4.5	3.9	1.0	4.0	3.5	0.9	3.7	3.2	0.8
80	0.5	5.9	5.0	1.3	5.0	4.3	1.1	4.5	3.9	1.0	4.0	3.5	0.9	3.7	3.2	0.8
80	0.6	7.0	6.0	1.5	5.3	4.5	1.2	4.8	4.1	1.0	4.6	3.9	0.9	4.1	3.5	0.8

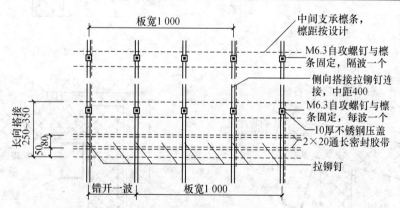

图 7－5　金属压型夹芯板铺设檩条布置(单位:mm)

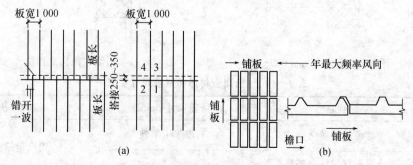

图 7－6　切边铺法与不切边铺法搭接示意图(单位:mm)

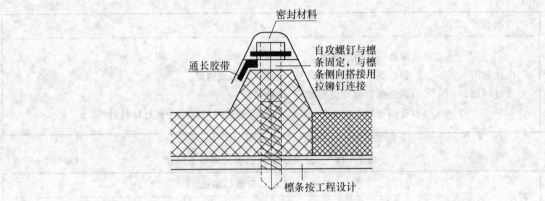

图 7-7 金属夹芯板纵向搭接缝

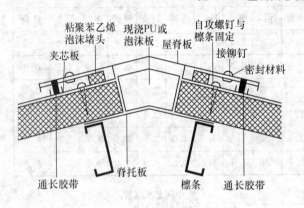

图 7-8 屋脊构造作法

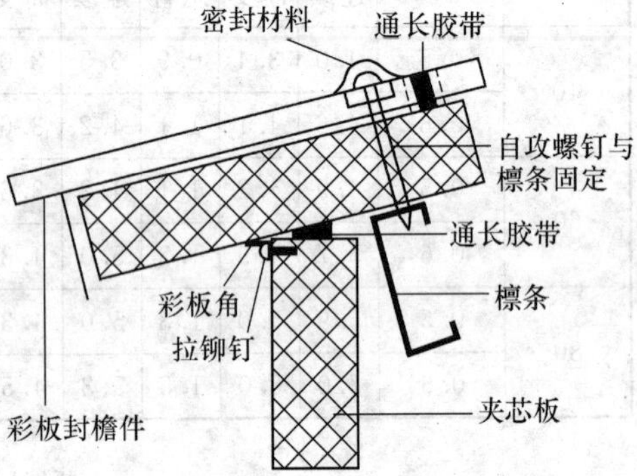

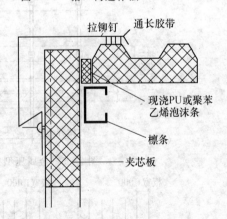

图 7-9 檐口构造作法

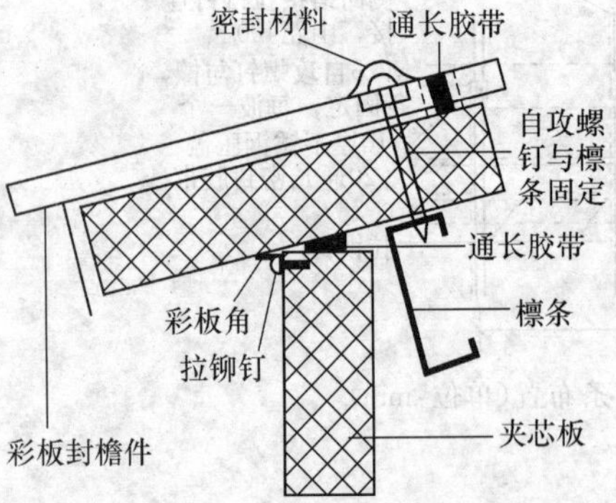

图 7-10 檐沟构造作法

图 7-11 山墙包角构造作法

表 7-19 金属板材屋面搭盖尺寸要求

项次	项目	搭盖尺寸(mm)	检验方法
1	金属板材的横向搭接	不小于1个波	用尺量检查
2	金属板材的纵向搭接	≥200	

续上表

项次	项目	搭盖尺寸(mm)	检验方法
3	金属板材挑出墙面的长度	≥200	
4	金属板材伸入檐沟内的长度	≥150	用尺量检查
5	金属板材与泛水的搭接宽度	≥200	

(3)单层金属板材屋面施工的适用范围及作业条件见表7—20。

表7—20　单层金属板材屋面施工的适用范围及作业条件

项目	内　容
适用范围	适用于工业与民用建筑工程中带保温的直立锁边金属屋面板的安装施工
作业条件	(1)钢板及各种配件进场后,要仔细核对其详细尺寸、规格、数量是否与图纸一致。 (2)主体结构已安装施工完毕,验收合格。 (3)用于安装屋面板的脚手架及其他安全措施已完成,验收合格

(4)单层金属板材屋面的施工工艺见表7—21。

表7—21　单层金属板材屋面的施工工艺

项目	内　容
测量放线	使用紧线器拉钢丝线测放出屋面轴线控制线的位置,依据轴线控制线在主体结构上弹出用于焊接檩托的控制线
檩托安装	(1)根据设计图纸要求,在主体结构上焊接钢檩托,如是混凝土结构应有预埋件。 (2)钢檩托预制成型,并经防腐、防锈处理后严格按设计要求的位置摆放就位,保证构件中心线在同一水平面上,其误差不得超过±10 mm。 (3)在焊接安装钢檩托时,必须保证焊缝成型良好,焊缝长度、焊脚高度应符合设计要求和施工规范的规定。焊缝处除渣,不平滑处打磨后进行涂刷各道防腐、防锈涂层处理
主檩条安装	(1)主檩条按照设计规格型号加工,檩条轧制成型后,进行喷砂除锈,涂刷防腐、防锈漆。 (2)将成型的主檩条吊装到安装作业面,水平平移到安装位置,用木垫块垫好,保证檩条上表面在同一水平面上,其误差不应超过±10 mm,上下水平,不平整的需用角铁等填充物垫平,其偏差不应超过±6 mm。 (3)将屋面主檩条焊接在钢檩托上,焊接完毕,必须确保焊缝成型良好,焊缝长度、焊脚高度应符合设计要求和施工规范的规定。对焊缝处需除渣打磨光亮平滑后按要求补涂防锈漆
屋面衬板的安装	(1)衬板安装前,预先在板面上弹出拉铆钉的位置控制线及相邻衬板搭接位置线。衬板的横向搭接不小于一个波距,纵向搭接不小于150 mm。如板与板相互接触发生较大缝隙时需用ϕ4 mm铝拉铆钉适当紧固。 (2)用自攻镙钉固定铺设好的衬板,连接固定应锚固可靠,自攻螺钉应在一个水平线上,用1 m靠尺检验,凡超过4 mm误差均应重新修整固定,使外露镙钉直线时自然成为直线,曲线时自然成为曲线,圆滑过渡

项目	内　　容
支架檩条的安装	(1)支架檩条按照设计规格型号加工,檩条轧制成型后,进行喷砂除锈,涂刷防腐、防锈漆。 (2)安装支架檩条配件:按设计间距,采用自攻镙钉将配件与主檩条连接,位置必须准确,固定牢固。 (3)将成型的支架檩条吊装到安装作业面,水平平移到安装位置,准确定位摆放在安装好的支架檩条配件上,保证构件中心线在同一水平面上,其误差不应超过±10 mm,上下水平,不平整的需用角铁等填充物垫平,其偏差不应超过±6 mm。 (4)将支架檩条与配件焊接,保证焊缝成型良好,焊缝长度、焊脚高度应符合设计要求和施工规范的规定。对焊缝处需除渣打磨光亮平滑后按要求补涂防锈漆
保温棉的安装	将保温棉依照排板图铺设,如分层铺设,上下层应错缝,错缝的宽度应≥100 mm,边角部位应铺设严密,不得少铺、漏铺或不铺
金属屋面面板的铺设	(1)根据测量所得屋面板长度,在压型机电脑控制盘上输入各部位面板加工长度数据并压制面板。采用直立锁边式连接技术,使屋面上无螺钉外露、防水、防腐蚀性能好。 (2)为防止屋面板在起吊过程中的变形,一般采用人工方式搬运。在每6~8 m处设一人接板,通过搭设的坡道运送至屋面,存放在适宜屋面板安装时取用的位置。按屋面面板卷边大小,堆在屋面工作面上,以加快安装进度。遇到面板折损处作好标记,以便调整。 (3)根据设计图纸,依屋面面板排板设计,安装时每6 m距离设一人,按立壁小卷边朝安装方向一侧,依次排列,安装在固定的支架和支架檩条之上,大小卷边扣在一起,设专人观察扣上支架的情况,以保证固定点设置的准确、固定牢固。 (4)屋面板面板铺设完毕,应及时采用专用锁边机将板咬合在一起,接口咬合紧密,板面无裂缝或孔洞,以获得必要的组合效果。 (5)屋面板接口的咬合方向需符合设计要求,即相邻两块板接口咬合的方向,应顺最大频率风向,在多维曲面的屋面上雨水可能翻越屋面板的肋高横流时,咬合接口应顺水流方向。 (6)屋面板纵向通长一块板安装,无纵向搭接缝,使屋面系统完整,防水性能可靠。 (7)屋面板伸入天沟或檐沟内的长度不得小于$(80+\Delta L)$mm。其中 ΔL 为屋面板从固定点到自然端最大的温度变形量绝对值。 (8)屋面板安装完毕,应仔细检查其各部位的咬合质量,如发现有局部拉裂或损坏,应及时作出标记,以便焊接修补完好,以防有任何漏水现象发生。 (9)屋面板安装完毕,檐口收边工作应尽快完成,防止遇特大风吹起屋面板发生事故,收边要求泛水板,封檐板安装牢固,包封严密,棱角顺直,成型良好
成品保护	(1)金属板垂直、水平运输时,所用的工具捆绑棉丝,安放牢固,严禁拖滑。堆放场地应平坦、坚实,且便于排除地面水。 (2)严禁往屋面上堆放物料等重物或抛掷砖头、水泥块等杂,以防因碰撞、冲击引起屋面板产生较大变形而影响屋面质量。 (3)在屋面面板上必须及时清理杂物,避免工具、配件坠地,造成彩板漆膜破坏

项目	内　　容
应注意的质量问题	（1）在安装了几块屋面板后要用仪器检查屋面板的平整度，以防止屋面凹凸不平，出现波浪。 （2）注意屋顶风机风口处及水落管处的密封和紧固问题。 （3）天沟氩弧焊接不可有断点、透点。 （4）屋面施工材料必须随时捆绑固定，做好防风工作

第八章 隔热屋面及细部构造工程

第一节 架空屋面

一、验收条文

架空屋面施工质量验收标准见表8-1。

表8-1 架空屋面施工质量验收标准

项目	内容
主控项目	架空隔热制品的质量必须符合设计要求,严禁有断裂和露筋等缺陷。 检验方法:观察检查和检查构件合格证或试验报告
一般项目	(1)架空隔热制品的铺设应平整、稳固,缝隙勾填应密实;架空隔热制品距山墙或女儿墙不得小于250 mm,架空层中不得堵塞,架空高度及变形缝做法应符合设计要求。 检验方法:观察和尺量检查。 (2)相邻两块制品的高低差不得大于3 mm。 检验方法:用直尺和楔形塞尺检查

二、施工材料要求

架空屋面的施工材料要求见表8-2。

表8-2 架空屋面的施工材料要求

项目	内容
砖的强度等级	非上人屋面的砖强度等级不应低于MU7.5;上人屋面的砖强度不应低于MU10
砂浆的强度等级	砖墩砌筑砂浆,宜采用强度等级M5水泥砂浆,板材坐砌砂浆,宜采用强度等级M2.5水泥砂浆,板材填缝砂浆,宜采用1:2水泥砂浆
架空隔热制品	预制细石混凝土板、预制细石混凝土半圆弧、预制细石混凝土大瓦、水泥珍珠岩板、陶粒混凝土板等。混凝土板的强度等级不应低于C20,板内宜加放钢丝网片。板材的规格应符合设计要求,外形尺寸应准确,表面应平整

三、施工机械要求

架空屋面施工的主要机具:扫帚、小车、铁锹、小线、搬运混凝土板专用工具等。

四、施工工艺解析

（1）架空屋面施工的适用范围及作业条件见表8－3。

表8－3　架空屋面施工的适用范围及作业条件

项目	内　　容
适用范围	适用于有保温隔热要求的屋面架空层施工。 气候炎热、阳光热量照射较强以及夏季风较大地区的屋面工程,屋面保温可采用板状材料,屋面隔热可采用架空层
作业条件	（1）防水保护层或防水层已经施工完毕,并通过验收。 （2）屋顶设备、管道、水箱等已经安装完毕。 （3）当保温隔热屋面的基层为装配式钢筋混凝土板时,板缝处理应符合规范规定。 （4）屋面上的落灰、杂物等清扫干净

（2）架空屋面的施工工艺见表8－4。

表8－4　架空屋面的施工工艺

项目	内　　容
基层处理	施工时先将屋面清扫干净,然后根据覆盖材料的规格(或设计要求)放出支承中线,做好隔热板的平面布置,按设计要求设置分格缝,如设计无要求可按防水保护层的分格或以不大于12 m为原则进行分格。 如基层为软质基层(涂膜、卷材等)须对砖墩或板脚处进行防水加强处理,一般用与防水层相同的材料加做一层。砖墩处以突出砖墩周边150～200 mm为宜;板脚处以不小于150 mm×150 mm的方形为宜
支承构件的设置	支承构件可采用砖墩或砖带,其中砖带支承较砖墩支承隔热效果更好。支承高度宜为180～300 mm,屋面较宽时,风道中阻力增大,宜采用较高的架空层;屋面坡度较小时,宜采用较高的架空层。反之,可采用较低的架空层。支承间距可根据覆盖构件的规格决定,架空板与女儿墙的距离不宜小于250 mm。 支承构件可采用1：2.5水泥砂浆坐砌,用M2.5水泥砂浆砌砖带间距偏差不宜大于10 mm。用M2.5水泥砂浆铺砌混凝土板,坐浆要饱满,横向拉线,纵向用靠尺控制好板缝的顺直、板面的坡度和平整度
铺设架空板	（1）架空屋面的坡度不宜大于5%。进风口应设在当地炎热季节最大频率风向的正压区,出风口设在负压区。 （2）铺设时应将灰浆刮平,随时扫净屋面防水层上的落灰、杂物等,保证架空隔热层气流畅通。 （3）应按设计要求留置变形缝。当屋面宽度大于10 m时,应设置通风屋脊

项　目	内　　　容
细部构造	(1)预制细石混凝土板架空隔热层的构造如图8-1所示。 (2)预制细石混凝土半圆弧架空隔热层的构造如图8-2所示。 (3)预制细石混凝土大瓦架空隔热层的构造如图8-3所示。 (4)细石混凝土板凳或珍珠岩板、陶粒混凝土直铺架空隔热层的构造如图8-4所示
架空板的铺设	架空板的铺设应平整、稳固;缝隙宜采用水泥砂浆或混合砂浆嵌填,表面勾缝要做到平滑顺直,铺设完毕后应进行1～2 d的保湿养护
成品保护	(1)操作时不得损伤已完工的防水层,对正在施工或施工完的保温隔热层应采取保护措施。 (2)架空隔热制品支座底面的卷材、涂膜防水层上应采用加强措施
应注意的 质量问题	(1)雨雪和五级风及其以上和气温低于5℃时不宜施工。 (2)原材料在运输、搬运中要避免损伤;板材要竖向堆放。 (3)对无硬质保护层的防水层须重点保护,确保无破损。 (4)架空屋面铺设混凝土板、半圆弧架、大瓦架、小青瓦架后不应上人过早,以免影响架空层整体质量

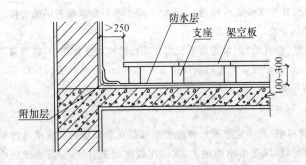

图8-1　预制细石混凝土板架空隔热层构造(单位:mm)

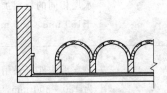

图8-2　预制细石混凝土半圆
弧架空隔热层的构造

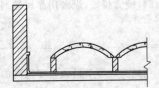

图8-3　预制细石混凝土
大瓦架空隔热层的构造

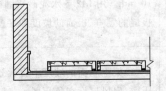

图8-4　细石混凝土板凳或
珍珠岩板、陶粒混凝土直铺架空隔热层的构造

第二节 蓄 水 屋 面

一、验收条文

蓄水屋面的施工质量验收标准见表 8—5。

表 8—5 蓄水屋面的施工质量验收标准

项目	内 容
一般要求	(1)蓄水屋面应采用刚性防水层或在卷材、涂膜防水层上面再做刚性防水层,防水层应采用耐腐蚀、耐霉烂、耐穿刺性能好的材料。 (2)蓄水屋面应划分为若干蓄水区,每区的边长不宜大于 10 m,在变形缝的两侧应分成两个互不连通的蓄水区;长度超过 40 m 的蓄水屋面应做横向伸缩缝一道。蓄水屋面应设置人行通道。 (3)蓄水屋面所设排水管、溢水口和给水管等,应在防水层施工前安装完毕。 (4)每个蓄水区的防水混凝土应一次浇筑完毕,不得留施工缝
主控项目	(1)蓄水屋面上设置的溢水口、过水孔、排水管、溢水管,其大小、位置、标高的留设必须符合设计要求。 检验方法:观察和尺量检查。 (2)蓄水屋面防水层施工必须符合设计要求,不得有渗漏现象。 检验方法:蓄水至规定高度观察检查

二、施工工艺解析

蓄水屋面的施工工艺见表 8—6。

表 8—6 蓄水屋面的施工工艺

项目	内 容
预留空洞	蓄水屋面上所有的孔洞都应预留,不得后凿。所设置的给水管、排水管和溢水管等应在防水层施工前安装完毕,管子周围应用 C25 以上的细石混凝土捣实
蓄水屋面铺设	(1)每个蓄水区的防水混凝土应一次浇筑完毕,不得留施工缝;立面与平面的防水层应同时做好。 (2)蓄水屋面的坡度一般为 0.5%,蓄水深度除按设计另有要求外,一般宜为150～200 mm。 (3)蓄水屋面可采用卷材防水、涂膜防水,也可用刚性防水,卷材和涂膜防水层上应做水泥砂浆保护层,以利于清洗屋面。涂膜不宜用水乳型防水涂料。 (4)蓄水屋面不宜在寒冷地区、地震地区和振动较大的建筑物上采用
蓄水养护	蓄水屋面的刚性防水层完工后应及时蓄水养护。蓄水后不得长时间断水

第三节 种 植 屋 面

一、验收条文

种植屋面的施工质量验收标准见表8—7。

表8—7   种植屋面的施工质量验收标准

项目	内　　　容
一般要求	(1)种植屋面的防水层应采用耐腐蚀、耐霉烂、耐穿刺性能好的材料。 (2)种植屋面采用卷材防水层时,上部应设置细石混凝土保护层。 (3)种植屋面应有$1\%\sim3\%$的坡度。种植屋面四周应设挡墙,挡墙下部应设泄水孔,孔内侧放置疏水粗细集料。 (4)种植覆盖层的施工应避免损坏防水层;覆盖材料的厚度、质(重)量应符合设计要求
主控项目	(1)种植屋面挡墙泄水孔的留设必须符合设计要求,并不得堵塞。 检验方法:观察和尺量检查。 (2)种植屋面防水层施工必须符合设计要求,不得有渗漏现象。 检验方法:蓄水至规定高度观察检查

二、施工材料要求

种植屋面的施工材料要求见表8—8。

表8—8   种植屋面的施工材料要求

项目	内　　　容
混凝土	混凝土的强度等级不应低于C20,各种材料应按工程需要量一次备足,保证混凝土连续一次浇捣完成
钢筋	按设计要求,如设计无特殊要求时,可采用$\phi6$ mm 钢筋,钢筋使用前应调直
嵌缝材料	宜采用改性沥青密封材料或合成高分子密封材料,也可采用其他油膏或胶泥。北方地区应选用抗冻性较好的嵌缝材料
防水材料	(1)种植屋面的防水层应采用耐腐蚀、耐霉烂、耐穿刺性能好的材料,以防止防水层被植物根系或腐蚀性肥料所损坏。 (2)耐根穿刺防水材料: 1)铅锡锑合金防水卷材的主要物理性能应符合表8—9的要求。 2)高密度聚乙烯土工膜,双焊缝施工。 3)低密度聚乙烯土工膜,焊接施工。 4)聚氯乙烯防水卷材,焊接施工。 5)红泥塑料合金防水卷材。 (3)进入现场的防水材料及耐根穿刺材料应按规定的项目进行见证抽样复验合格后方可使用

续上表

项目	内容
排水层	塑料或橡胶排水板,河卵石或轻质陶粒
聚酯无纺布过滤层	—
油毡或聚乙烯隔膜离层	—
种植土	种植屋面所用材料及植物等均应符合环保要求,种植土应根据植物的要求,选择综合性能良好的材料。要求种植土具有自重轻、不板结、保水保肥、适于植物生长、施工简便、经济、环保等功能

表 8—9　铅锡锑合金防水卷材(PSS)物理性能

项目	拉伸强度(MPa)	断裂延伸率(%)	耐根穿刺试验	低温柔度(℃,ϕ20 mm 圆棒)	抗冲击性
性能要求	≥20	≥30	合格	—30	无裂纹或穿孔

三、施工机械要求

种植屋面的施工机械要求见表 8—10。

表 8—10　种植屋面的施工机械要求

项目	内容
清理基层工具	开刀、钢丝刷、扫帚、高压吹风机等
铺贴防水卷材工具	剪刀、盒尺、壁纸刀、弹线盒、油漆刷、压辊、滚刷、橡胶刮板、嵌缝枪等
铺贴耐穿刺防水卷材工具	焊枪、焊条等

四、施工工艺解析

(1)种植屋面施工的适用范围及作业条件见表 8—11。

表 8—11　种植屋面施工的适用范围及作业条件

项目	内容
适用范围	适用于一般工业与民用建筑工程种植屋面的施工,也适用于地下室顶板种植庭院的施工

续上表

项目	内　容
作业条件	(1)防水工程应有相应资质的防水专业队伍进行施工。操作人员需持证上岗。 (2)防水专业队伍应按设计要求及工程具体情况,编制防水施工方案,并根据设计图纸、标准图集的要求,对相关的人员进行技术安全交底。 (3)屋面防水层及保护层已施工完毕,蓄水试验完成,经检验合格,已办理好相关的隐蔽工程验收记录。 (4)施工所需的砂、卵石、水泥、烧结普通砖、种植土已按要求的规格、质量、数量准备就绪

(2)种植屋面的构造层级如图 8—5 所示。

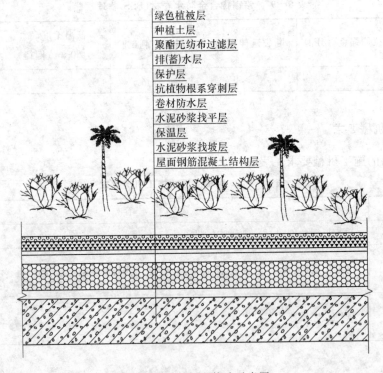

绿色植被层
种植土层
聚酯无纺布过滤层
排(蓄)水层
保护层
抗植物根系穿刺层
卷材防水层
水泥砂浆找平层
保温层
水泥砂浆找坡层
屋面钢筋混凝土结构层

图 8—5　种植屋面构造示意图

(3)种植屋面的施工工艺见表 8—12。

表 8—12　种植屋面的施工工艺

项目	内　容
基层清理	水泥砂浆找平层验收合格,并将表面尘土、杂物清理干净
铺贴防水卷材	屋面防水卷材可根据设计要求选择防水材料

续上表

项目	内　　容
铺贴耐穿刺防水卷材	(1)铺贴双面自粘橡胶沥青卷材。在已铺好的卷材防水层上,将双面自粘卷材展开并定位。铺贴时边撕底层的隔离纸,边展开卷材粘贴在基层上,使其与原防水层粘牢。 (2)铺贴合金防水卷材。在双面自粘卷材上铺贴合金卷材时,可边展开合金卷材,边撕去自粘卷材面层隔纸,并用压辊滚压,使合金卷材与自粘卷材黏结牢固。 (3)合金卷材接缝焊接。合金卷材的搭接宽度不应小于 5 mm,接缝焊接时,应将焊缝两侧 5 mm 内的氧化层清除干净后,涂上饱和松香酒精焊剂,然后用橡皮刮板压紧,再进行焊接作业,焊缝应平直、饱满,不得有漏焊和凹凸不平等缺陷。合金卷材在檐口、泛水等立面收头处应用金属压条钉压固定,并用密封材料封闭严密。 (4)蓄水试验:种植屋面防水层及耐根穿刺层铺贴完毕,即可进行蓄水试验,蓄水 24 h 无渗漏为合格
铺设细石混凝土保护层	(1)铺设隔离层。隔离层材料一般采用干铺卷材,涂刷机油加滑石粉(厚度 1 mm)、乳化沥青、抹纸筋灰、麻刀灰等(厚度 15 mm 以内)。 (2)配置 $\phi 6$ mm 双向钢筋,在立墙转角处亦宜设置钢丝网。钢丝网片在分格缝处应断开,网片应垫砂浆或塑料块,上部保护层厚度应为 10~15 mm。放置、绑扎钢筋网时,不得损坏防水层、隔离层。 (3)留置分格缝。设保护层时,分格缝木条做成上口宽 20~40 mm,下口宽 20 mm,高度等于保护层厚度,木条埋入部分应刷隔离剂,其纵横间距不大于 6 m。 (4)浇筑细石混凝土。一般采用 40 mm 厚 C20 细石混凝土,每个分格板块内的混凝土应连续浇筑,不留施工缝,混凝土要铺平铺匀,并用平板振捣器或用滚筒碾压,振捣或碾压至表面泛浆后,用木抹子拍实抹平。 (5)混凝土终凝前,取出分格条,清理干净。 (6)细石混凝土终凝后 12~24 h 内应浇水保湿养护,养护时间不应少于 14 d,养护初期禁止上人。 (7)嵌填密封材料:所有纵横分格缝相互贯通,清理干净,密封材料嵌填应饱满、无间隙、密实、表面呈凹状,中部比周围低 3~5 mm
铺设排水层	(1)河卵石、陶粒排水层,卵石粒径为 20~40 mm,铺设厚度为 80~100 mm,铺设均匀。陶粒代替河卵石可减轻屋面荷载。 (2)塑料板或橡胶板排水层重量轻,可采用专用的塑料或橡胶排水板
铺设过滤层	(1)为了防止种植土流失,在排水层上铺设一层过滤层。一般采用重量不低于 250 g/m² 的聚酯纤维无纺布或玻纤毡,其搭接缝用线绳连接,四周上翻 100 mm,端部及收头 50 mm 范围内用胶黏带与基层粘牢。 (2)人行道及挡墙:砖砌挡墙,挡墙高度要比种植土面高 100 mm。挡墙底部应按设计或标准图集留设泄水孔。 (3)采用预制槽型板作为分区挡墙和走道板。 (4)泄水孔前放置过水砂卵石,在每个泄水孔处先设置钢丝网片,泄水孔的四周堆放过水的砂卵石,砂卵石应完全覆盖泄水孔,以免种植介质流失或堵塞泄水孔

续上表

项 目	内 容
铺设种植土	(1)根据设计要求的厚度,放置种植土,屋面一般厚度不小于300 mm;地下车库顶板花园一般铺设1 m厚种植用腐植土层。施工时种植土、植物等应均匀堆放,种植屋面四周应设挡墙,以防止屋面上种植土的流失,种植土表面要求平整且低于四周挡墙100 mm,屋面靠外墙排水沟构造如图8-6所示。 (2)根据种植要求应设置人行通道,也可采用预制槽板,作为挡墙和分区走道板。如图8-7、图8-8所示。 (3)种植屋面的坡度宜为1‰~3‰,以利多余水的排除
成品保护	(1)种植屋面防水层施工中及完工后必须注意成品保护,不得损坏防水层。 (2)排水孔不得堵塞,以免屋面积水
应注意的质量问题	(1)种植屋面防水层及耐根穿刺防水层选材时应匹配,当二者不相容时,中间应铺设一层隔离层。 (2)防水卷材施工时应注意环境温度,施工环境温度应符合《屋面工程技术规范》(GB 50345-2002)的要求。 (3)防水卷材采用焊接法或热熔法施工时,现场必须配备灭火器材,注意防火

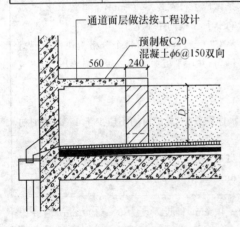

图8-6 屋面靠外墙排水沟构造(单位:mm)

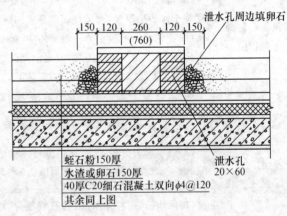

图8-7 种植屋面人行通道构造(一)(单位:mm)

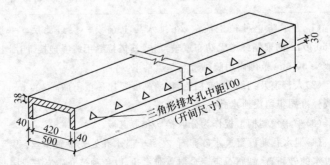

图8-8 种植屋面人行通道构造(二)(单位:mm)

第四节 细部构造

一、验收条文

细部构造的施工质量验收标准见表 8—13。

表 8—13 细部构造的施工质量验收标准

项 目	内 容
一般要求	(1)适用于屋面的天沟、檐沟、檐口、泛水、水落口、变形缝、伸出屋面管道等防水构造。 (2)用于细部构造处理的防水卷材、防水涂料和密封材料的质量,均应符合相关规范有关规定的要求。 (3)卷材或涂膜防水层在天沟、檐沟与屋面交接处、泛水、阴阳角等部位,应增加卷材或涂膜附加层。 (4)天沟、檐沟的防水构造应符合下列要求: 1)沟内附加层在天沟、檐沟与屋面交接处宜空铺,空铺的宽度不应小于 200 mm。 2)卷材防水层应由沟底翻上至沟外檐顶部,卷材收头应用水泥钉固定,并用密封材料封严。 3)涂膜收头应用防水涂料多遍涂刷或用密封材料封严。 4)在天沟、檐沟与细石混凝土防水层的交接处,应留凹槽并用密封材料嵌填严密。 (5)檐口的防水构造应符合下列要求: 1)铺贴檐口 800 mm 范围内的卷材应采取满粘法。 2)卷材收头应压入凹槽,采用金属压条钉压,并用密封材料封口。 3)涂膜收头应用防水涂料多遍涂刷或用密封材料封严。 4)檐口下端应抹出鹰嘴和滴水槽。 (6)女儿墙泛水的防水构造应符合下列要求: 1)铺贴泛水处的卷材应采取满粘法。 2)砖墙上的卷材收头可直接铺压在女儿墙压顶下,压顶应做防水处理;也可压入砖墙凹槽内固定密封,凹槽距屋面找平层不应小于 250 mm,凹槽上部的墙体应做防水处理。 3)涂膜防水层应直接涂刷至女儿墙的压顶下,收头处理应用防水涂料多遍涂刷封严,压顶应做防水处理。 4)混凝土墙上的卷材收头应采用金属压条钉压,并用密封材料封严。 (7)水落口的防水构造应符合下列要求: 1)水落口杯上口的标高应设置在沟底的最低处。 2)防水层贴入水落口杯内不应小于 50 mm。 3)水落口周围直径 500 mm 范围内的坡度不应小于 5%,并采用防水涂料或密封材料涂封,其厚度不应小于 2 mm。 4)水落口杯与基层接触处应留宽 20 mm、深 20 mm 凹槽,并嵌填密封材料。 (8)变形缝的防水构造应符合下列要求: 1)变形缝的泛水高度不应小于 250 mm。 2)防水层应铺贴到变形缝两侧砌体的上部。 3)变形缝内应填充聚苯乙烯泡沫塑料,上部填放衬垫材料,并用卷材封盖。

项 目	内 容
一般要求	4)变形缝顶部应加扣混凝土或金属盖板,混凝土盖板的接缝应用密封材料嵌填。 (9)伸出屋面管道的防水构造应符合下列要求: 1)管道根部直径 500 mm 范围内,找平层应抹出高度不小于 30 mm 的圆台。 2)管道周围与找平层或细石混凝土防水层之间,应预留 20 mm×20 mm 的凹槽,并用密封材料嵌填严密。 3)管道根部四周应增设附加层,宽度和高度均不应小于 300 mm。 4)管道上的防水层收头处应用金属箍紧固,并用密封材料封严
主控项目	(1)天沟、檐沟的排水坡度,必须符合设计要求。 检验方法:用水平仪(水平尺)、拉线和尺量检查。 (2)天沟、檐沟、檐口、水落口、泛水、变形缝和伸出屋面管道的防水构造,必须符合设计要求。 检验方法:观察检查和检查隐蔽工程验收记录

二、施工材料要求

细部构造施工的材料要求见表 8－14。

表 8－14　细部构造施工的材料要求

项 目	内 容
板材及管材	镀锌钢管、PVC-U 塑料管、2 mm 厚薄钢板、3 mm×20 mm 扁铁及 $\phi6$ mm 圆铁
其他材料	$\phi6$ mm 螺钉、圆钉、焊条、焊锡、稀盐酸、水泥等

三、施工机械要求

细部构造施工的机械要求见表 8－15。

表 8－15　细部构造施工的机械要求

项 目	内 容
主要机械	剪板机、咬口机、无齿锯、电焊机
主要用具	电烙铁、硬方木、硬木拍板、木锤、钢錾子、钢钎、方钢、螺钉旋具、圆钢管、折尺、直尺、画线规

四、施工工艺解析

细部构造的施工工艺见表 8－16。

表8－16　　细部构造的施工工艺

项目	内　　容
檐口	檐口是受雨水冲刷最严重的部位,防水层在该处应牢固固定,施工时应在檐口上预留凹槽,将防水层的末端压入凹槽内,卷材还应用压条钉压,然后用密封材料封口,以免被大风掀起。同时要注意该处不能高出屋面,否则会形成挡水使屋面积水。 无组织排水檐口800 mm范围内,卷材应采取满粘法施工,以保证卷材与基层粘贴牢固。卷材收头应压入预先留置在基层上的凹槽内,用水泥钉钉牢,密封材料密封,水泥砂浆抹压,以防收头翘边,如图8－9所示
天沟、檐沟	天沟、檐沟是屋面雨水集汇之处,若处理不好,就有可能导致屋面积水、漏水。 (1)天沟、檐沟应增设附加层。当采用沥青防水卷材时,应增铺一层卷材;当采用高聚物改性沥青防水卷材或合成高分子防水卷材时,宜采用防水涂膜增强层。 (2)天沟、檐沟与屋面交接处的附加层宜空铺,空铺宽度应为200 mm,如图8－10所示;天沟、檐沟卷材收头,应固定密封如图8－11所示。 (3)高低层内排水天沟与立墙交接处,应采取能适应变形的密封处理,如图8－12所示。 (4)带混凝土斜板的檐沟,如图8－13所示。 (5)细石混凝土防水层檐沟,如图8－14、图8－15所示
女儿墙泛水、压顶	当墙体为砖墙时,卷材收头可直接铺压在女儿墙的混凝土压顶下,混凝土压顶的上部亦应做好防水处理,如图8－16所示;也可在砖墙上留凹槽,卷材收头应压入凹槽内并用压条钉压固定后,嵌填密封材料封闭;凹槽距屋面找平层的最低高度不应小于250 mm,凹槽上部的墙体及女儿墙顶部亦应进行防水处理,如图8－17所示。 (1)当墙体为混凝土时,卷材的收头可采用金属压条钉压固定,用密封材料封闭严密,如图8－18所示。 (2)女儿墙、山墙可采用现浇混凝土或预制混凝土压顶,也可加扣金属盖板或用合成高分子卷材封盖,严防雨水从女儿墙或山墙的顶部渗透到墙体内或室内。 (3)泛水宜采取隔热防晒措施。可在泛水卷材面砌砖后抹水泥砂浆或细石混凝土保护;亦可涂刷浅色涂料或粘贴铝箔保护层。 (4)女儿墙、山墙可采用现浇混凝土压顶或预制混凝土压顶,由于温差的作用和干缩的影响,常产生开裂,引起渗漏。因此,可采用金属制品或合成高分子卷材压顶,如图8－19所示
水落口	水落口分直式和横式两种: (1)水落口杯应采用铸铁、塑料或玻璃钢制品; (2)水落口杯应有正确的埋设标高,应考虑水落口设防时增加的附加层和柔性密封层的厚度,及排水坡度加大的尺寸; (3)水落口周围500 mm范围内坡度不应小于5%,并应首先用防水涂料或密封材料涂封,其厚度视材性而定,其厚度不应小于2 mm。水落口杯与基层接触处应留宽20 mm、深20 mm的凹槽,以便嵌填密封材料,如图8－20和图8－21所示

项　目	内　　　容
变形缝	（1）等高变形缝的处理。缝内宜填充聚苯乙烯泡沫块或沥青麻丝，卷材防水层应满粘铺至墙顶，然后上部用卷材覆盖，覆盖的卷材与防水层粘牢，中间应尽量向缝中下垂，并在其上放置聚苯乙烯泡沫棒，再在其上覆盖一层卷材，两端下垂而与防水层粘牢，中间尽量松弛以适应变形，最后顶部应加扣混凝土盖板或金属盖板，如图8—22所示。 （2）高低跨变形缝的处理低跨的防水卷材应先铺至低跨墙顶，然后在其上加铺一层卷材封盖，其一端与铺至墙顶的防水卷材粘牢，另一端用压条钉压在高跨墙体凹槽内，密封材料封固，中间应尽量下垂在缝中，再在其上钉压金属或合成高分子盖板，端头由密封材料密封，如图8—23所示
伸出屋面管道	伸出屋面管道周围的找平层应做成圆锥台，管道与找平层间应留凹槽，并嵌填密封材料，防水层收头处应用金属箍箍紧，并用密封材料封严，如图8—24所示。 （1）管道根部500 mm范围内，砂浆找平层应抹出高30 mm坡向周围的圆台，以防根部积水。 （2）管道与基层交接处预留20 mm×20 mm的凹槽，槽内用密封材料嵌填严密。 （3）管道四周除锈，管道根部四周做附加增强层，宽度不小于300 mm。 （4）防水层贴在管道上的高度不得小于300 mm；附加层卷材应剪出切口，上下层切缝粘贴时错开，严密压盖。附加层卷材剪裁方法如图8—25所示。 （5）附加层及卷材防水层收头处用金属箍箍紧在管道上，并用密封材料封严
分格缝	分格缝有厂房屋面的板端缝，找平层分格缝，细石混凝土刚性防水层的分格（分仓）缝。厂房屋面的板端缝可采用附加卷材条作为附加增强层，卷材条要空铺，过去空铺为200 mm，现增改为300 mm，而且在可能时将卷材压入缝中，预留变形量。找平层的分格缝，可以将找平层分格缝完全分开，也可以作成表面分格缝（诱导缝），使找平层变形集中于此。卷材在此铺贴时亦应作空铺处理，空铺宽度可以少一些。细石混凝土刚性防水层的分格（分仓）缝则应将混凝土彻底分开，缝宽一般15～20 mm，底部嵌背衬材料，上部嵌填密封材料。分格缝的关键：一是位置准确，分格缝要对准结构板搁置端，间距应根据设计确定，可设在板的搁置端，也可以按1～2 m尺寸分格；二是分格处卷材条要做成空铺、不胶黏剂；三是分格缝需用密封材料嵌填严密，因此必须要求缝侧混凝土平整坚固、干净、干燥，无孔眼、麻面，下部垫好背衬材料，密封材料必须按设计要求嵌填密实、连续、平整
排气道、排气孔	排气道与排气孔是当采用吸水率高的保温材料，施工过程中又可能遇雨水或施工用水，需要给保温层中的水分蒸发产生的蒸汽排出而设置的。排气不通，会使防水层起鼓，保温层长期大量含水，降低保温性能，增加屋盖重量。实际上，如保温层大量含水，即使排气畅通，排除保温层中的水分也需要好多年。如今低吸水率的保温材料已经问世，当施工时或施工后不能保证保温层不吸湿的情况下，可以采用吸水率＜6％的保温材料，如聚苯乙烯泡沫板、泡沫玻璃等材料，不必采用吸水率高的保温材料，这样就省去做排气道、排气孔了。排气道在保温层内应纵横连通并留空，不得堵塞，交叉处立的排气立管，必须在施工找平层时牢固固定，然后在找平层与排气管交接处应用密封材料密封

续上表

项　目	内　　容
其他细部构造	(1)出入口。 1)屋面检修孔,要求防水层收头应做到混凝土框(砖)顶面,如图8—26所示。 2)水平出入口的防水层收头应压在混凝土踏步下,防水层的泛水应设保护墙,如图8—27所示。 (2)阴阳角处理。阴阳角是屋面变形比较敏感的部位,在这些部位防水层容易被拉裂,加之这些部位是三面交接之处,施工比较麻烦,稍有不慎就不容易封闭严密。所以在屋面的阴阳角处,在基层上距角每边100 mm范围内,要用密封材料涂封,然后再铺贴增强附加层,阳角附加层的剪贴方法如图8—28所示;阴角附加层的剪贴方法如图8—29所示。 (3)收头处理。卷材收头是卷材防水层的关键部位,处理不好极易张口、翘边、脱落。因此对卷材收头必须做到"固定、密封"

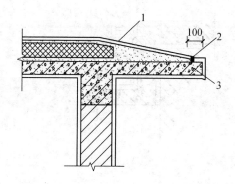

图 8—9　无组织排水檐口(单位:mm)

1—防水层;2—密封材料;3—水泥钉

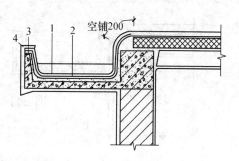

图 8—10　檐沟(单位:mm)

1—防水层;2—附加层;3—水泥钉;4—密封材料

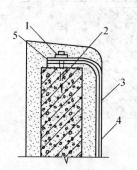

图 8—11　檐沟卷材收头

1—钢压条;2—水泥钉;3—防水层;
4—附加层;5—密封材料

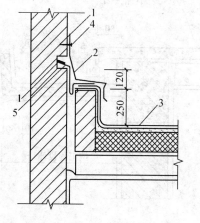

图 8—12　高低跨变形缝(单位:mm)

1—密封材料;2—金属或高分子盖板;
3—防水层;4—金属压条钉子固定;5—水泥钉

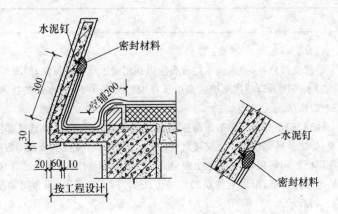

图 8-13 带混凝土斜板的檐沟(单位:mm)

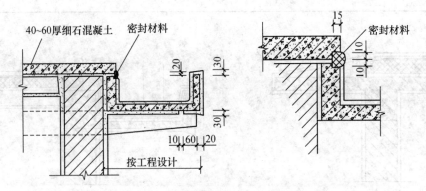

图 8-14 细石混凝土屋面檐沟(单位:mm)

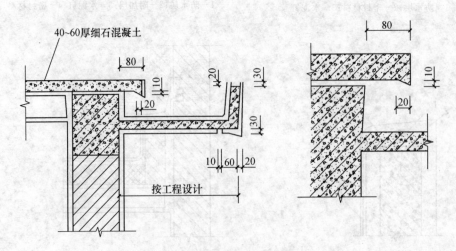

图 8-15 细石混凝土屋面檐沟(单位:mm)

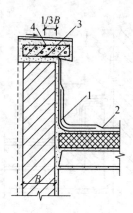

图8-16　卷材泛水收头

1—附加层；2—防水层；3—压顶；
4—防水处理

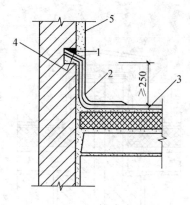

图8-17　砖墙卷材泛水收头（单位：mm）

1—密封材料；2—附加层；3—防水层；
4—水泥钉；5—防水处理

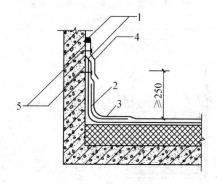

图8-18　混凝土墙卷材泛水收头（单位：mm）

1—密封材料；2—附加层；3—防水层；
4—金属、合成高分子盖板；5—水泥钉

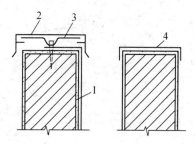

图8-19　压顶

1—防水层；2—金属压顶；3—金属配件；
4—合成高分子卷材

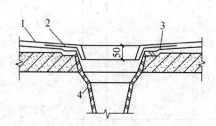

图8-20　直式水落口（单位：mm）

1—防水层；2—附加层；
3—密封材料；4—水落口杯

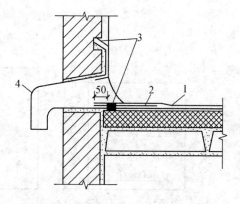

图8-21　横式水落口（单位：mm）

1—防水层；2—附加层；3—密封材料；
4—水落口

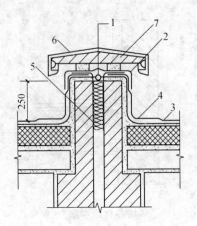

图 8—22 变形缝防水构造(单位:mm)

1—衬垫材料;2—卷材封盖;

3—防水层;4—附加层;5—沥青麻丝;

6—水泥砂浆;7—混凝土盖板

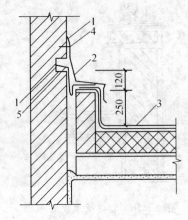

图 8—23 高低跨变形缝(单位:mm)

1—密封材料;2—金属或高分子盖板;

3—防水层;4—金属压条,钉子固定;

5—水泥钉

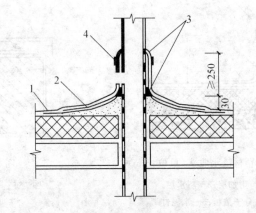

图 8—24 伸出屋面管道防水构造(单位:mm)

1—防水层;2—附加层;3—密封材料;4—金属箍

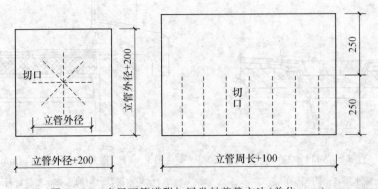

图 8—25 出屋面管道附加层卷材剪裁方法(单位:mm)

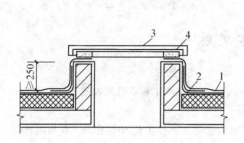

图 8-26　垂直出入口防水构造(单位:mm)

1-防水层;2-附加层;3-入孔盖;
4-混凝土压顶圈

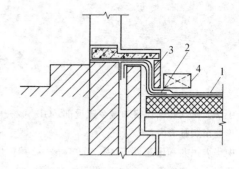

图 8-27　水平出入口防水构造

1-防水层;2-附加层;3-护墙;
4-踏步

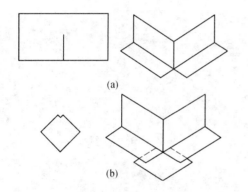

图 8-28　阳角附加层剪裁方法

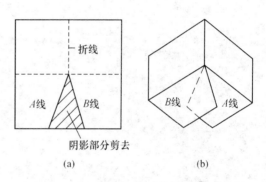

图 8-29　阴角附加层剪裁方法

参考文献

[1] 中华人民共和国住房和城乡建设部. GB 50208－2011 地下防水工程质量验收规范[S]. 北京:中国建筑工业出版社,2012.

[2] 中华人民共和国建设部. GB 50207－2012 屋面质量验收规范[S]. 北京:中国建筑工业出版社,2012.

[3] 北京土木建筑学会. 防水工程现场施工处理方法与技巧[M]. 北京:机械工业出版社,2009.

[4] 雍传德,雍传海. 防水工操作技巧[M]. 北京:中国建筑工业出版社,2003.

[5] 曹洪吉. 屋面与防水工程施工[M]. 北京:中国建筑工业出版社,2010.